普通高校"十三五"实训规划教材

电工电子工程实训技术

主　编　李凤祥

副主编　任明炜

参　编　曾艳明　孙智权

主　审　朱伟兴

机 械 工 业 出 版 社

"电工学"是高等学校非电类专业的重要技术基础课。随着科学技术的发展，电工电子技术的应用日新月异，日益渗透到其他学科领域，并促进其发展。由于新器件、新方法的不断出现，"电工学"课程教学内容在不断丰富和更新，所以，"电工学"的工程实训内容和方法也应作相应的更新和改革。

　　学生的实践能力是高等工科院校学生培养的重要内容之一。结合当前"电工学"课程体系、内容和方法上的改革和目前"电工学"实训技术的实际水平，系统、科学地培养学生的实践能力和创新能力显得尤为重要。

　　本书是"电工学"课程的实习用书，结合了"电工学"课程教学改革进程和非电类本科学生的电工电子实践环节。本书在加强电工电子技术基本理论的基础上，引入了切合实际的实践项目。使得学生通过电工电子技术的实践项目练习，在工程应用能力上打下扎实的基础。读者对象为高等院校电气工程专业在校师生。

图书在版编目（CIP）数据

电工电子工程实训技术 / 李凤祥主编 . －北京：机械工业
出版社，2016.8（2023.11重印）
ISBN 978-7-111- 54508-8

Ⅰ. ①电…　　Ⅱ. ①李…　Ⅲ. ①电工技术－高等学校－
教材 ②电子技术－高等学校－教材　Ⅳ. ① TM ② TN

中国版本图书馆 CIP 数据核字（2016）第 183779 号

机械工业出版社（北京市百万庄大街 22 号　邮政编码 100037）
策划编辑：朱　历
责任编辑：陈大立　封面设计：付海明
责任校对：胡　颖　责任印制：李　昂
河北宝昌佳彩印刷有限公司印刷
2023 年 11 月第 1 版第 6 次印刷
184mm × 260mm · 15.75 印张 · 375 千字
标准书号：ISBN 978-7-111-54508-8
定价：59.00 元

电话服务　　　　　　　　　网络服务
客服电话：010-88361066　　机工官网：www.cmpbook.com
　　　　　010-88379833　　机工官博：weibo.com/cmp1952
　　　　　010-88326294　　金 书 网：www.golden-book.com
封底无防伪标均为盗版　　　机工教育服务网：www.cmpedu.com

（2）四路 1.5 V 恒流充电器　图 7-20 为一种多路恒流充电器电路图。

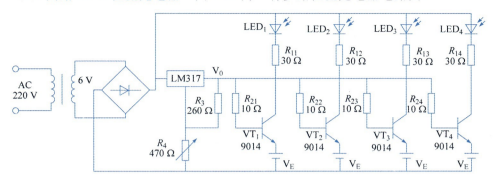

图 7-20　四路 1.5V 恒流充电器电路图

（3）快速充电器　本装置电路如图 7-21 所示。图中 IC1555 定时器构成频率约 1 Hz 的多谐振荡器，IC_2 计数器构成脉冲频率 6 分配器，IC_3 构成充电执行电路。通电后 IC_2 复位，Q_0 输出高电平，这时 IC_3 输出电压仅 1.25 V，电路由+15 V 经 R_1 给电池提供约 10 mA 的充电电流。通电后 IC_1 起振，其③脚输出的脉冲触发 IC_2 工作，使输出端 $Q_1\sim$ Q_5 依次出现高电平，经不同的分压电阻分压后，IC_3 的输出电压按 6 V、7 V、8 V、9 V 和 10 V 依次递增，充电电流也因此在 70～270 mA 之间依次递增。当 Q_6 输出高电平时 IC_2 被复位，此后电路在 IC_1 输出脉冲的作用下重复上述过程。

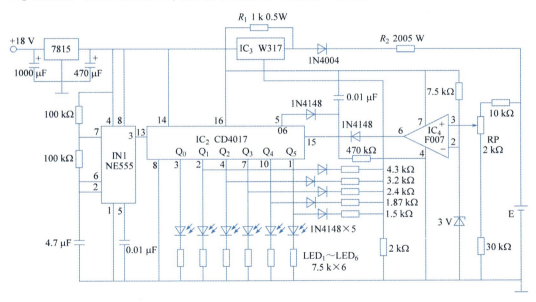

图 7-21　快速充电器电路图

前　言

　　"电工学"是高等学校非电类专业的重要技术基础课。随着科学技术的发展，电工电子技术的应用日新月异，日益渗透到其他学科领域，并促进其发展。由于新器件、新方法的不断出现，"电工学"课程教学内容在不断丰富和更新，所以，"电工学"实训内容和方法也应作相应的更新和改革。

　　学生的实践能力是高等工科院校学生培养的重要内容之一。结合当前"电工学"课程体系、内容和方法上的改革和目前"电工学"实训技术的实际水平，系统、科学地培养学生的实践能力和创新能力显得尤为重要。

　　本书在编写上充分考虑学生的学习特点和 21 世纪人才的培养要求，具有以下特点：

　　（1）层次性、实用性强。在内容安排上由浅入深、循序渐进，在加强基础的同时，侧重实用性，以提高学生的学习兴趣和能力，满足不同专业、不同层次的需要。

　　（2）叙述详略得当。对一些理论课上学过的内容、原理叙述从略。结合实际需要，详细介绍了常用元器件、电工工具及电子仪器仪表的基础知识和使用方法，目的是强化培养学生的动手能力。

　　（3）注重先进性。将 Altium 电子绘图技术引入实训项目，目的是使学生掌握并应用现代电子技术手段，跟上现代电子技术的发展。

　　（4）实训项目安排由浅入深，注重实际需要。

　　本书分为基础和实训两部分：第 1 章至第 5 章为基础篇，由任明炜副教授、曾艳明高级工程师、孙智权工程师编写；第 6 章、第 7 章为实训篇，由李凤祥教授编写。全稿由朱伟兴教授主审。

　　由于编者水平有限，不足或错误之处在所难免，恳请广大读者批评指正。

编　者
2016 年 7 月于江苏大学

目　　录

第 1 章　安全用电

1.1　电力系统常识

随着电力事业的飞速发展，电能的应用极为普及，电灯发光、电动机转动、电炉发热以及电视机那无比美妙的动画和声响效果，都离不开电能。电能一般来自于发电厂的发电机。发电厂要建立在能源丰富的地方，如火力发电厂要建立在燃料资源丰富的地方，水力发电厂要建立在有大的水位落差的地方，风力发电厂要建立在一年四季风力强劲的地方，光伏发电厂要建在阳光充足的地方。发电厂距离大城市和用电的负荷中心很远，这就必须设法将电能进行远距离的输送。由于电压等级越高，电能输送的距离越远，所以由发电机发出的电能一般又需经过升压变压器将电压升高。电压升高后的电能再经过输电线路进行远距离的输送。当到达用电负荷中心后再进行配电，而配电又分为高压配电和低压配电，最后将电能送到人们所使用的各种电器和电气设备中。也就是说，由发电、变电、输电、配电和用电这五个环节所组成的电能生产、变换、输送、分配和消费的整体，就称为电力系统。在电力系统中，这五个环节应环环相扣，时时平衡，缺一不可，且几乎是在同一时刻完成的。在电力系统中，除发电和用电这两个环节以外的部分，具有变电、输电和配电三个环节的整体称为电力网，电力网又简称为电网。电力网是连接发电厂和用户的中间环节，是传送和分配电能的装置。电力网由不同电压等级的输配电线路和变电所组成，按其功能的不同可分为输电网和配电网两大部分。输电网是由 35 kV 及以上的输电线路和与其连接的变电所组成，是电力系统的主要网络，其作用是将电能输送到各个地区的配电网或直接送给大型企业用户。而配电网则由 10 kV 及以下的配电线路和配电变压器所组成，其作用是将电能馈送至各类电能的用户。

1.1.1　发电

电力系统是指由电力线路将发电厂、变配电所和电力用户联系起来，形成发电（电的生产）、送电、变电、配电和用电的一个整体。电能一般是由发电厂的发电机所产生的，经过升压变压器升压后，再由输电线路输送至区域变电所，经区域变电所降压后，再供给各用户使用。

通常人们将除发电厂（发电设备）之外的电力输送系统称为电力网。电力网又分为输电电网和配电电网两部分。输电电网（又叫主网架）是指以高电压或超高电压将发电厂、变电所或变电所之间连接起来的输电网络。配电电网是指直接送到用户的输电网络。

利用发电动力装置将位能（水的落差）、热能（煤、油、天然气等）、核能、风能（风力）、地热能、海洋能（潮汐）和太阳能等一次能源转换为二次能源（电能），用来满足各种各样的电器与电气设备的需要，就称为发电。具体发电的场所称为发电厂。简单地说，发电厂就是生产电能的工厂。发电厂的电压范围一般为 3.15～20 kV。根据发电厂的容量大小及其供电的范围，可分为区域性发电厂、地方性发电厂和自备电厂等。

区域性发电厂大多兴建在水利资源丰富的江河流域或煤矿蕴藏量较大的地方。这类发电厂的容量大，距离用电负荷中心较远，需要通过超高压输电线路远距离输电。兴建大容量的区域发电厂可以经济合理地利用国家的动力资源。地方性发电厂一般是中小型电厂，往往建在用户附近。而自备电厂则建在大型厂矿的内部作为自备电源，它可以对大型厂矿企业和电力系统起到后备和保护作用。地方性发电厂和自备电厂基本上都是火力发电厂，一般采用热电联合生产的形式，即除了发电以外，还需要向用户供热，这种发电厂称为热电厂。

1.1.2 输电

由于发电厂与用电负荷中心一般相距很远，将发电厂发出的电能通过升压变压器升压（变电）至 35～500 kV 或更高电压后，在高压架空输电线路上进行远距离的输送，直至用电负荷中心的全过程称为输电。输电是电力系统的重要组成部分，它使得电能的开发和利用超越了地域的限制。很长的输电线路有可能经过不同的气候、不同的海拔，也有可能跨越大山、跨越河流或湖泊、跨越道路或桥梁，有时条件十分恶劣。但电能与其他能源的输送方式相比，具有效益高，损耗小，污染少，且易于调节和控制等特点。另外，高压输电线路还可以将不同地点的发电厂连接起来，构成大规模的联合电力系统，以使得电能的质量进一步提高，同时起到互相支援、互为补充的作用。输电已成为现代社会的能源大动脉。

按照输送电流的性质可分为交流输电和直流输电两种。目前较为广泛应用的是交流输电，但近年来直流输电也越来越受到人们的重视。按照输电线路的结构来分有架空线路和直埋敷设两种形式。

1.1.3 变电

变电指变换电压等级，它可分为升压和降压两种。升压是将较低等级的电压升到较高等级的电压，反之为降压。变电通常由变电站（所）来完成，相应地可分为升压变电站（所）和降压变电站（所）。

变电所是接受电能、变换电压和分配电能的枢纽，是发电厂和用户间的重要环节。变电所一般由电力变压器、室内外配电装置、继电保护、自动装置以及监控系统等组成。当仅有配电装置用来接受电能和分配电能，无须变压器进行电压的变换时，则称为配电所或开闭站。

变电所有升压和降压之分。升压变电所通常与发电厂连接在一起，在发电厂的电气部分安装有升压变压器。由于电压较低，发电厂的发电机所发出的电能远远不能满足输电的要求。为了实现远距离输电的目的，一般采用升压变压器将较低的电压升为高电压（电压等级越高，输电的效率越高，输送的距离越远），即将发电机发出的低电压通过升压变压器升高为 35～500 kV 及以上的电压等级作为输电电压。而降压变电所一般设在用电负荷中心，将高压电能适当降压后，供给用户使用。

由于供电范围的不同，变电所可分为一次（枢纽）变电所和二次变电所。工厂企业的变电所可分为总降压变电所（中央变电所）和车间变电所。一次变电所简称一次变，它是由 110 kV 以上的主要网络受电，将电压降低到 35～110 kV，供给一个较大区域的用户。一次变通常采用双绕组变压器，也有些采用三绕组变压器，将高电压降为两种不同的电压，并与相应电压级别的网络连接起来。一次变的供电范围较大，是系统与发电厂连接的枢纽，故有时也称其为枢纽变电所。二次变电所多由 35～110 kV 网络一次变受电，有些也由地方性发电厂直接受电。将 35～110 kV 电压降为 6～10 kV 之后向一般为数千米范围的用户供电。

总降压变电所是对工厂企业供电的枢纽，故又称为中央变电所，它与二次变电所的情况基本相同，也是由一次变单独引出的 35～110 kV 网络直接受电，经电力变压器降压至 3～10 kV 对工厂企业内部供电。对于中小型企业，可一个或多个企业共设一个总降压变电所。车间变电所是从总降压变电所引出的 6～10 kV 厂区高压配电线路受电，将电压降到 380/220 V 对各类用电设备供电。

1.1.4　配电

通过高压输电线路的远距离输送，在到达用电负荷中心后，就需要将电能分别配送至各个用户，这一分配过程称为配电。配电又分为高压配电和低压配电。

高压配电的电压通常是指 3 kV、6 kV、10 kV 和 35 kV 电压等级的配电。通过综合的技术经济指标分析，以 10 kV 电压等级作为配电电压较为合理。但是当用户有大量的 6 kV 高压电动机时，可采用 6 kV 作为配电电压；当有大量的 3 kV 高压电动机时，目前一般也采用 10 kV 作为配电电压，因为 3 kV 作为配电电压不太经济；如果用户距离上级变电站较远时，传统上采用 35 kV 电压等级作为配电电压。随着我国电力工业的迅速发展，用电量急剧增加，从技术经济指标分析，将逐步取消 35 kV 电压等级。同时也考虑将 10 kV 电压等级提高为 20 kV。

低压配电的电压等级通常是指 380/220 V 和 660/380 V 电压等级的配电。在我国，传统上采用 380/220 V 的三相四线制的配电方式。这种配电方式可以供出光（照明）、力（动力）合一的混合负荷。但是随着用电量的不断增大，煤炭部门已经升压为 660/380 V，冶金和化工部门也正在进行测算。

1.　企业配电

（1）企业供配电系统　企业是指从事生产、运输和贸易等经济活动的部门，如工厂、矿山、铁路和公司等。企业供配电系统是指接受发电厂输入的电能，并进行检测、计量和变压等，然后向企业及其用电设备分配电能的系统。企业供配电系统包括企业内的变配电所、所有高低压供配电线路及用电设备。其接线可分为：

1）一次接线（主接线）。直接参与电能的输送与分配变压器等组成的接线，这个接线就是供配电系统的一次接线。一次接线上的设备称为一次设备，如变压器、高压断路器、隔离开关、电抗器、并联补偿电力电容器、电力电缆、送电线路和母线等。由这些设备构成的电路成为变电站的主电路，它是电能的输送路径。

2）二次接线（二次回路）。为了保证供配电系统的安全、经济运行和操作管理上的方便，常在配电系统中装设各种辅助电气设备（二次设备），如电流互感器、电压互感器、测量仪表、继电保护装置和自动控制装置等，对一次设备进行监视、测量、保护和控制。把完成上述功能的二次设备之间互相连接的线路称为二次接线（二次回路）。

（2）对企业供配电系统的要求　电能是社会生产和生活中最重要的能源和动力，现代企业更离不开电能。某个企业的供配电系统是指该企业所需要的电力电源从进入企业起到所有用电设备入端为止的整个电路，如图 1-1 所示。

图 1-1　供配电系统示意图

为保证企业的正常生产和生活，企业供配电系统要满足以下基本要求：

1）安全。安全是指在电能的供应、分配和使用中，应避免发生人身事故和设备事故，实现安全供电。

2）可靠。可靠是指企业供电系统能够连续向企业中的用电设备供电，不得中断。若系统中的供电设备（如变压器）发生故障或检修，应由备用电源供电。

3）优质。优质是指供电系统供给的电能质量应能满足企业的用电要求。传统的电能质量有三个主要指标：电压、频率和可靠性（不断电）。其中前两者是电能质量的重点考核指标。根据需要，目前又增加了谐波、三相不平衡度、电压波动和闪变。关于频率质量，在《供电营业规则》中规定：在电力系统正常状况下，供电频率的允许偏差：①电网装机容量在 300 万 kW 及以上的，为 ±0.2 Hz；②电网装机容量在 300 万 kW 以下的，为 ±0.5 Hz。在电力系统非正常状况下的供电频率允许偏差不应超过 ±1.0 Hz。

4）经济合理。经济是指供电系统的投资要少，运行费用要低，并尽可能地节约电能和有色金属消耗量。合理是指合理处理局部与全局、当前与长远等关系，既要照顾局部和当前利益，又要有全局观念，按照统筹兼顾、保证重点和择优供应的原则，做好企业供电工作。

综上所述，保证对用户不间断地供给充足、优质而又经济的电能，这就是对现代企业供电系统的基本要求。这些基本要求是相互联系的。在实际处理问题时，又往往是相互矛盾和相互制约的。因此，在考虑满足任何一项要求时，必须兼顾其他方面的要求。

（3）供配电系统电压选择　企业供配电系统的供电电压应根据用电容量、用电设备特性、供电距离、供电线路的损耗、当地公共电网现状及其发展规划等因素，经技术经济比较后确定。一般规律是用电单位所需的功率大，供电电压等级应相应提高；供电距离长，宜提高供电电压等级，以降低线路电压损失；供电线路的回路数多，可降低供电电压等级；用电设备特性如负荷波动大，宜由容量大的电网供电，也就是要提高供电电压等级。上述规律仅是从用电角度进行分析而得到的，能否按此规律来选择供电电压，还要看企业所在地的电网能否方便和经济地提供所需要的电压。

企业供配电系统的供电电压有高压和低压两种。高压供电是指采用 6～10 kV 及以上的电压供电。对中小型企业一般采用 6～10 kV 供电电压。当 6 kV 用电设备的总容量较大，选用 6 kV 经济合理时，宜采用 6 kV 供电；对大型企业，宜采用 35～110 kV 供电电压，以节约电能和投资，并提高电能质量。低压供电是指采用 1 kV 及以下的电压供电，通常采用 380/220 V 的供电电压，在某些特殊场合宜采用 660 V 的供电电压。例如矿井下，因用电负荷往往离变电所较远，为保证远端负荷的电压水平，宜采用 660 V 供电电压。采用较高的电压供电，不仅可以减少线路的电压损耗，保证远端负荷的电压水平，而且能减小导线截面积和线路投资，增大供电半径，减少变电点，简化供配电系统。因此，提高供电电压有其明显的经济效益，同时也是节电的一项有效措施，这在世界上已成为一种发展趋势。

2. 民用配电

（1）民用建筑供配电设计的基本要求　民用建筑供配电设计主要包括高压供配电系统、低压配电系统、动力照明干线系统、配电箱系统、电缆导线的敷设以及电气设备器材的选型和安装等，设计的基本要求是可靠、简洁、安全和选择性好。

1）可靠性。根据用电负荷的等级，要求在各种运行方式下提高供电的连续性，保证可靠供电。

2）简洁性。主接线力求简单明显，没有多余的电气设备，投入、切除某些设备或线路的操作方便，分合闸直观。这样既可避免误操作，又能提高系统运行的可靠性，同时处理事故也能简单迅速。简洁性还表现在具有适应发展的可能性。

3）安全性。保证在进行一切操作时工作人员和设备的安全，以及能在安全条件下进行维护检修工作。电气设备均在额定电压、电流情况下工作，事故时能安全切断事故部分的供电。

4）选择性。从不扩大事故范围的角度考虑，电气设备的选择性也是设计应考虑的问题，选择性一般从不同整定电流的配合及断路器脱扣时间配合加以设计，但选择性的提高势必使经济性降低，所以建议在重要回路设计时考虑选择性。

（2）民用建筑供配电设计的原则。

1）配电电压应采用 380/220 V。

2）配电系统设计应根据工程规模、设备布局和负荷容量及性质等综合因素确定。

3）配电系统应满足生产和使用所需的供电可靠性和电压质量要求；接线简单，并具有一定的灵活性；操作安全，检修方便。另外，还要考虑节省有色金属消耗、减少电能损耗。

4）从变压器二次侧到用电设备之间的低压配电级数不宜超过三级，但对非重要负荷供电时，可超过三级。

5）由公用电网引入建筑物内的电源线路，应在屋内靠近进线点和便于操作维护的地方装设电源开关和保护电器。若由本单位配变电所引入建筑物内的专用电源线路，可装设不带保护的隔离电器。

6）在正常环境的车间或建筑物内，当大部分用电设备容量不是很大又无特殊要求时，宜采用树干式配电；当用电设备容量大，或负荷性质重要，或在很潮湿、有腐蚀性环境的车间及建筑物内时，宜采用放射式配电。

7）各级低压配电屏（箱）应根据发展的可能性留有适当的备用回路。

（3）多层建筑低压配电一般应遵守的原则。

1）应满足计量、维护管理、供电安全和可靠的要求，将照明与动力负荷分成不同配电系统。

2）确定多层住宅低压配电系统及计量方式时，应与当地供电部门协商，一般可采用以下几种方式。

① 单元总配电箱设于首层，内设总计量表。各层配电箱内设分户表，总配电箱至各层配电箱宜采用树干式配电，各层配电箱至各用户采用放射式配电。

② 单元不设总计量表，只在分层配电箱内设分户表，其配电干线、支线的配电方式同上。

③ 分户计量表全部集中于首层（或中间层）电能表间内，配电支线采用放射式配电至各用户。

3）多层住宅照明计量应一户一表。

（4）高层建筑低压配电一般应遵循的原则。

1）选择变压器时，一般选用 SCL 型环氧树脂干式变压器。

2）将照明与电力负荷分成不同的配电系统；消防及其他防灾用电设施的配电宜自成体系。

3）对于容量较大的集中负荷或重要负荷应放射式配电。

1.1.5 用电

电力系统各级电力网上用电设备所需功率的总和称为用电负荷，各级电力网上发电机组产生的功率总和称为总供电功率。电力系统要求总用电负荷与总供电功率保持平衡，以确保供电质量，避免或减少供电事故的发生。依据用电户性质的不同，用电负荷一般可分为三级，见表 1-1。

表 1-1　用电负荷的三级分类

负荷分类	断电产生的后果	采取措施
一级	断电会引起人员伤亡，或造成重大的政治影响，或给国民经济造成重大损失，产生不良社会影响，如钢铁厂、石化企业、矿井和医院等	至少两个独立电源供电，重要的应配备备用电源，确保持续供电
二级	断电会造成产品的大量减产，大量原材料的报废，公共场所的正常秩序造成混乱，如化纤厂、生物制药厂、体育馆和医院等	一般由两个独立回路供电，提高供电持续性
三级	断电后造成的损失与影响不大	对电源无特殊需要，并允许在非正常情况下暂时停电

1.2　安全用电与触电急救

1.2.1　安全用电常识

（1）人身安全

1）人体电阻。人体电阻因人而异，基本上按表皮角质层电阻大小而定。影响人体电阻值的因素很多，皮肤状况（如皮肤厚薄、是否多汗、有无损伤和有无带电灰尘等）

和触电时与带电体的接触情况（如皮肤与带电体的接触面积、压力大小等）均会影响到人体电阻值的大小。一般情况下，人体电阻为 1～2 kΩ。

2）与人身安全相关的电流。通过人体的电流越大，人体的生理反应越明显，感觉越强烈，从而引起心室颤动所需的时间越短，致命的危险性越大。对工频交流电，按照通过人体的电流大小和人体呈现的不同状态可将其划分为下列三种。

① 感知电流。引起人体感知的最小电流称为感知电流。试验表明，成年男性平均感知电流有效值约为 1.1 mA，成年女性约为 0.7 mA。感知电流一般不会对人体造成伤害，但是电流增大时，感知增强，反应变大，可能造成坠落等间接事故。

② 摆脱电流。人触电后能自行摆脱电源的最大电流称为摆脱电流。一般男性的平均摆脱电流约为 16 mA，成年女性为 10 mA，儿童的摆脱电流较成年人小。摆脱电流是人体可以忍受而一般不会造成危险的电流。若通过人体的电流超过摆脱电流且时间过长，则会造成昏迷、窒息，甚至死亡。因此摆脱电源的能力随时间的延长而降低。

③ 致命电流。在较短时间内危及生命的最小电流称为致使电流。电流达到 50 mA 以上就会引起心室颤动，有生命危险；100 mA 以上的电流足以致人死亡；而 30 mA 以下的电流通常不会有生命危险。

不同的电流对人体的影响，见表 1-2。

表 1-2　电流对人体的影响

电流/mA	交流电（50 Hz）		直流电
	通电时间	人体反应	人体反应
0～0.5	连续	无感觉	无感觉
0.5～5	连续	有麻痹，疼痛感，无痉挛	无感觉
5～10	数分钟内	痉挛，刺痛，但可摆脱电源	有针刺、压迫和灼热感
10～30	数分钟内	心跳不规则，呼吸困难	压痛，刺痛，灼热强烈
30～50	数秒至数分钟	心跳不规则，昏迷，强烈痉挛	感觉强烈，有刺痛
50～100	超过 3 s	心室颤动，呼吸麻痹，心脏因麻痹而停跳	剧痛，强烈痉挛，呼吸困难或麻痹

电流对人体的伤害与电流通过人体时间的长短有关。因人体发热出汗和电流对人体组织的电解作用，随着通电时间增加，人体电阻逐渐降低，通过人体电流增大，触电的危险性亦随之增加。

从避免心室颤动的观点出发，美国环境冲突解决机构 IECR（institute for environmental conflict resolution）根据研究结果，提出了安全电压和允许通电时间的关系，见表 1-3 所示。

表 1-3　安全电压与通电时间的关系

预期接触电压/V	<50	50	75	90	110	150	220	280
最大允许通电时间/s	∞	5	1	0.5	0.2	0.1	0.05	0.03

3）电压的影响。当人体电阻一定时，作用于人体的电压越高，通过人体的电流越大。实际上通过人体的电流与作用于人体的电压并不成正比，这是因为随着作用于人

体电压的升高，人体电阻急剧下降，致使电流迅速增加，而对人体的伤害更为严重。

4）个体特征。常用的 50～60 Hz 的工频交流电对人体的伤害程度最为严重。电源的频率偏离工频越远，对人体的伤害程度越轻。在直流和高频情况下，人体可以承受更大的电流，但高压高频电流对人体依然是十分危险的。

（2）设备安全

1）设备安装的要求。电气设备的金属外壳在正常情况下是不带电的，一旦绝缘结构损坏，外壳便会带电，人触及外壳就会触电。接地和接零是防止这类事故发生的有效措施。

① 工作接地。为保证电气设备在正常或发生事故情况下能可靠运行，将电路中的某一点通过接地装置与大地可靠地连接起来称为工作接地，如电源变压器的中性点接地、三相四线制系统中性线接地以及电压互感器和电流互感器二次侧某点接地等，如图 1-2 所示。实行工作接地后，当单相对地发生短路故障

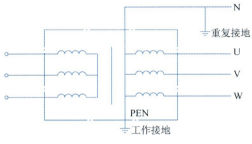

图 1-2　工作接地

时，短路电流可使熔断器开路或自动断路器跳闸，从而切断电源，起到保护作用。

② 保护接地。保护接地是指将电气设备在正常情况下不带电的金属外壳通过保护接地线与接地体相连。中性点不接地的电网中，保护接地如图 1-3 所示。采取了保护接地后，当一相绝缘结构损坏碰壳时，可使通过人体的电流很小，不会有危险。

③ 保护接零

a．三相四线制系统的保护接零。保护接零是将电气设备的金属外壳接到零线上，宜用于中性点接地的电网中，如图 1-4 所示。当一相绝缘结构损坏碰壳时，形成单相短路，使此相上的保护装置迅速动作，切断电源，从而避免触电的危险。为确保安全，

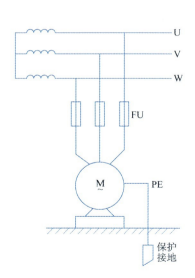

图 1-3　保护接地

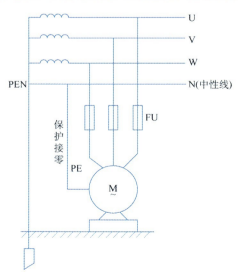

图 1-4　保护接零

零线和接零线必须连接牢固，开关和熔断器不允许装在零干线上，但引入室内的一根相线和一根零线上一般都装有熔断器，以增加短路时熔断的机会。

　　b. 三相五线制系统的保护措施。为了改善和提高三相四线制低压电网的安全程度，提出了三相五线制接线方式，即增加一根保护零线（PE），而原三相四线中的零线称为工作零线（N），如图 1-5 所示。这种保护方式对于家用电器的保护接零特别重要，因为目前单相电源的进线（相线和中性线）都安装有熔断器，一旦熔断器熔断，此时的中性线（工作零线）就不能作为保护接零用了，所以要增加一根保护零线（PE）。这样工作零线只通过单相负荷的工作电流和三相不平衡电流，保护零线只作为保护接零使用，并通过短路电流。三相五线制大大加强了供电的安全性和可靠性，应积极推广。

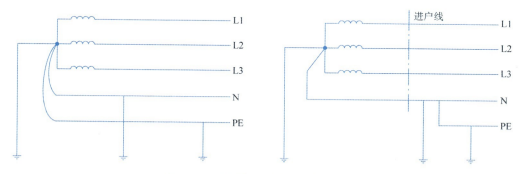

图 1-5　三相五线制系统的保护措施

　　2）设备使用环境对电压的要求。凡是裸露的带电设备和移动的电气用具都应使用安全电压。安全电压是根据人体最小电阻和工频致命电流得出的对人体的最小危险电压。我国规定的安全电压有 42 V、36 V、24 V、12 V 和 6 V 五个等级，供不同场合选用。在一般建筑物中可使用 36 V 或 24 V；在特别危险的生产场地，如潮湿、有辐射性气体或有导电尘埃及能导电的地面和狭窄的工作场所等，则要用 12 V 和 6 V 的安全电压。安全电压的电源必须采用独立的双绕组隔离变压器，严禁使用自耦变压器。

1.2.2　触电与急救常识

1. 触电的种类与原因

（1）**触电的种类**　按照触电事故的构成方式，触电事故可分为电击和电伤。

1）**电击。**电击是电流对人体内部组织的伤害，是最危险的一种伤害，绝大多数（大约 85%以上）的触电死亡事故都是由电击造成的。

2）**电伤。**电伤是由电流的热效应、化学效应和机械效应等对人体造成的伤害。触电伤亡事故中，纯电伤性质的及带有电伤性质的约占 75%（电烧伤约占 40%）。尽管约 85%以上的触电死亡事故是由电击造成的，但其中约 70%含有电伤成分。对专业电工自身的安全而言，预防电伤具有更加重要的意义。

①　**电烧伤。**电烧伤是电流的热效应造成的伤害，分为电流灼伤和电弧烧伤。电流灼伤是人体与带电体接触，电流通过人体由电能转换成热能造成的伤害。电流灼伤一般发生在低压设备或低压线路上。

电弧烧伤是由弧光放电造成的伤害，分为直接电弧烧伤和间接电弧烧伤。前者是带电体与人体发生电弧，有电流流过人体的烧伤；后者是电弧发生在人体附近对人体的烧伤，包含熔化了的炽热金属溅出造成的烫伤。直接电弧烧伤是与电击同时发生的。电弧温度高达 8 000℃以上，可造成大面积、深度的烧伤，甚至烧焦、烧掉四肢及其他部位。大电流通过人体，也可能烘干、烧焦机体组织。高压电弧的烧伤较低压电弧严重，直流电弧的烧伤较工频交流电弧严重。发生直接电弧烧伤时，电流进、出口处的烧伤最为严重，体内也会受到烧伤。与电击不同的是，电弧烧伤会在人体表面留下明显痕迹。

② 皮肤金属化。皮肤金属化是在电弧高温的作用下，金属熔化、汽化后，金属微粒渗入皮肤，使皮肤粗糙而绷紧。皮肤金属化大多与电弧烧伤同时发生。

③ 电烙印。电烙印是在人体与带电体接触部位留下的永久性斑痕。斑痕处皮肤失去原有弹性、色泽，表皮坏死，失去知觉。

④ 机械性损伤。机械性损伤是电流作用于人体时，由于中枢神经反射和肌肉强烈收缩等作用导致的机体组织断裂、骨折等伤害。

⑤ 电光眼。电光眼是发生弧光放电时，由红外线、可见光和紫外线对眼睛造成的伤害。电光眼表现为角膜炎或结膜炎。

（2）触电的原因　人体具有体电阻，是能够导电的，只要有足够的（大于 3 mA）电流流过就会对人体造成伤害，这就是触电。由于触电伤害根本无法预测，一旦发生触电伤害，后果会十分严重。

触电伤害的主要因素有以下几个方面。

1）电流大小。流经人体电流的大小直接关系到人的生命安全。当电流小于 3 mA时不会对人体造成伤害，人类利用安全电流的刺激作用制造医疗仪器就是最好的证明。电流对人体的作用见表 1-4。

表 1-4　电流对人体的作用

电流/mA	对人体的作用
<0.7	无感觉
1	有轻微感觉
1～3	有刺激感（电疗仪器一般取此电流）
3～10	有痛苦感，可自行摆脱
10～30	引起肌肉痉挛，短时间无危险，长时间有危险
30～50	强烈痉挛，时间超过 60 s 即有生命危险
50～250	产生心脏性纤颤，丧失知觉，严重危害生命
>250	短时间内（1 s 以上）造成心脏骤停，体内电灼伤

2）人体电阻。人体电阻是一个不确定的电阻，它随人体皮肤的干燥程度的不同而不同。人体电阻还是一个非线性电阻，它随人体的电压变化而变化，见表 1-5。从表中可以看出，人体电阻的阻值随电压的升高而减小。

表 1-5　人体电阻的阻值随电压的变化

电压/V	12	31	62	125	220	380	1 000
电阻/kΩ	16.50	11.00	6.24	3.50	2.20	1.47	0.64
电流/mA	0.8	2.8	10.0	35.0	100.0	268.0	1 560.0

3）电流种类。电流种类不同对人体造成的损伤也不同。交流电会同时造成电伤与电击，而直流电一般只会引起电伤。频率在 40～100 Hz 的交流电对人体最危险，而人们日常使用的电流频率为 50 Hz，在危险频率范围内，所以特别要注意用电安全。交流频率为 20 kHz 时，交流电对人体的伤害很小，一般的理疗仪器采用的就是接近 20 kHz 而偏离 100 Hz 左右的频率。

4）电流作用时间。电流对人体的伤害程度同其作用时间的长短密切相关。电流与时间的乘积称为电击强度，用来表示对人体的危害程度。触电保护器的一个重要技术参数就是额定断开时间与漏电电流的乘积应小于 30 mA·s，实际使用的产品可以达到小于 3 mA·s，能有效地防止触电事故的发生。

（3）触电的形式

1）单相触电。当人站在地面上或其他接地体上，人体的某一部位触及一相带电体时，电流通过人体流入大地（或中性线），称为单相触电，如图 1-6 所示。另外，当人体和高压带电体的距离小于规定的安全距离时，将使高压带电体对人体放电，造成触电事故，也称单相触电。单相触电的危险程度与电网运行的方式有关，在中性点直接接地系统中，当人触及一相带电体时，该相电流经人体流入大地再回到中性点，如图 1-6a 所示。由于人体电阻远大于中性点接地电阻，电压几乎全部加在人体上；而在中性点不直接接地系统中，正常情况下电气设备对地绝缘电阻很大，当人体触及一相带电体时，通过人体的电流较小，如图 1-6b 所示。所以在一般情况下，中性点直接接地电网的单相触电比中性点不直接接地电网的危险性大。

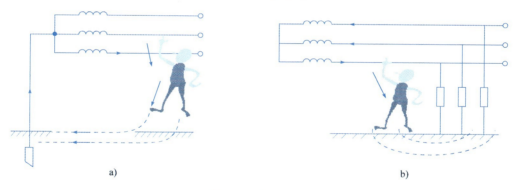

图 1-6　单相触电

a）中性点直接接地　b）中性点不直接接地

2）两相触电。两相触电是指人体两处同时触及同一电源的两相带电体，以及在高压系统中，人体和高压带电体的距离小于规定的安全距离，造成电弧放电时，电流从一相导体流入人体，从另一相导体流出的触电方式，如图 1-7 所示。两相触电时，加在人体上的电压为线电压，所以不论电网的中性点接地与否，其触电的危险性都大。

3）跨步电压触电。当带电体接地时有电流向大地扩散，在以接地点为圆心、半径为 20 m 的圆面积内形成分布电位，人站在接地点周围，两脚之间（以 0.8 m 计算）的电位差称为跨步电压 U_k，由此引起的触电事故称为跨步电压触电，如图 1-8 所示。由图 1-8 可知，跨步电压的大小取决于人体站立点与接地点的距离，距离越小，其跨步电压越大。当距离超过 20 m 时，可认为跨步电压为零，不会发生触电的危险。

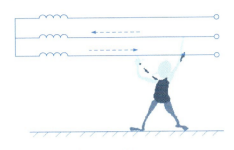

图 1-7   两相触电

4）接触电压触电。运行中的电气设备由于绝缘结构损坏或其他原因造成接地短路故障时，接地电流通过接地点向大地扩散，会在以接地故障点为中心、20 m 为半径的范围内形成分布电位，当人触及漏电设备外壳时，电流通过人体和大地形成回路，造成触电事故，称为接触电压触电。这时加在人体两点的电位差即接触电压 U_j（按水平距离 0.8 m，垂直距离 1.8 m 考虑）如图 1-8 所示。由图可知，接触电压值的大小取决于人体站立点的位置，若距离接地点越远，则接触电压值越大；当超过 20 m 时，接触电压值为最大，等于漏电设备的对地电压 U_d；当人体站在接地点与漏电设备接触时，接触电压为零。

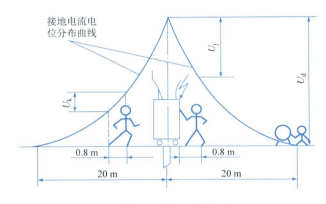

图 1-8   跨步电压和接触电压

5）感应电压触电。当人触及带有感应电压的设备和线路时所造成的触电事故称为感应电压触电。如一些不带电的线路由于大气变化（如雷电活动），会产生感应电荷，此外，停电后一些可能感应电压的设备和线路未接临时地线，这些设备和线路对地均存在感应电压。

6）剩余电荷触电。剩余电荷触电是指当人触及带有剩余电荷的设备时，带有电荷的设备对人体放电造成的触电事故。设备带有剩余电荷，通常是由于检修人员在检修中用绝缘电阻表测量停电后的并联电容器、电力电缆、电力变压器及大容量电动机等设备时，检修前后没有对其充分放电所造成的。此外，并联电容器因其电路发生故障而不能及时放电，退出运行后又未人工放电，也导致电容器的极板上带有大量的剩余电荷。

2．电气火灾、爆炸的预防与处理

（1）电气火灾的原因　电气火灾是由于电气设备因短路、过负荷、绝缘结构损坏、老化或散热等故障产生过热或电火花而引起的火灾。

（2）电气火灾的预防　在线路设计上，应充分考虑负荷容量及合理的过负荷能力。在用电时，应禁止过度超负荷及乱接乱搭电源线，防止短路故障。用电设备有故障时，应停用并尽快检修。某些电气设备应在有人监护下使用，"人去停用（电）"。对于易引起火灾的场所，应注意加强防火，配置防火器材，使用防爆电器等。

（3）电火警的紧急处理

1）切断电源。当电气设备发生火警时，首先要切断电源（用木柄消防斧切断电源进线），防止事故的扩大和火势的蔓延，避免灭火过程中发生触电事故。同时拨打"119"火警电话，向消防部门报警。

2）正确使用灭火器材。发生电火警时，决不可用水或普通灭火器（如泡沫灭火器）去灭火，因为水和普通灭火器中的溶液都是导体，如果电源未被切断，救火者就有触电的可能。所以，发生电火警时应使用干粉二氧化碳或"1211"等灭火器灭火，也可以使用干燥的黄沙灭火。

3．触电的急救

一旦发生触电事故时，应立即组织人员急救。急救时必须做到沉着果断、动作迅速、方法正确。首先要尽快地使触电者脱离电源，然后根据触电者的具体情况，采取相应的急救措施。

（1）切断电源

1）脱离电源的方法。根据出事现场情况，采用正确的脱离电源方法，是保证急救工作顺利进行的前提。

① 拉闸断电或通知有关部门立即停电。

② 出事地点附近有电源开关或插头时，应立即断开开关或拔掉电源插头，以切断电源。

③ 若电源开关远离出事地点，可用绝缘钳或干燥木柄斧子切断电源。

④ 当电线搭落在触电者身上或被压在身下时，可用干燥的衣服、手套、绳索或木棒等绝缘物作救护工具，拉开触电者或挑开电线，使触电者脱离电源；或用干木板、干胶木板等绝缘物插入触电者身下，隔断电源。

⑤ 抛掷裸金属导线，使线路短路，迫使保护装置动作，断开电源。

2）脱离电源时的注意事项。在帮助触电者脱离电源时，不仅要保证触电者安全脱离电源，而且还要保证现场其他人员的生命安全。为此，应注意以下几点：

① 救护者不得直接用手或其他金属及潮湿的物件作为救护工具，最好采用单手操作，以防止自身触电。

② 防止触电者摔伤。触电者脱离电源后，肌肉不再受到电流刺激，会立即放松而摔倒，造成外伤，特别是在高空更加危险，在切断电源时，须同时有相应的保护措施。

③ 如事故发生在夜间，应迅速准备临时照明用具。

（2）急救方法　触电者脱离电源后，应及时对其进行诊断，然后根据其受伤害的程度，采取相应的急救措施。

1）简单诊断。把脱离电源的触电者迅速移至通风干燥的地方，使其仰卧，并解开其上衣和腰带，迅速对触电者进行诊断。

① 观察呼吸情况。看其是否有胸部起伏的呼吸运动或将面部贴近触电者口鼻处感觉有无气流呼出，以判断是否有呼吸。

② 检查心跳情况。摸一摸颈部的颈动脉或腹股沟处的股动脉有无搏动，将耳朵贴在触电者左侧胸壁乳头内侧二横指处，听一听是否有心跳的声音，从而判断心跳是否停止。

③ 检查瞳孔。当触电者处于假死状态时，大脑细胞严重缺氧，处于死亡边缘，瞳孔自行放大，对外界光线强弱无反应。可用手电照射瞳孔，看其是否回缩，以判断触电者的瞳孔是否正常。

2）现场急救的方法。根据上述简单诊断结果，迅速采取相应的急救措施，同时向附近医院告急求救。

① 触电者神志清醒，但有些心慌，四肢发麻，全身无力；或触电者在触电过程中一度昏迷，但已清醒过来。此时，应使触电者保持安静，解除恐慌，不要走动并请医生前来诊治或送往医院。

② 触电者已失去知觉，但心脏跳动且呼吸还存在，应让触电者在空气流动的地方舒适、安静地平卧，解开衣领便于呼吸；如天气寒冷，应注意保温，必要时闻氨水，摩擦全身使之发热，并迅速请医生到现场治疗或送往医院。

③ 触电者有心跳而呼吸停止时，应采用"口对口人工呼吸法"进行抢救。

④ 触电者有呼吸而心脏停止跳动时，应采用"胸外心脏按压法"进行抢救。

⑤ 触电者呼吸和心跳均停止时，应同时采用"口对口人工呼吸法"和"胸外心脏按压法"进行抢救。

应当注意，急救要尽快进行，即使在送往医院的途中也不能终止急救。抢救人员还需有耐心，有些触电者需要进行数小时，甚至数十小时的抢救，方能苏醒，此外不能给触电者打强心针、泼冷水或压木板等。

1.3   避雷与静电防护

1.3.1   人体避雷常识

1．室内预防雷击

（1）电视机的室外天线在雷雨天要与电视机脱离，而与接地线连接。

（2）雷雨天应关好门窗，防止球形雷窜入室内造成危害。

（3）雷暴时，人体最好离开可能传来雷电侵入波的线路和设备 1.5 m 以上。拔掉电源插头，不要打电话，不要靠近室内的金属设备（如暖气片、自来水管和下水管），尽量离开电源线、电话线和广播线，以防止这些线路和设备对人体的二次放电。另外，不要穿潮湿的衣服，不要靠近潮湿的墙壁。

2．室外避免雷击

（1）要远离建筑物的避雷针及其接地引下线。

（2）要远离各种天线、电线杆、高塔、烟囱和旗杆，如有条件应进入有宽大金属构架、有防雷设施的建筑物或金属壳的汽车和船只，要远离帆布篷车、拖拉机和摩托车等。

（3）应尽量离开山丘、海滨、河边和池旁；尽快离开铁丝网、金属晒衣绳、孤立的树木和没有防雷装置的孤立小建筑等。

（4）雷雨天气尽量不要在旷野里行走。要穿塑料等不浸水的雨衣。要走慢点，步子小点。不要骑自行车，不要用金属杆的雨伞，肩上不要扛带有金属杆的工具。

（5）人在遭受雷击前，会突然有头发竖起或皮肤颤动的感觉，这时应立刻躺倒在地，或选择低洼处蹲下，双脚并拢，双臂抱膝，头部下俯，尽量缩小暴露面。

1.3.2　静电防护常识

静电是指在宏观范围内暂时失去平衡的相对静止的正负电荷。静电现象是十分普遍的电现象，其产生极其容易，又极易被忽视。目前，静电现象一方面被广泛应用，例如静电除尘、静电复印等；另一方面由静电引起的工厂、油船、仓库和商店的火灾和爆炸又提醒人们要充分重视其危害性。

1．静电的形成

静电产生的原因很多，其中最主要的是以下几种。

（1）摩擦起电。两种物质紧密接触时，界面两侧会出现大小相等、符号相反的两层电荷，紧密接触后又分离，静电就产生了。摩擦起电就是通过摩擦实现较大面积的接触，在接触面上产生双层电荷的过程。

（2）破断起电。不论材料内部的分布是否均匀，破断后均可能在宏观范围内导致正负电荷的分离，即产生静电。当固体粉碎、液体分离时，就能因破断而产生静电。

（3）感应起电。处在电场中的导体在静电场的作用下，其表面不同部位感应出不同电荷或引起导体上原有电荷的重新分布，使得本来不带电的导体可以变成带电的导体。

2．人体的静电处理

避免静电过量积累有几种简单易行的方法。

（1）到自然环境中去。有条件的话，在地上赤足运动一下，因为常见的鞋底都属绝缘体，身体无法和大地直接接触，也就无法释放身上积累的静电。

（2）尽量不穿化纤类衣物，或者选用经过防静电处理的衣物。贴身衣服和被褥一定要选用纯棉制品或真丝制品。同时，远离化纤地毯。

（3）秋冬季要保持一定的室内湿度，这样静电就不容易积累。室内放上一盆清水或摆放些花草，可以缓解空气中的静电积累和灰尘吸附。

（4）长时间用计算机或看电视后，要及时清洗裸露的皮肤，多洗手，勤洗脸，对消除皮肤上的静电很有好处。

（5）多饮水，同时补充钙质和维生素 C，减轻静电给人带来的影响。

3．电子元器件的静电防护

电子元器件按其种类不同，受静电破坏的程度也不一样，最低的 100 V 静电压也会对其造成破坏。近年来随着电子元器件发展趋于集成化，因此要求相应的静电电压也在不断降低。

人体所感应的静电电压一般在 2～4 kV 以上，通常是由于人体的轻微动作或与绝缘物的摩擦而引起的。也就是说，倘若人们日常生活中所带的静电电位与 IC（集成电路）接触，那么几乎所有的 IC 都将被破坏，这种危险存在于任何没有采取静电防护措施的工作环境中。静电对 IC 的破坏不仅体现在电子元器件的制作工序中，而且在 IC 的组装、运输等过程中都会对 IC 产生破坏。

要解决以上问题，可采取以下静电防护措施。

（1）操作现场静电防护。对静电敏感器件应在防静电的工作区域内操作。

（2）人体静电防护。操作人员穿戴防静电工作服、手套、工鞋、工帽和手腕带。

（3）储存运输过程中静电防护。静电敏感器件的储存和运输不能在有电荷的状态下进行。

第2章 仪器仪表、电工工具和电工材料

2.1 常用仪器仪表和使用方法

2.1.1 电子仪器仪表及其使用方法

1. 示波器

示波器是一种用途十分广泛的电子测量仪器。它能把肉眼看不见的电信号变换成看得见的图像，便于人们研究各种电现象的变化过程。示波器利用狭窄的、由高速电子组成的电子束，打在涂有荧光物质的屏面上，就可产生细小的光点。在被测信号的作用下，电子束就好像一支笔的笔尖，可以在屏面上描绘出被测信号的瞬时值变化曲线。利用示波器能观察各种不同信号幅度随时间变化的波形曲线，还可以用它测试各种不同的电量，如电压、电流、频率、相位差和调幅度等。

示波器的型号很多，但使用方法基本相同，下面以 GOS-620 双轨迹示波器为例介绍其面板旋钮和使用方法。GOS-620 双轨迹示波器的面板如图 2-1 所示。

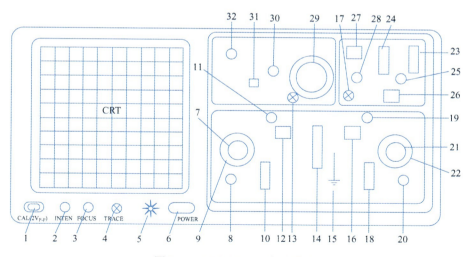

图 2-1　GOS-620 示波器面板

前面板说明：

CRT——显示屏。

2——INTEN：轨迹及光点亮度控制钮。

3——FOCUS：轨迹聚焦调整钮。

4——TRACE ROTATION：使水平轨迹与刻度线成平行的调整钮。

6——POWER：电源主开关，按下此钮可接通电源，电源指示灯会发亮；再按一次，开关凸起时，则切断电源。

① 垂直偏向：

7、22——VOLTS/DIV：垂直衰减选择钮，以此钮选择 CH1 及 CH2 的输入信号衰减幅度，范围为 5 mV/DIV～5 V/DIV，共 10 档。

10、18——AC-GND-DC：输入信号耦合选择按键钮。

AC——垂直输入信号电容耦合，截止直流或极低频信号输入。

GND——按下此键则隔离信号输入，并将垂直衰减器输入端接地，使之产生一个零电压参考信号。

DC——垂直输入信号直流耦合，AC 与 DC 信号一起输入放大器。

8——（X）输入：CH1 的垂直输入端，在 X-Y 模式下，为 X 轴的信号输入端。

9、21——VARIABLE：灵敏度微调控制，至少可调到显示值的 1/2.5。在 CAL 位置时，灵敏度即为档位显示值。当此旋钮拉出时（×5 MAG 状态），垂直放大器灵敏度增加 5 倍。

20——CH2（Y）输入：CH2 的垂直输入端，在 X-Y 模式下，为 Y 轴的信号输入端。

11、19——POSITION：轨迹及光点的垂直位置调整钮。

14——VERT MODE：CH1 及 CH2 选择垂直操作模式。

CH1 或 CH2——通道 1 或通道 2 单独显示。

DUAL——设定本示波器以 CH1 及 CH2 双频道方式工作,此时可切换 ALT/ CHOP 模式来显示两轨迹。

ADD——用以显示 CH1 及 CH2 的相加信号；当 CH2 INV 键为压下状态时，即可显示 CH1 及 CH2 的相减信号。

13、17——CH1& CH2 DC BAL：调整垂直直流平衡点。

12——ALT/CHOP：当在双轨迹模式下放开此键，则 CH1&CH2 以交替方式显示（一般使用于较快速之水平扫描文件位）。当在双轨迹模式下按下此键，则 CH1&CH2 以切割方式显示（一般使用于较慢速之水平扫描文件位）。

16——CH2 INV：此键按下时，CH2 的信号将会被反向。CH2 输入信号于 ADD 模式时，CH2 触发截选信号（trigger signal pickoff）亦会被反向。

② 触发：

26——SLOPE：触发斜率选择键。

"+"：凸起时为正斜率触发，当信号正向通过触发准位时进行触发。

"–"：压下时为负斜率触发，当信号负向通过触发准位时进行触发。

24——EXT TRIG. IN：外触发输入端子。

27——TRIG. ALT：触发源交替设定键，当 VERT MODE 选择器（14）在 DUAL 或 ADD 位置，且 SOURCE 选择器（23）置于 CH1 或 CH2 位置时，按下此键，本仪器即会自动设定 CH1 与 CH2 的输入信号以交替方式轮流作为内部触发信号源。

23——SOURCE：用于选择 CH1、CH2 或外部触发。

CH1：当 VERT MODE 选择器（14）在 DUAL 或 ADD 位置时，以 CH1 输入端的信号作为内部触发源。

CH2：当 VERT MODE 选择器（14）在 DUAL 或 ADD 位置时，以 CH2 输入端的信号作为内部触发源。

LINE_将 AC 电源线频率作为触发信号。

EXT_将 TRIG.IN 端子输入的信号作为外部触发信号源。

25——TRIGGER MODE：触发模式选择开关。

常态（NORM）：当无触发信号时，扫描将处于预备状态，屏幕上不会显示任何轨迹。本功能主要用于观察频率不大于 25 Hz 的信号。

自动（AUTO）：当没有触发信号或触发信号的频率小于 25 Hz 时，扫描会自动产生。

电视场（TV）：用于显示电视场信号。

28——LEVEL：触发准位调整钮，旋转此钮以同步波形，并设定该波形的起始点。将旋钮向"+"方向旋转，触发准位会向上移；将旋钮向"−"方向旋转，则触发准位向下移。

③ 水平偏向：

29——TIME/DIV：扫描时间选择钮。

30——SWP.VAR：扫描时间的可变控制旋钮。

31——×10 MAG：水平放大键，扫描速度可扩展 10 倍。

32——POSITION：轨迹及光点的水平位置调整钮。

④ 其他功能：

1——CAL（2V$_{P-P}$）：此端子提供幅度为 2V$_{P-P}$、频率为 1 kHz 的方波信号，用于校正 10∶1 探极的补偿电容器和检测示波器垂直与水平偏转因数。

15——GND：示波器接地端子。

⑤ **ADD 操作**：将 MODE 选择器 14 置于 ADD 位置时，可显示 CH1 及 CH2 信号相加之和；按下 CH2 INV 键 16，则会显示 CH1 及 CH2 信号之差。为求得正确的计算结果，事前先以 VAR.钮（9、12）将两个频道的准确度调成一致。任一频道的 ⬍ POSITION 钮皆可调整波形的垂直位置，但为了维持垂直放大器的线性，最好将两个旋钮都置于中央位置。

2．信号发生器（SG1651A）

SG1651A 是具有高度稳定性、多功能等特点的函数信号发生器。能直接产生正弦波、三角波、方波、斜波和脉冲波，波形对称可调并具有反向输出，直流电平可连续调节，还具有 VCF 输入控制功能。频率计可内部频率显示，也可外测 1 Hz～10.0 MHz 的信号频率，电压用 LED 显示，如图 2-2 所示。

表 2-1 为 SG1651A 示波器的使用说明。

图 2-2　SG1651A 信号发生器

表 2-1　SG1651A 示波器使用说明

序号	面板标志	名称	作　用
1	电源	电源开关	按下开关，电源接通，电源指示灯亮
2	波形	波形选择	1. 输出波形选择 2. 与 13、19 配合使用可得到正负相锯齿波和脉冲波
3	频率	频率选择开关	频率选择开关与 9 配合选择工作频率 外测频率时选择闸门时间
4	Hz	频率单位	指示频率单位，灯亮有效
5	kHz	频率单位	指示频率单位，灯亮有效
6	闸门	闸门显示	此灯闪烁，说明频率计正在工作
7	溢出	频率溢出显示	当频率超过 5 个 LED 所显示范围时灯亮
8		频率 LED	所有内部产生频率或外测时的频率均由此 5 个 LED 显示
9	频率调节	频率调节	与 3 配合选择工作频率
10	直流/拉出	直流偏置调节输出	拉出此旋钮可设定任何波形的直流工作点，顺时针方向为正，逆时针方向为负
11	压控输入	压控信号输入	外接电压控制频率输入端
12	TTL 输出	TTL 输出	输出波形为 TTL 脉冲，可做同步信号
13	幅度调节反向/拉出	斜波倒置开关幅度调节旋钮	1. 与 19 配合使用，拉出时波形反向 2. 调节输出幅度大小
14	50 Ω 输出	信号输出	主信号波形由此输出，阻抗为 50 Ω
15	衰减	输出衰减	按下按键可产生 –20 dB/–40 dB 衰减
16	$V_m V_{p-p}$	电压 LED	—
17	外测–20 dB	外接输入衰减 –20 dB	1. 频率计内测和外测频率（按下）信号选择 2. 外测频率信号衰减选择，按下是信号衰减 20 dB
18	外测输入	计数器外信号输入端	外测频率时，信号由此输出
19	50 Hz 输出	50 Hz 固定信号输出	50 Hz 固定频率正弦波由此输出
20	AC 220 V	电源插座	50 Hz、220 V 交流电源由此输出
21	FUSE：0.5 A	电源熔丝盒	安装电源熔丝
22	标准输出 10 MHz	标频输出	10 MHz 标频信号由此输出

3. 毫伏表（DF2170A）

DF2170A 采用两组相同而又独立的电路及双指针表头，在同一面板可指示两个不同交流信号的有效值和电平值，可方便地进行双路交流电压的同时测量和比较，并监视输出。"同步/异步"操作给测量特别是立体声双通道的测量带来了极大的方便。

（1）使用方法

操作界面介绍。DF2170A 交流毫伏表面板如图 2-3 所示。

毫伏表使用方法如下：

1）通电前，先调整电能表指针的机械零点，并将仪器水平放置。按下电源开关，接通电源，各档位发光二极管全亮，然后自左向右依次轮流检测，检测完毕后停止于

300 V 档指示，并自动将量程置于 300 V 档。

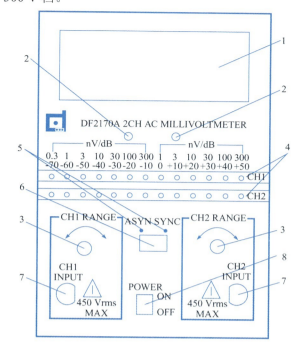

图 2-3 DF2170A 外形和面板

1—表头 2—机械零位调整 3—量程选择 4—量程指示 5—同步异步/CH1、CH2 指示
6—同步异步/CHI、CH2 选择按钮 7—通道输入 8—电源开关

2）接通电源及输入量程转换时，由于电容的放电，指针有所晃动，需待指针稳定后读取读数。

3）同步/异步方式。当按下面板上的同步异步/CH1、CH2 选择按键时，可选择同步/异步工作方式，"SYNC"灯亮为同步工作方式，"ASYN"灯亮为异步工作方式。当为同步工作方式时，CH1 和 CH2 的量程由任一通道控制开关控制，使两通道具有相同的测量量程；当为异步工作方式时，CH1 和 CH2 的量程分别独立控制工作。

4）浮置/接地功能。当将开关置于浮置时，输入信号地与外壳处于高阻状态；当将开关置于接地时，输入信号地与外壳接通。在音频信号传输中，有的需要平衡传输，此时测量其电平时，不能采用接地方式，需要浮置方式测量。在测量 BTL 放大器时，输入两端中的任一端都不能接地，否则将会造成测量不准，甚至烧坏功放，此时宜采用浮置方式测量。某些需要防止地线干扰的放大器或带有直流电压输出的端子及元器件二端电压的在线测试等均可采用浮置方式测量，以免由于公共接地带来干扰或短路。

5）监视输出功能。为了更好地监视输出显示，仪器采用独立放大功能，以便于显示。

当 300 μV 量程输入时，该仪器具有 316 倍的放大功能（50 dB）。

当 1 mV 量程输入时，该仪器具有 100 倍的放大功能（40 dB）。

当 3 mV 量程输入时，该仪器具有 31.6 倍的放大功能（30 dB）。

当 10 mV 量程输入时，该仪器具有 10 倍的放大功能（20 dB）。

当 30 mV 量程输入时，该仪器具有 3.16 倍的放大功能（10 dB）。

（2）技术参数

电压测量范围：100 μV～300 V。

测量电压频率范围：5 Hz～2 MHz。

测量电平范围：–80～+50 dB，–80～+52 dBm。

输入/输出：接地/浮置。

（3）注意事项

1）测量 30 V 以上的电压时，需注意安全。

2）所测交流电压中的直流分量不得大于 100 V。

3）仪器应在规定的电压量程内使用，避免过量程使用，以免损坏仪器。

4）对于 20 Hz 以下或 1 MHz 以上的交流电或非正弦交流电，不宜使用晶体管毫伏表进行测量。

5）在测量电压时，应首先接地线，再接另一根线，以免因感应电压损坏仪器，测量完毕应按照相反的次序拆线。

2.1.2 电工仪器仪表及其使用方法

1．钳形电流表

钳形电流表又称钳形表，是电流互感器的一种形式，它可在不断开电路的情况下直接测量交流电流，在电气检修中使用相当广泛、方便，一般用于测量电压不超过 500 V 的负荷电流，其外形如图 2-4 所示。

使用方法及注意事项：

（1）先检查钳口开合情况，要求钳口可动部分开合自如，两边钳口结合面接触紧密。

（2）检查电流表指针是否在零位，否则调节调零旋钮使其指向零。

（3）将量程选择旋钮置于适当位置，不可在测量过程中切换电流量程开关。

（4）将被测导线置于钳口内中心位置。

（5）测量结束后将量程选择旋钮置于最高档，以免下次使用时不慎损坏仪表。

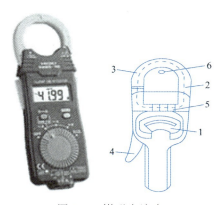

图 2-4　钳形电流表

1—电流表　2—互感器　3—活动夹钳
4—扳手　5—二次绕组　6—被测导线

2．绝缘电阻表

习称兆欧表、高阻计或绝缘电阻测定仪，是一种简便的、常用来测量高电阻（主要是绝缘电阻）的直读式仪表。一般用来测量电路、电动机绕组和电缆电气设备等的绝缘电阻，其外形如图 2-5 所示。

（1）绝缘电阻表的规格选用　绝缘电阻表的常用规格有 250 V、500 V、1 000 V、2 500 V 和 5 000 V，应根据被测电气设备的额定电压来选择。一般额定电压在 500 V 以下的设备选用 500 V 或 1 000 V 的表；额定电压在 500 V

图 2-5　绝缘电阻表

以上的设备选用 1 000 V 或 2 500 V 的表；而绝缘子、母线和刀开关等应选用 2 500 V 或 5 000 V 的表。

（2）接线方法　绝缘电阻表上有 E（接地）、L（线路）和 G（保护环或屏蔽端子）三个接线端。

1）测量电路绝缘电阻时，将 L 端与被测端相连，E 端与地相连，如图 2-6a 所示。

2）测量电动机绝缘电阻时，将 L 端与电动机绕组相连，机壳接于 E 端，如图 2-6b 所示。

3）测量电缆的缆芯对缆壳的绝缘电阻时，除将缆芯和缆壳分别接于 L 和 E 端外，还须将电缆壳芯之间的内层绝缘物接于 G 端，以消除因表面漏电而引起的误差，如图 2-6c 所示。

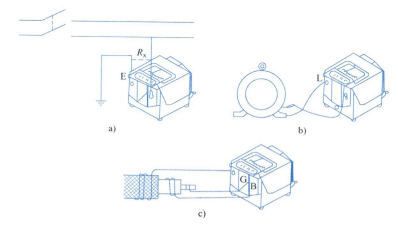

图 2-6　绝缘电阻表的接线

a）测电路绝缘电阻　b）测电动机绝缘电阻　c）测电缆绝缘电阻

（3）使用方法及注意事项

1）绝缘电阻表须放置在平稳、牢固的地方。

2）先对绝缘电阻表进行一次开路和短路试验，检查绝缘电阻表是否良好。空摇绝缘电阻表，指针应指在"∞"处，然后再慢慢摇动手柄，使 E 和 L 两端按钮瞬时短接，指针应迅速指在"0"处。若指示不对，则须调整后使用。

3）不可在设备带电及在雷电时或邻近有高压导体的设备处测量绝缘电阻，须对具有电容的高压设备先进行放电 2～3 min。

4）绝缘电阻表与被测线路或设备的连接导线要用绝缘良好的单根导线，不能用双股绝缘线或绞线，避免因绝缘不良引起误差。

5）摇动手柄的速度要均匀，一般规定为 120 r/min，允许有±20%的误差。通常要摇动 1 min 后，待指针稳定后再读数。如被测电路中有电容时，先持续摇动一段时间，让绝缘电阻表对电容充电，待指针稳定后再读数。若测量中发现指针指零，应立即停止摇动手柄。

6）在绝缘电阻表未停止摇动前，切勿用手去触及设备的测量部分和绝缘电阻表的接线柱。测量完毕后应对设备充分放电，否则容易引起触电事故。

3. 功率表

功率表又称瓦特表，是测量电功率的仪表。

（1）**功率表型式选择** 测直流或单相负荷的功率可用单相功率表，测三相负荷的功率可用单相功率表，也可直接用三相功率表测量。

（2）**功率表量程选择** 保证所选的电压和电流量程分别大于被测电路的工作电压和电流。

（3）**功率表读数** 功率计算公式为

$$P=C\alpha \tag{2-1}$$

式中，C 为分格常数，$C=U_N I_N/\alpha_N$，U_N、I_N 分别为电压和电流量程，α_N 为标尺满刻度格数；α 为实测时指针偏转格数。

（4）**功率表接线**

1）**单相功率表的接线。** 单相功率表有四个接线柱，其中两个是电流端子，两个是电压端子，在电流和电压端子上各有一个标有"*"的标记，这是标志电压和电流线圈的电源端（也叫发电机端）的符号。

功率表接线时必须注意：

a. 电流线圈与负荷串联，电压线圈与负荷并联。

b. 两线圈的发电机端接在电源的同一极性端上，如图 2-7 所示。前者称为"前接法"，适用于负荷电阻远大于功率表电流线圈电阻的场合；后者称为"后接法"，适用于负荷电阻远小于功率表电压线圈支路电阻的场合。

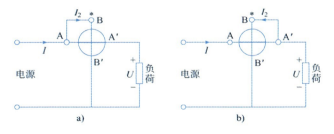

图 2-7 单相功率表接线原理

a）前接线 b）后接线

若接线正确，功率表反偏，表明该电路向外输出功率，这时应将电流端钮换接一下，也有的功率表装了电压线圈的"换向开关"，只要转动换向开关即可。

2）**单相功率表测三相功率的接线。** 用单相功率表测三相功率有三种方法，如图 2-8 所示。

a. 一表法：仅适用于电源和负荷都对称的三相电路，即用一只功率表测出其中一相的功率，则三相功率 $P=3P_1$。

b. 二表法：适用于三相二线制电路，三相功率 $P=P_1+P_2$。注意如功率表反偏，则须将这只功率表的电流线圈反接，并且在计算总功率时应减去这只功率表的读数。

c. 三表法：适用于不对称的三相四线制电路，即用两只功率表分别测出三相的功率，则三相功率 $P=P_1+P_2+P_3$。

3）三相功率表测三相功率的接线。三相功率表实际上是根据"二表法"原理制成的，所以工程上三相三线制线路常用三相功率表直接测量，其接线如图2-9所示。

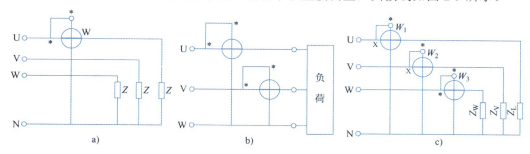

图 2-8　用单相功率表测三相功率的接线原理

a）一表法　b）二表法　c）三表法

在高电压或负荷电流很大的线路上测量功率时，要通过电压互感器或电流互感器，然后再与功率表连接。

4．万用表

万用表又称多用表、三用表和万能表等，是一种多功能、多量程的携带式电工仪表，一般可用来测量交直流电压、直流电流和电阻等多种物理量，有些还可测量交流电流、电感、电容和晶体管直流放大系数等。

（1）指针式万用表　指针式万用表的型号很多，但使用方法基本相同，现以 MF30 为例介绍其使用方法及注意事项，图 2-10 为其实物图。

MF30 指针式万用表的使用方法及注意事项：

1）测试棒要完整，绝缘要好。

2）检查表头指针是否指向电压、电流的零位，若不是，则调整机械零位调节器调零。

3）根据被测参数种类和大小选择转换开关位置（如 Ω、$\underline{V}$、$\tilde{V}$、μA、mA）和量程，应尽量使表头指针偏转到满刻度的 2/3 处。如事先不知道被测量的范围，应从最大量程档开始逐渐减小至适当的量程档。

4）测量电阻前，应先对相应的欧姆档调零（即将两表棒相碰，旋动调零旋钮，使指针指示在 0 Ω 处）。每换一次欧姆档都要进行调零。如旋动调零旋钮指针无法达到零位，则可能是表内电池电压不足，需更换新电池。测量时将被测电阻与电路分开，不能带电操作。

5）测量直流量时注意极性和接法。测直流电流时，电流从红表棒"＋"流入，从黑表棒"－"流出；测直流电压时，红表棒接高电位，黑表棒接低电位。

6）读数时要从相应的标尺上去读，并注意量程。若被测量是电压或电流时，满刻度即量程。若被测量是电阻时，则读数=标尺读数×倍率。

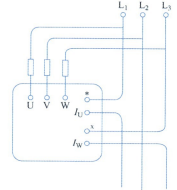

图 2-9　三相功率表的接线

图 2-10　MF30 型万用表面板

7）测量时手不要触碰表棒的金属部分，以保证安全和测量准确性。

8）不能带电转动转换开关。

9）不要用万用表直接测微安表、检流计等灵敏电表的内阻。

10）测晶体管参数时，要用低压高倍率档（$R×100\ \Omega$ 或 $R×1\ k\Omega$）。注意 "–" 为内电源的正端，"+" 为内电源的负端。

11）测量完毕后，应将转换开关旋至交流电压最高档，有 "OFF" 档的则旋至 "OFF"。

（2）数字万用表　数字式万用表与指针式万用表相比有很多优点，如灵敏度和准确度高，显示直观，功能齐全，性能稳定，小巧灵便，并具有极性选择、过负荷保护和过量程显示等优势。数字式万用表的型号也较多，下面以 DT890 为例介绍其使用方法和注意事项，图 2-11 为它的面板图。

操作前将电源开关置于 "ON" 位置，若显示 "LOBAT" 或 "BATT" 字符，则表示表内电池电压不足，需更换电池。

1）交直流电压的测量。

① 将黑表棒插入 COM 插孔，红表棒插入 V/Ω 插孔。

② 将功能选择开关置于 DCV（直流）或 ACV（交流）的适当量程档（若事先不知道被测电压的范围，应从最高量程档开始逐步减至适当量程档；若显示器只显示 "1"，表超量程，功能选择开关应置于更高量程档），将表棒并接到被测电路两端，显示屏将显示被测电压值和红表棒的极性。

③ 测试笔插孔旁的 △ 表示直流电压不要高于 1 kV，交流电压不要高于 700 V。

2）交直流电流的测量。

① 将黑表棒插入 COM 插孔。当被测电流不大于 200 mA 时，红表棒插入 A 孔；当被测电流在 0.2～10 A 之间时，将红表棒插入 10 A 插孔。

② 将功能选择开关置于 DCA（直流）或 ACA（交流）的适当量程档，测试棒串入被测电路，显示器在显示电流大小的同时还显示红表棒端的极性。

3）电阻的测量。

① 将黑表棒插入 COM 插孔，红表棒插入 V/Ω 插孔（红表棒接表内电源 "+" 极，

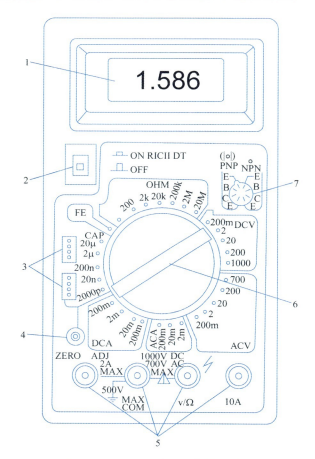

图 2-11　DT890 型数字万用表面板

1—显示器　2—开关　3—电筒插口　4—电容调零器

5—插孔　6—选择开关　7—h_{FE} 插口

与指针式万用表不同）。

② 将功能选择开关置于 OHM 的适当量程档，将表棒接到被测电阻上，显示器将显示被测电阻值。

4）二极管的测量。

① 将黑表棒插入 COM 插孔，红表棒插入 V/Ω 插孔。

② 将功能选择开关置于"➤｜"档，将表棒接到被测二极管两端，显示器将显示二极管正向压降的毫伏值（红表棒接的是二极管正极）。当二极管反向时，则显示"1"。

③ 若两个方向均显示"1"，表示二极管开路；若两个方向均显示"0"，表示二极管击穿短路。这两种情况均说明二极管已损坏，不能使用。

④ 该量程档还可进行带声响的通断测试，即当所测电路的电阻在 70 Ω 以下时，表内的蜂鸣器发声，表示电路导通。

5）晶体管放大系数 h_{EE} 的测试。

① 将功能选择开关置于 h_{EE} 档。

② 确认晶体管是 PNP 型还是 NPN 型，将 E、B、C 三脚分别插入相应的插孔，显示器将显示晶体管放大系数 h_{EE} 的近似值（测试条件是 $I_B=10\ \mu A$，$U_{CE}=2.8\ V$）。

6）电容量的测量。

① 将功能选择开关置于 CAP 适当量程档，调节调零器使显示器为 0。

② 将被测电容器插入"C_X"测试座中，显示器将显示其电容值。

5. 电能表

电能表又称电度表、千瓦小时表，俗称火表，是计量电功（电能）的仪表。图 2-12 为最常用的一种交流感应式电能表。

（1）电能表的结构　电能表按其用途分为有功电能表和无功电能表两种；按结构分为单相表和三相表两种。

电能表的种类虽不同，但其结构是一样的。它都有驱动元件、转动元件、制动元件、计数机构、支座和接线盒等六个部件。单相电能表的内部结构如图 2-13 所示。

图 2-12　交流感应式电能表

1）驱动元件。驱动元件有两个电磁元件，即电流元件和电压元件。转盘下面是电流元件，由铁心及绕在上面的电流线圈所组成。电流线圈匝数少，线径粗，与用电设备串联。转盘上面部分是电压元件，由铁心及绕在上面的电压线圈所组成；电压线圈匝数多，线径细，与照明线路的用电器并联。

2）转动元件。转动元件由铝制转盘及转轴组成。

3）制动元件。制动元件是一块永久磁铁，在转盘转动时产生制动转矩，使转盘转动的转速与用电器的功率大小成正比。

4）计数机构。计数机构由蜗轮杆齿轮机构组成。

5）支座。支座用于支撑驱动元件、制动元件和计数机构等部件。

6）接线盒。接线盒用于连接电能表内外线路。

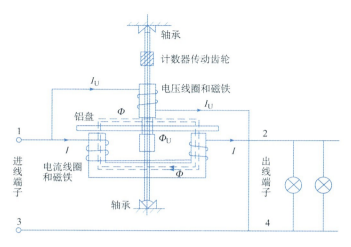

图 2-13　交流单相电能表结构

（2）电能表的安装和使用要求

1）电能表应按设计装配图规定的位置进行安装，不能安装在高温、潮湿、多尘及有腐蚀气体的地方。

2）电能表应安装在不易受振动的墙上或开关板上，离墙面应不低于 1.8 m，这样利于安全，而且方便检查和"抄表"。

3）为了保证电能表工作的准确性，电能表必须严格垂直装设。若有倾斜，则会发生计数不准或停走等故障。

4）接入电能表的导线中间不应有接头。接线时接线盒内螺钉应拧紧，不能松动，以免接触不良，引起桩头发热而烧坏。配线应整齐美观，尽量避免交叉。

5）电能表在额定电压下，当电流线圈无电流通过时，铝盘的转动不超过一圈，功率消耗不超过 1.5 W。根据实践经验，一般 5 A 的单相电能表无电流通过时每月耗电不到 1 kW·h。

6）电能表装好后，打开电灯，电能表的铝盘应从左向右转动。若总铝盘从右向左转动，说明接线错误，应将相线（火线）的进出线调接一下。

7）单相电能表的选用必须与用电器总功率相适应。在 220 V 电压的情况下，根据公式 $P=UI\cos\varphi$ 可以算出不同规格的电能表可装用电器的最大功率，见表 2-3。

表 2-3　不同规格电能表可装用电器的最大功率

电能表的规格/A	3	5	10	20	25	30
可装用电器最大功率/W	660	1 100	2 200	4 400	5 500	6 600

由于用电器不一定同时使用，因此，在实际使用中，电能表应根据实际情况加以选择。

8）电能表在使用时，电路不允许短路及过负荷（不超过额定电流的 125%）。

（3）电能表的接入方式　单相电能表和三相电能表都有两个回路，即电压回路和电流回路，其连接方式有直接接入方式和间接接入方式。

1）直接接入方式。在低压小电流线路中，电能表可采用直接接入方式，即电能表直接接入线路上,如图 2-14 所示。电能表的接线图一般粘贴在接线盒盖的背面。

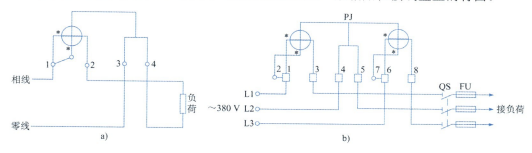

图 2-14 电能表的直接接入方式接线图

a)单相电能表直接接入式 b)三相电能表直接接入式

2)间接接入方式。在低压大电流线路中,若线路负荷超过电能表的量程,须经电流互感器将电流变小,即将电能表以间接接入方式接在线路上,如图 2-15 所示。在计算用电量时,只要将电能表上的耗电数值乘以电流互感器的倍数,就是实际耗电量。

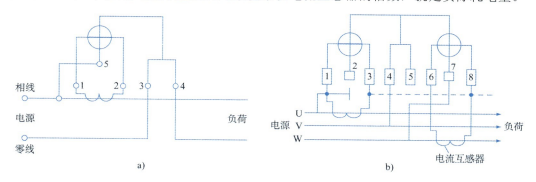

图 2-15 电能表的间接接入方式接线

a)单相电能表电流互感器接入的接线 b)三相电能表电流互感器接入的接线

(4)新型电能表简介 在科技迅猛发展的今天,新型电能表已快速进入千家万户。下面介绍一下具有较高科技含量的长寿式机械电能表、静止式电能表、电卡预付费电能表和防窃型电能表等。

1)长寿式机械电能表。长寿式机械电能表是在充分吸收国内外先进电能表设计、选材和制作经验的基础上开发的新型电能表,具有宽负荷、长寿命、低功耗和高准确度等优点。

2)静止式电能表。静止式电能表是借助于电子电能计量的先进机理,继承传统感应式电能表的优点,采用全屏蔽、全密封的结构,具有良好的抗电磁干扰性能,集节电、可靠、轻巧、高准确度、高过负荷和防窃电等为一体的新型电能表。

静止式电能表由分流器取得电流采样信号,分压器取得电压采样信号,经乘法器得到电压电流乘积信号,再经频率变换产生一个频率与电压电流乘积成正比的计数脉冲,通过分频驱动步进电动机,使计度器计量,其工作原理框图如图 2-16 所示。

静止式电能表按电压分为单相电子式、三相电子式和三相四线电子式等,按用途又分为单一式和多功能(有功、无功和复合型)等。

静止式电能表的安装使用要求与一般机械式电能表大致相同，但接线宜粗，避免因接触不良而发热烧毁。静止式电能表安装接线如图 2-17 所示。

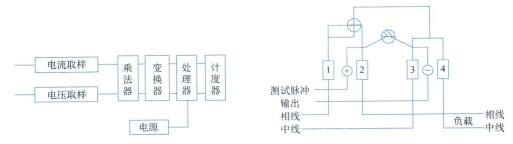

图 2-16 静止式电能表工作原理框图   图 2-17 静止式电能表接线

3）电卡预付费电能表。电卡预付费电能表是机电一体化预付费电能表，又称 IC 卡表或磁卡表。它不仅具有电子式电能表的各种优点，而且电能计量采用先进的微电子技术进行数据采集、处理和保存，实现先付费后用电的管理功能。

电卡预付费电能表由电能计量和微处理器两个主要功能块组成。电能计量功能块使用分流一倍增电路，产生表示用电多少的脉冲序列，送至微处理器进行电能计量；微处理器则通过电卡接头与电能卡（IC 卡）传递数据，实现各种控制功能，其工作原理如图 2-18 所示。

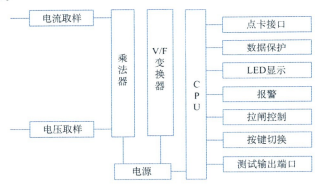

图 2-18 电卡预付费电能表工作原理框图

电卡预付费电能表也有单相和三相之分。单相电卡预付费电能表的接线如图 2-19 所示。

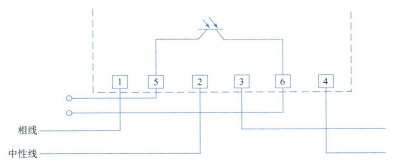

图 2-19 单相电卡预付费电能表接线

4）防窃型电能表。防窃型电能表是一种集防窃电与计量功能于一体的新型电能表，可有效地防止违章窃电行为，堵住窃电漏洞，给用电管理带来极大方便。

6. 转速表

转速表是机械行业必备的仪器之一，用来测定电动机的转速、线速度或频率。常用于电动机、电扇、造纸、塑料、化纤、洗衣机、汽车、飞机和轮船等制造业。转速表主要有以下几种。

（1）离心式转速仪　离心式转速仪是一种常用的转速表。它利用离心力与拉力的平衡来指示转速。离心式转速仪是最传统的转速测量工具。测量准确度在 1～2 级，一般就地安装。一只优良的离心式转速仪不但有准确直观的特点，还具备可靠耐用的优点，但是结构比较复杂。

（2）磁性转速仪　磁性转速仪是利用旋转磁场在金属罩帽上产生旋转力，利用旋转力与游丝力的平衡来指示转速。磁性转速仪因结构较简单，目前较普遍用于摩托车、汽车以及其他机械设备。一般就地安装，用软轴可以短距离异地安装，但是异地安装时软轴易损坏。

（3）电动式转速仪　电动式转速仪是由小型交流发电机、电缆、电动机和磁性表头组成。小型交流发电机产生交流电，交流电通过电缆输送，驱动小型交流电动机，小型交流电动机的转速与被测轴的转速一致。磁性转速头与小型交流电动机同轴连接在一起，磁性表头指示的转速自然就是被测轴的转速；电动式转速可异地安装，非常方便，抗振性能好，广泛运用于柴油机和船舶设备。

（4）磁电式转速仪　磁电式转速仪是由磁电传感器和电流表组成的，异地安装非常方便。

（5）闪光式转速仪　闪光式转速仪是利用视觉暂留的原理工作的。它除了检测转速（往复速度）外，还可以观测循环往复运动物体的静像，对了解机械设备的工作状态，是一种必不可少的观测工具。

（6）电子式转速仪　电子式转速仪是一个比较笼统的概念，它是以现代电子技术为基础设计制造的转速测量工具。它由传感器和显示器组成，有的还包括信号输出和控制单元。

（7）转速测量方法。

1）F/V 转换。电子类转速测量仪表由转速传感器和表头（显示器）组成。目前常用的转速传感器大多输出脉冲信号，只要通过频率电流转换就能与电压电流输入型的指针表和数字表匹配，或直接送至 PLC。频率电流转换的方法有阻容积分法、电荷泵法和专用集成电路法，前两种方法在磁电转速仪中也有运用。专用集成电路大多是阻容积分法和电荷泵法的综合。目前常用的专用集成电路有 LM331、AD654 和 VF32 等，转换准确度在 0.1%以上，但在低频时，这种转换就无能为力。采用单片机或 FPGA 作 A-D 和 D-A 转换时，转换准确度在 0.05%～0.5%之间，量程从 0～2 Hz 到 0～20 kHz，频率低于 10 Hz 时反应时间也变长。关于 F/V 转换，请参考相应芯片介绍和应用资料。

2）频率运算。当显示准确度、可靠性、成本和使用灵活性上有一定要求时，可直接采用脉冲频率运算型转速仪。频率运算方法有定时计数法（测频法）、定数计时法（测周法）和同步计数计时法等。

2.2　电工工具和使用方法

2.2.1　通用电工工具及使用方法

1. 测电笔

测电笔简称电笔，是用来检查导体和电气设备外壳是否对地带有较高电压的辅助安全工具。测电笔分高压及低压两种，高压电笔称为测电器，低压电笔称为测电笔。电笔又分钢笔式和螺钉旋具式两种，它由笔尖、电阻、氖管、弹簧和笔身等组成。弹簧与后端外部的金属部分相接触，使用时，手应触及后端金属部分。实物如图 2-20 所示。

（1）电笔的工作原理　当用电笔测试带电体时，带电体经电笔、人体到大地形成通电回路，只要带电体与大地之间的电位差超过一定的数值，电笔中的氖泡就能发出红色的辉光。

（2）电笔使用注意事项　使用高压测电器时，要注意安全，雨天不可在户外测试。在测量高压时，必须戴好符合耐压要求的绝缘手套，且不可一个人单独测量，身旁要有人监护。人与带电体应保持足够的安全距离（10 kV 为 0.7 m 以上）。

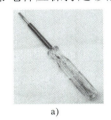

a)　　　　　　　　　　　　　　　b)

图 2-20　测电笔

a）螺钉旋具式测电笔　b）钢笔式测电笔

使用低压电笔前，一定要在有电的电源上检查氖泡能否正常发光。在明亮的光线下测试时，往往不易看清氖泡的辉光，应当避光检测。电笔的金属探头制成螺钉旋具形状，它只能承受很小的扭矩，使用时应特别注意，以防损坏。

2. 螺钉旋具

螺钉旋具俗称起子、改锥或旋凿。它的种类很多，按头部形状的不同可分为一字形和十字形两种，以配合不同模型的螺钉使用；按柄部材料的不同分为木柄和塑料柄两种，其中塑料柄具有较好的绝缘性能，适合电工使用。

（1）一字形螺钉旋具　一字形螺钉旋具用来紧固或拆卸一字槽的螺钉和木螺钉。其规格用柄部以外的刀体长度表示，常用的有 100 mm、150 mm、200 mm、300 mm 和 400 mm 等规格。实物如图 2-21a 所示。

（2）十字形螺钉旋具　十字形螺钉旋具专供紧固或拆卸十字槽的螺钉和木螺钉。其规格用刀体长度和十字槽规格号表示。十字槽规格号有四种：Ⅰ号适用的螺钉直径为 2～2.5 mm；Ⅱ号为 3～5 mm；Ⅲ号为 6～8 mm；Ⅳ号为 10～12 mm。实物如图 2-21b 所示。

螺钉旋具的使用方法及注意事项：

1）螺钉旋具的绝缘柄应绝缘良好，以免造成触电事故。

图 2-21 螺钉旋具

a）一字形　b）十字形

2）螺钉旋具的正确握法如图 2-22 所示。

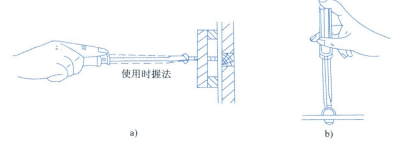

使用时握法

图 2-22 螺钉旋具的使用

a）大螺钉大螺钉旋具的用法　b）小螺钉小螺钉旋具的用法

3）螺钉旋具头部形状和尺寸应与螺钉尾部槽形和大小相匹配。不能用小螺钉旋具去拧大螺钉，以防拧豁螺钉尾槽或损坏螺钉旋具头部；同样也不能用大螺钉旋具去拧小螺钉，以防因转矩过大而导致小螺钉滑丝。

4）使用时，应使螺钉旋具头部顶紧螺钉槽口，以防打滑而损坏槽口。

3. 钳子

（1）剥线钳　剥线钳是用来剥 6 mm 以下电线端部塑料或橡胶绝缘层的专用工具。它由钳头和手柄两部分组成。钳头部分由压线口和切口组成，分别有直径 0.5～3 mm 的多个切口，以适用于不同规格的线芯。使用时，电线必须放在大于其线芯直径的切口上切剥，否则会切伤线芯。剥线钳实物如图 2-23 所示。

图 2-23 剥线钳

（2）钢丝钳　钢丝钳是一种钳夹和剪切工具，由钳头和钳柄两部分组成。它的功能较多，钳口用来弯纹或钳夹导线线头，齿口用来旋紧或起松螺母，刀口用来剪切导线或剖切导线绝缘层，切口用来剪切电线线芯和钢丝、铝丝等较硬的金属。常用的钢丝钳规格有 150 mm、175 mm 和 200 mm 三种。电工所用的钢丝钳，在钳柄上应套有耐压为 500 V 以上的绝缘套。钢丝钳实物如图 2-24 所示。

图 2-24 钢丝钳

钢丝钳的使用及注意事项：

1）钳把须有良好的绝缘保护，否则不能带电操作。

2）使用时须使钳口朝内侧，便于控制剪切部位。

3）剪切带电导体时，须单根进行，以免造成短路事故。

4）钳头不可当锤子用，以免变形。钳头的轴、销应经常加机油润滑。

（3）尖嘴钳　尖嘴钳的头部尖细，适于在狭小的工作空间操作。带有刃口的尖嘴钳能剪断细小金属丝。钳头用于夹持较小的螺钉、垫圈和导线，并将导线断头弯曲成所需形状，其实物如图 2-25 所示。有绝缘柄的尖嘴钳工作电压为 500 V，其规格以全长表示，有 130 mm、160 mm、180 mm 和 200 mm 四种。

图 2-25　尖嘴钳

使用时注意：电线不能放在小于其芯线直径的切口上切削，以免切伤芯线。

（4）斜口钳　也称断线钳，专用于剪断各种电线电缆。对粗细不同、硬度不同的材料，应选用大小合适的斜口钳。其实物如图 2-26 所示。

图 2-26　斜口钳

4. 扳手

（1）活扳手　活扳手的结构如图 2-27 所示。活扳手俗称活络扳头，它由头部和柄部组成。头部由呆板唇、活扳唇、蜗轮和轴销等构成。旋动蜗轮用于调节扳口大小。其规格按全长分为 150 mm、200 mm、250 mm 和 300 mm 四种。

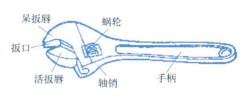

图 2-27　活扳手的结构

扳紧较大螺母时，需用较大转矩，手应捏在柄尾处；扳紧较小螺母时，需用较小转矩。

使用方法及注意事项：

1）旋动蜗杆将扳口调到比螺母稍大些，卡住螺母，再旋动蜗杆，使扳口紧压螺母。

2）握住扳头施力，握法如图 2-28 所示，在扳动小螺母时，手指可随时旋调蜗轮。收紧活扳唇，以防打滑。

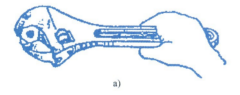
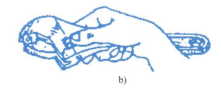

a)　　　　　　　　　　　　　　　b)

图 2-28　活扳手握法

a）扳较大螺母时用法　b）扳较小螺母时用法

3）活扳手不可反用或用钢管接长柄施力，以免损坏活扳唇。

4）活扳手不可作为橇棒和手锤使用。

（2）呆扳手　呆扳手俗称固定扳手，它的一端或两端带有固定尺寸的开口。双头呆扳手两端的开口大小一般是根据标准螺母相邻的两个尺寸而定，其实物如图 2-29 所示。一把呆扳手最多只能拧动

图 2-29　呆扳手

两种相邻规格的六角头或方头螺栓、螺母，使用范围较活扳手小。

（3）其他常用的几种扳手

梅花扳手：两端具有带六角孔或十二角孔的工作端，适用于工作空间狭小，不能使用普通扳手的场合。

两用扳手：一端与单头呆扳手相同，另一端与梅花扳手相同，两端拧转相同规格的螺栓或螺母。

钩形扳手：又称月牙形扳手，用于拧转厚度受限制的扁螺母等。

套筒扳手：它是由多个带六角孔或十二角孔的套筒并配有手柄、接杆等多种附件组成，特别适用于拧转位于十分狭小或凹陷很深处的螺栓或螺母。

内六角扳手：成 L 形的六角棒状扳手，专用于拧转内六角螺钉。

扭力扳手：它在拧转螺栓或螺母时，能显示出所施加的转矩，当施加的转矩到达规定值后，会发出光或声响信号。扭力扳手适用于对转矩大小有明确规定的装配工作。

5．电烙铁

电烙铁是锡焊和塑料烫焊的常用工具，通常以电热丝作为加热元件，其实物如图2-30 所示。常用的有 25 W、45 W、75 W、100 W 和 300 W 等多种。

6．电工刀

电工刀是用来剖削和切割电线绝缘层、绳索、木桩及软性金属的工具。电工刀的实物如图 2-31 所示。

图 2-30　电烙铁　　　　　　　　　　　图 2-31　电工刀

使用方法和注意事项：

（1）电工刀的刀口常在单面上磨出呈弧状的刃口，在剖削电线绝缘层时可将刀略向内倾斜，用刀刃的圆角抵住线芯，刀向外推出。这样刀口就不会损坏芯线，又可防止操作者自己受伤。

（2）用毕即将刀体折入刀体内。

（3）电工刀的刀柄无绝缘功能，严禁在带电体上使用。

7．拉具

拉具俗称拉马、拉子，是电工拆卸带轮、联轴器以及电动机轴承、电动机风叶的一种不可缺少的工具，外形结构如图2-32 所示，使用拉具时要注意以下几点。

（1）使用拉具拉电动机带轮时要将拉具摆正，丝杆要对准机轴中心，然后用扳手上紧拉具的丝杠，用力要均匀。

（2）在使用拉具时，如果所拉部件与电动机轴间锈死，要在轴的接缝处浸入汽油或螺栓松动剂。然后用铁锤敲击带轮外缘或丝杆顶端，再用力向外拉带轮。

（3）必要时可用喷灯将带轮的外表加热后，迅速拉下带轮。

a)   b)

图 2-32　拉具

a）轴承拉具　b）三爪拉具

8. 喷灯

喷灯是利用喷灯火焰对工件进行加热的一种工具，火焰温度可达 900℃，常用于锡焊、焊接电缆接地线等，其外形如图 2-33 所示。

2.2.2　专用电工工具及使用方法

1. 冲击钻

冲击钻具有两种功能：一种作为普通电钻使用，此时开关调到标记为"钻"的位置；另一种可用来冲打砌块和砌墙等建筑物上钻孔和导线穿墙孔，这时应将调节开关调到标记为"锤"的位置。实物如图 2-34 所示。

图 2-33　喷灯

a)   b)

图 2-34　电钻和冲击钻

a）冲击钻　b）电钻

使用方法及注意事项：

（1）为确保操作人员的安全，在使用前用 500 V 绝缘电阻表测定其绝缘电阻，应不小于 0.5 MΩ。

（2）使用时须戴绝缘手套、穿绝缘鞋或站在绝缘板上。

（3）钻孔时不宜用力过猛，遇到坚硬物时不能加过大的力，以免钻头退火或因过载而损坏。在使用过程中转速突然降低或停转，应迅速放松开关，切断电源。当孔快钻通时，应适当减轻手的压力。

（4）钻孔时应经常将钻头从孔中抽出，以便排除钻屑。

2．紧线器

紧线器用来收紧户内绝缘子线路和户外架空线路的导线。它由夹线钳头、定位钩、收紧齿轮和手柄等组成。使用时，定位钩必须钓住架线支架或横扭，夹线钳头夹住需收紧导线的端部，然后扳动手柄，逐渐收紧。实物如图 2-35 所示。

图 2-35　紧线器

3．压线钳

压线钳最基本的功能是将 RJ45 接头和双绞线咬合加紧。它还可以压接 RJ45、RJ11 及其他类似接头，有的还可以用来剪线或剥线。制作双绞线时，这是必备的工具。实物如图 2-36 所示。使用压线钳时，必须注意以下事项：

（1）用手在压线口按照线序将线芯整理好，然后开始逐一压接线，压接时必须保证压线钳方向正确，有刀口的一边必须在线端方向，正确压接时，刀口会将多余线芯剪断。如果刀口不在线端方向时，可能会将网线铜心剪断或者损伤。

图 2-36　压线钳

（2）压线钳必须保持垂直，用力突然向下压，听到"咔嚓"声，配线架中的刀片会划破线芯的外包绝缘护套，与铜心接触，实现物理上的电气连接。如果压接时不突然用力，而是均匀用力时，很难一次将线芯压接好，可能出现半接触状态。如果压线钳不垂直，容易损坏压线口的塑料牙，而且不容易将导线压接好。

2.3　常用电工材料

2.3.1　导电材料

大部分金属都具有良好的导电性能，但不是所有金属都可作为理想的导电材料。作为导电材料应考虑下列因素：①导电性能好（即电阻系数小）；②有一定的机械强度；③不易氧化和腐蚀；④容易加工和焊接；⑤资源丰富，价格便宜。

1．导电材料的分类

导电材料主要用途是输送电流。导电材料的电阻率一般在 $0.1\,\Omega\cdot m$ 以下，按电阻率可分为良导体材料和高电阻材料两类。

（1）良导体材料　良导体材料常用的有铜、铝、钢、钨和锡等。其中，铜、铝和钢主要用于制作各种导线或母线；钨的熔点较高，主要用于制作灯丝；锡的熔点低，主要用作导线的接头焊料和熔丝。

（2）**高电阻材料**　高电阻材料常用的有康铜、锰铜、镍铜和镍铬等，主要用作电阻和热工仪表的电阻元件。

2. 导电材料的选用

（1）**铜和铝**

1）铜的导电性能和机械强度都优于铝，在要求较高的电气设备及移动电线电缆中多采用铜导体。如一号铜主要用于制作各种电缆的导体，二号铜主要用于制作开关和一般导电零件。一号无氧铜和二号无氧铜主要用于制作电真空器件、电子管、电子仪器零件、耐高温导体和真空开关触头等。无磁性高纯铜主要用于制作无磁性漆包线导体、高准确度电气仪表的动圈等。

2）铝导体的导电性能和力学性能虽比铜导体差，但重量轻，价格便宜，资源较丰富，所以在架空线、电缆、母线和一般电气设备中使用广泛。

（2）**电热材料**　电热材料是用来制造各种电阻加热设备中的发热元件。常用的电热材料规格和用途见表 2-2。

表 2-2　常用电热材料的规格和用途

品种		工作温度/℃		性能和用途
		常用	最高	
镍铬合金	Cr20Ni80	1 000～1 050	1 150	电阻率较高，加工性能好，高温时力学性能较好，用后不变脆，适用于移动式设备上
	Cr15Ni60	900～950	1 050	
铁铬铝合金	ICr13Al4	900～9 501	1 100	抗氧化性能比镍铬合金好，电阻率比镍铬合金高，价格比较便宜，高温时机械强度较差，用后会变脆，适用于固定式设备上
	0Cr13Al6Mo2	1 050～1 200	1 300	
	0Cr25Al5	1 050～1 200	1 300	
	0Cr27Al17Mo2	1 200～1 300	1 400	

（3）**电阻合金**　电阻合金是制造电阻元件的重要材料，广泛用于电动机、电器、仪表和电子等工业中。如康铜、新康铜、镍铬、镍铬铁和铁铬铝等合金的机械强度高，抗氧化和耐腐蚀性能好，工作温度较高，一般用于制造调节元件。而康铜、镍铬基合金和滑线锰铜等耐腐蚀性好，表面光洁，接触电阻小，一般用于制造电位器和滑线电阻。

（4）**触头材料**　触头材料承担电路的接通、载流、分断和隔离的任务。强电和弱电用的触头性能要求不同，选用的材料也不同。常用的触头材料见表 2-3。

表 2-3　常用触头材料

类别		品种
强电	纯金属	铜
	复合材料	银钨 Ag-W50、铜钨 Cu-W60、Cu-W70、Cu-W80、银-碳化钨 Ag-WC60
	合金	黄铜（硬）铜铋 CuBi0.7
	铂族合金	铂铱、钯银、钯铜、钯铱
弱电	金基合金	金银、金镍、金锆
	银及其合金	银、银铜
	钨及其合金	钨、钨铝

（5）**熔体材料**　熔体材料是熔断器的主要部件，当通过熔断器的电流大于规定值时，熔断器的熔体立即熔断，自动切断电源，从而起到保护电力线路和电气设备的作用。

常用的熔体材料有银、铜、铝、锡、铅和锌。锡、铅和锌是低熔点材料，熔化时间长；铜、铝是高熔点材料，熔化时间短。

银具有良好的导热性、导电性、耐腐蚀性、延伸性、焊接性和热稳定性，在电力和通信系统中，广泛用作高质量、高性能熔断器的熔体。

铜有良好的导电、导热性，机械强度高，但在温度较高时易被氧化，熔断特性不够稳定；铜熔体熔化时间短，金属蒸汽少，有利于灭弧。宜作准确度要求较低的熔体。

铝导电性能次于铜和银，但其耐氧化性能好，熔断特性较稳定，在某些场合可部分代替纯银作熔断器的熔体。

锡、铅熔化时间长，机械强度低，热导率小，宜作保护小型电动机等的慢速熔体。

总之，各类熔断器所选用的熔体材料不尽相同，不同的熔体对相同的熔化电流，其熔化时间也相差很大。低熔点熔体熔化时间长，高熔点熔体熔化时间短。如保护晶体管设备希望熔化时间越短越好，此时应选用快速熔体；若保护电动机过负荷，则希望有一定的延时，此时应选用慢速熔体。快速熔断器常用细线径的银线作熔体。

（6）**电机电刷**　电刷选用是否得当，对电机的运行有很大关系。一般是根据电刷的电流密度、集电环或换向器的圆周速度（转速或角速度）来选择，在电刷技术特性表中找到所需要的电刷种类，再结合电机的特性（额定电压、电流）和运行条件（连续、断续和短时）来决定电刷的具体型号。常用的电刷有：

1）石墨电刷，适用于一般整流条件正常、负荷均匀的电动机上。

2）电化石墨电刷，适用于各种类型的电机以及整流条件困难的电动机上。

3）金属石墨电刷，适用于大电流的电机，如充电、电解和电镀用的直流发电机，也适用于小型低压牵引电动机、汽车和拖拉机的起动电动机。

2.3.2　绝缘材料

电阻率大于 $10^7 \Omega \cdot m$ 的物质所构成的材料称为绝缘材料，又称电介质。绝缘材料主要是用来隔离带电的或不同电位的导电体，使电流按一定的方向流动。在有些场合，绝缘材料还起着机械支撑、保护导体、散热和灭弧等作用。因此绝缘材料应具有较高的绝缘电阻和耐压强度，良好的耐热性和耐潮性，较高的机械强度及工艺加工方便等特点。

1. 绝缘材料的分类和耐热等级

绝缘材料包括气体绝缘材料、液体绝缘材料和固体绝缘材料，广泛应用于电工、石化、轻工、建材和纺织等诸多行业领域。

绝缘材料的分类及特点见表 2-4。

绝缘材料按材料的耐热等级可分为七个级别，见表 2-5。

2. 常用绝缘材料

（1）**绝缘油**

1）在高压电气设备中，有大量的充油设备（如变压器、互感器和油断路器等），这些设备中的绝缘油主要作用如下：

表 2-4　绝缘材料的分类及特点

序号	类别	主要品种	特点及用途
1	气体绝缘材料	空气、氮、氢、二氧化碳、六氟化硫、氟里昂	常温、常压下的干燥空气环绕导体周围，具有良好的绝缘性和散热性。用于高压电器中的特殊气体具有高的电离场强和击穿场强，击穿后能迅速恢复绝缘性能，不燃，不爆，不老化，无腐蚀性，导热性好
2	液体绝缘材料	矿物油、合成油、精致蓖麻油	电气性能好，闪点高，凝固点低，性能稳定，无腐蚀性。主要用于变压器、油开关、电容器、电缆的绝缘、冷却、浸渍和填充
3	绝缘纤维制品	绝缘纸、纸板、纸管、纤维织物	经浸渍处理后，吸湿性小，耐热，耐腐蚀，柔性强，抗拉强度高。主要用于电缆、电机绕组等的绝缘
4	绝缘漆、胶、熔敷粉末	绝缘漆、环氧树脂、沥青胶、熔敷粉末	以高分子聚合物为基础，能在一定条件下固化成绝缘膜或绝缘整体，起绝缘与保护作用
5	浸渍纤维制品	漆布、漆绸、漆管和绑扎带	以纤维制品为底料，浸绝缘漆，具有一定的机械强度，良好的电气性能，耐潮性，柔软性好，主要用于电机、电器的绝缘衬垫或线圈、导线的绝缘与固定
6	绝缘云母制品	天然云母、合成云母、粉云母	耐热性、防潮性、耐腐蚀性良好，主要用于电机、电器主绝缘和电热电器的绝缘
7	绝缘薄膜、电工胶带	塑料薄膜、复合制品、绝缘胶带	厚度薄（0.06～0.05 mm），柔软，电气性能好，用于绕组电线绝缘和包扎固定
8	绝缘层压制品	层压板、层压管	由纸或布做底料，浸或涂以不同的胶黏剂，经热压或卷制成层状结构，电气性能良好，耐热，耐油，便于加工成特殊形状，广泛用于电气绝缘构件
9	电工用塑料	酚醛塑料、聚乙烯塑料	由合成树脂、填料和各种添加剂配合后，在一定温度、压力下，加工成各种形状，具有良好的电气性能和耐腐蚀性，可用于绝缘构件和电缆护层
10	电工用橡胶	天然橡胶、合成橡胶	电气绝缘性好，柔软，强度较高，主要用于电线、电缆绝缘和绝缘构件

表 2-5　绝缘材料的耐热等级

级别	耐热等级定义	相当于该耐热等级的绝缘材料	极限工作温度/℃
Y	经过试验证明，在 90℃ 极限温度下，能长期使用的绝缘材料或其组合物所组成的绝缘结构	天然纤维材料及其制品，如纺织品、纸板和木材等，以及以醋酸纤维和聚酰胺为基础的纤维制品和塑料	90
A	经过试验证明，在 105℃ 极限温度下，能长期使用的绝缘材料或其组合物所组成的绝缘结构	用油或树脂浸渍过的 Y 级材料，漆包线、漆布、漆丝的绝缘、增压木板等	105
E	经过试验证明，在 120℃ 极限温度下，能长期使用的绝缘材料或其组合物所组成的绝缘结构	玻璃布、油性树脂漆、环氧树脂、胶纸板、聚酯薄膜和 A 级材料的复合物	120
B	经过试验证明，在 130℃ 极限温度下，能长期使用的绝缘材料或其组合物所组成的绝缘结构	聚酯薄膜、云母制品、玻璃纤维、石棉等制品，聚酯漆等	130
F	经过试验证明，在 155℃ 极限温度下，能长期使用的绝缘材料或其组合物所组成的绝缘结构	用耐油有机树脂或漆黏合、浸渍的云母、石棉、玻璃丝制品，复合硅有机聚酯漆等	155
H	经过试验证明，在 180℃ 极限温度下，能长期使用的绝缘材料或其组合物所组成的绝缘结构	加厚的 F 级材料，复合云母，有机硅云母制品，硅有机漆，复合薄膜等	180
C	经过试验证明，在超过 180℃ 极限温度下，能长期使用的绝缘材料或其组合物所组成的绝缘结构	用有机黏合剂及浸渍的无机物，如石英、石棉、云母、玻璃和电瓷材料等	180 以上

① 使充油设备有良好的热循环回路，以达到冷却散热的目的。在油浸式变压器中，就是通过油将变压器的热量传给油箱及冷却装置，再由周围空气或冷却水进行冷却。

② 增加相间、层间以及设备的主绝缘能力，提高设备的绝缘强度。例如油断路器同一导电回路断口之间绝缘。

③ 隔绝设备与空气的接触，防止发生氧化和浸潮，保证绝缘性能不降低。特别是变压器、电容器中的绝缘油可防止潮气侵入，同时还填充了固体绝缘材料中的空隙，使设备的绝缘得到加强。

④ 在油断路器中，绝缘油除作为绝缘介质之外，还可作为灭弧介质，防止电弧的扩展，并促使电弧迅速熄灭。

2）电器绝缘油。电器绝缘油也称电器用油，包括变压器油、油开关油、电容器油和电缆油四类油品，起绝缘和冷却的作用，在断路器内还起消灭电路切断时所产生的电弧（火花）的作用。变压器油和油开关油占整个电器用油的 80% 左右。目前已有 500 kV 以上的超高压变压器投入应用，随之开发出了超高压变压器油。

常用电工绝缘油的品种、型号、性能及用途见表 2-6。

表 2-6　常用绝缘油性能与用途

名称	透明度（+5℃时）	绝缘强度/（kV/cm）	凝固点/℃	主要用途
10 号变压器油（DB-10） 25 号变压器油（DB-25）	透明	160～180 180～210	−10 −25	用于变压器及油断路器中，起绝缘和散热作用
45 号变压器油（DB-45）	透明		−45	
45 号开关油（DV-45）	透明		−45	在低温工作下的油断路器中作用于绝缘及排热灭弧
1 号电容器油（DD-1） 2 号电容器油（DD-2）	透明	200	≤−45	在电力工业、电容器上作绝缘用；在电信工业、电容器上作绝缘用

（2）**绝缘漆**　绝缘漆是以高分子聚合物为基础，能在一定条件下固化成绝缘硬膜或绝缘整体的重要绝缘材料。绝缘漆按用途分为浸渍漆、漆包线漆、覆盖漆、硅钢片漆和防电晕漆等几种。浸渍漆可用于浸渍电机、电器的线圈，以填充其间隙，提高绝缘结构的耐潮性、导热性、击穿强度和机械强度。常用电工绝缘漆的品种、型号、性能及用途见表 2-7。

表 2-7　常用电工绝缘漆的品种、型号、性能及用途

名称	型号	溶剂	耐热等级	特性及用途
醇酸浸渍漆	1030 1031	200 号溶剂汽油二甲苯	B（130℃）	具有较好的耐油性、耐电弧性，烘干迅速，用于浸渍电机、电器线圈外，也可作覆盖漆和胶黏剂
三聚氰胺醇酸浸漆（黄至褐色）	1032	200 号溶剂汽油二甲苯	B（130℃）	具有较好的干透性、耐热性、耐油性和较高的电气性能，供亚热带地区电机、电器线圈作浸渍之用
三聚氰胺环氧树脂浸漆（黄至褐色）	1033	二甲苯丁醇	B（130℃）	用于浸渍热带电机、变压器、电工仪表线圈以及电器零部件表面覆盖

（续）

名称	型号	溶剂	耐热等级	特性及用途
有机硅浸漆	1053	二甲苯丁醇	H（180℃）	具有耐高温、耐寒性、抗潮性、耐水性、抗海水、耐电晕和化学稳定性好的特点，用于浸渍 H 级电机、电器线圈及绝缘零部件
耐油性清漆（黄至褐色）	1012	200 号溶剂汽油	A（105℃）	具有耐油耐潮性，干燥迅速、漆膜平滑光泽，用于浸渍线圈电机、电器线圈和黏合绝缘纸等
硅有机覆盖漆（红色）	1350	二甲苯甲苯	H（180℃）	适用于 H 级电机、电器线圈作表面覆盖层，在 180℃下烘干
硅钢片漆	1610 1611	煤油	A（105℃）	高温（450～550℃）快干漆，用于涂覆硅钢片
环氧无溶剂浸渍漆（地腊）	515-1 515-2		B（130℃）	用于各类变压器、电器线圈浸渍处理、干燥温度130℃

（3）绝缘胶　绝缘胶是以高分子聚合物为基础，能在一定条件下固化成绝缘硬膜或绝缘整体的重要绝缘材料。绝缘胶广泛用于浇注电缆接头、电器套管、20 kV 及以下电流互感器和 10 kV 及以上电压互感器等，起绝缘、防潮、密封和堵油作用。电缆浇注胶的性能和用途见表 2-8。

表 2-8　电缆浇注胶的性能和用途

名称	型号	收缩率（由 150℃降至 20℃）	击穿电压/（kV/2.5mm）	特性和用途
黄电缆胶	1810	≤8%	>45	电气性能好，抗冻裂性好，适宜浇注 10 kV 及以上电缆接线盒和终端盒
沥青电缆胶	1811 1812	≤9%	>35	耐潮性好，适宜浇注 10 kV 以下电缆接线盒和终端盒
环氧电缆胶	—		>82	密封性好，电气、机械性能高，适宜浇注 10kV 以下电缆终端盒，用它浇注的终端和盒结构简单、体积较小
环氧树脂灌封剂	—	—	—	电视机高压包等高压线圈的灌封、黏合等

（4）绝缘带　绝缘带可分为不黏绝缘带和绝缘胶带，常用不黏绝缘带的品种、规格、特性及用途见表 2-9。

表 2-9　常用不黏绝缘带的品种、规格、特性及用途

序号	名称	型号	厚度/mm	耐热等级	特点及用途
1	白布带	—	0.18、0.22 0.25、0.45	Y	有平纹、斜纹布带，主要用于线圈整形，或导线等浸胶过程中临时包扎
2	无碱玻璃纤维带	—	0.06、0.08、 0.1、0.17、 0.20、0.27	E	由玻璃纱编织而成，用于电线电缆绕包绝缘材料
3	黄漆布带	2010 2012	0.15、0.17 0.20、0.24	A	2010 柔软性好，但不耐油，可用于一般电机、电器的衬垫或线圈绝缘；2012 耐油性好，可用于有变压器油或汽油气侵蚀的环境中工作的电机、电器的衬垫或线圈的绝缘材料

（续）

序号	名称	型号	厚度/mm	耐热等级	特点及用途
4	黄漆绸带	2210 2212	—	A	具有较好的电气性能和良好的柔软性，2210 适用于电机、电器薄层衬垫或线圈绝缘；2212 耐油性好，适用于有变压器油或汽油气侵蚀的环境中工作的电机、电器薄层衬垫或线圈绝缘材料
5	黄玻璃漆布带	2412	0.11、0.13、0.15、0.17、0.20、0.24	E	耐热性较 2010、2012 漆布好，适用于一般电机、电器的衬垫和线圈绝缘材料，以及在油中工作的变压器、电器的线圈绝缘材料
6	沥青玻璃漆布带	2430	0.11、0.13、0.15、0.17、0.20、0.24	B	耐潮性好，但耐苯和耐变压器油性差，适用于一般电机、电器的衬垫和线圈绝缘材料
7	聚乙烯塑料带	—	0.02～0.20	Y	绝缘性能好，使用方便，用于电线电缆包绕绝缘材料，用黄、绿、红色区分

常用绝缘胶带的品种、规格、特点及用途见表 2-10。

表 2-10　常用绝缘胶带的品种、规格、特性及用途

序号	名称	厚度/mm	组成	耐热等级	特点及用途
1	黑胶布胶带	0.23～0.35	棉布带、沥青橡胶黏剂	Y	击穿电压 1 000 V，成本低，使用方便，适用于 380 V 及以下电线包扎绝缘
2	聚乙烯薄膜胶带	0.22～0.26	聚乙烯薄膜、橡胶型胶黏剂	Y	有一定的电器性能和力学性能，柔软性好，黏结力较强，但耐热性低（低于 Y 级），可用于一般电线接头包扎绝缘材料
3	聚乙烯薄膜纸胶带	0.10	聚乙烯薄膜、纸、橡胶型黏剂	Y	包扎服帖，使用方便，可代替黑胶布带用于电线接头包扎绝缘材料
4	聚氯乙烯薄膜胶带	0.14～0.19	聚氯乙烯薄膜、橡胶型胶黏剂	Y	有较好的电气性能和机械性能，较柔软，黏结力强，但耐热性低（低于 Y 级），供电压为 500～6 000 V 电线接头包扎绝缘用
5	聚酯薄膜胶带	0.05～0.17	聚酯薄膜、橡胶型胶黏剂或聚丙烯酸酯胶黏剂	B	耐热性好，机械强度高，可用于半导体元件密封绝缘材料和电机线圈绝缘材料
6	聚酰亚胺薄膜胶带	0.04～0.07	聚酰亚胺薄膜、聚酰亚胺树脂胶黏剂	C	电气性能和力学性能较高，耐热性优良，但成型温度较高（180～200℃），适用于 H 级电机线圈绝缘材料和槽绝缘材料
7	聚酰亚胺薄膜胶带	0.05	聚酰亚胺薄膜、F_{46} 树脂胶黏剂	C	成型温度更高（300℃以上），可用于 H 级或 C 级电机、电器线圈绝缘材料和槽绝缘材料
8	环氧玻璃胶带	0.17	无碱玻璃布、环氧树脂胶黏剂	C	具有较高的电气性能和力学性能，供做变压器铁心绑扎材料，属 B 级绝缘材料
9	有机硅玻璃胶带	0.15	无碱玻璃布、有机硅树脂胶黏剂	C	有较高的耐热性、耐寒性和耐潮性，以及较好的电气性能和力学性能，可用于 H 级电机、电器线圈绝缘材料和导线连接绝缘材料
10	硅橡胶玻璃胶带	—	无碱玻璃布，硅橡胶胶黏剂	H	柔软性较好
11	自黏性硅橡胶三角带	—	硅橡胶、填料、硫化剂	H	—
12	自黏性丁基橡胶带	—	丁基橡胶、薄膜隔离材料等	H	—

2.3.3 导磁材料

根据磁感应原理，各种物质在外界磁场的作用下，都会呈现出不同的磁特性。根据其磁特性的强弱，可分为强磁性和弱磁性两类。常用的磁性材料是指铁磁性物质，它是电工三大材料（导电材料、绝缘材料和磁性材料）之一，是电器产品中的主要材料。磁性材料分为软磁材料（导磁材料）和硬磁材料（永磁材料）两大类。

1. 软磁材料

软磁材料的主要特点是磁导率 μ 很高，剩磁 B_r 和矫顽力 H_c 很小，磁滞现象不严重，因而它是一种既容易磁化也容易去磁的材料，故磁滞损耗小。一般用于交流磁场中，是应用最广泛的一种磁性材料。将矫顽力 $H_c < 10^3$ A/m 的磁性材料归类为软磁材料。软磁材料的品种、主要特点和应用范围见表 2-11。

表 2-11 软磁材料的品种、主要特点和应用范围

品种	主要特点	应用范围
电工纯铁（牌号 DT）	含碳量在 0.04% 以下，饱和磁感应强度高，冷加工性好，但电阻率低、铁损高，故不能用在交流磁场中	直流磁场
硅钢片（牌号有 DR，RW 或 DQ）	铁中加入 0.8%～4.5% 的硅，它和电工纯铁相比，电阻率增高，铁损降低，磁时效基本消除，但导热系数降低，硬度提高，脆性增大，适于在强磁场条件下使用	电机、变压器、继电器、互感器和开关等产品的铁心
铁镍合金（牌号 1J50，1J51 等）	与其他软磁材料相比，磁导率 μ 高，矫顽力 H_c 低，但对应力比较敏感，在弱磁场下，磁滞损耗相当低，电阻率又比硅钢片高，故高频特性好	频率在 1 MHz 以下弱磁场中工作的器件，如电视机、精密仪器用特种变压器等
铁铝合金（牌号 1J12 等）	与铁镍合金相比，电阻率高，比重小，但磁导率低，随着含铝量增加（超过 10%），硬度和脆性增大，塑性变差	弱磁场和中等磁场下工作的器件，如微电机、音频变压器、脉冲变压器和磁放大器
软磁铁氧体（牌号 R100 等）	属非金属磁化材料，烧结体，电阻率非常高，高频时具有较高的磁导率，但饱和磁感应强度低，温度稳定性也较差	高频或较高频率范围内的电磁元件，如磁心、磁棒、高频变压器等

硅钢片的品种、性能和主要用途如表 2-12 所示。

表 2-12 硅钢片的品种、性能和主要用途

分类		牌号		厚度/mm	应用范围
热轧硅钢片	热轧电机钢片	DR1200-100 DR1100-100	DR740-50 DR650-50	1.0、0.50	中小型发电机和电动机
		DR610-50 DR510-50	DR530-50 DR490-50	0.5	要求损耗小的发电机和电动机
		DR440-50	DR400-50	0.5	中小型发电机和电动机
		DR360-50 DR390-50	DR315-50 DR265-50	0.5	控制微电机、大型汽轮发电机
	热轧变压器钢片	DR360-35	DR320-35	0.35	电焊变压器和扼流圈
		DR320-35 DR250-35 DR315-50	DR280-35 DR360-50 DR290-35	0.35 0.50	电抗器和电感线圈

（续）

分类			牌号		厚度/mm	应用范围
冷轧硅钢片	无取向	电机用	DW350-50	DW470-50	0.50	大型直流电动机、大中小型交流电机
			DW360-50	DW330-50	0.50	大型交流电机
		变压器用	DW530-50	DW470-50	0.50	电焊变压器、扼流器
			DW310-35	DW270-35	0.35	电力变压器、电抗器
			DW360-50	DW330-50	0.50	
	单取向	电机用	DQ230-35 DQ170-35 DQ350-50 DQ290-50	DQ200-35 DQ151-35 DQ320-50 DQ260-50	0.350 0.50	大型发电机
			G1、G2、G3、G4		0.05、0.2、0.08	中高频发电机、微电机
			DQ230-35 DQ170-35	DQ200-35 DQ151-35	0.35	电力变压器、高频变压器
		变压器用	DQ290-35 DQ230-35	DQ260-35 DQ200-35	0.35	电抗器、互感器
			G1、G2、G3、G4（日本牌号）		0.05、0.2、0.08	电源变压器、高频变压器、脉冲变压器和扼流器

2. 硬磁材料

硬磁材料的主要特点是剩磁 B_r、矫顽力 H_c 都很大，当将磁化磁场去掉以后，不易消磁，适合制造永久磁铁，被广泛应用于测量仪表、扬声器、永磁电机以及通信装置中。硬磁材料的品种和用途见表 2-13。

表 2-13　硬磁材料的品种和用途

硬磁材料品种		用　　　　途
铝镍钴合金	铸造铝镍钴 铝镍钴 13	转速表、绝缘电阻表、电能表、微电机和汽车发电机
	铝镍钴 20 铝镍钴 32	传声器、万用表、电能表、电流表、电压表、记录仪和消防泵磁电机
	铝镍钴 40	扬声器、记录仪和示波器
	粉末烧结铝镍钴 铝镍钴 9 铝镍钴 25	汽车电流表、曝光表、电器触头、扬声器、直流电机、钳形表和直流继电器
铁氧体硬磁材料		仪表阻尼元件、扬声器、电话机、微电机和磁性软水处理
稀土钴硬磁材料		行波管、小型电机、副励磁机、拾音器精密仪器、医疗设备和电子表
塑料变形硬磁材料		里程表、罗盘仪、计量仪表、微电机和继电器

第3章　常用电子元器件

3.1　分立元件

3.1.1　电阻和电位器

1. 电阻的种类与特性

电阻是电子电路中应用最多的元件之一。电阻在电路中用于分压、分流、滤波（与电容器组合）、耦合、阻抗匹配和负载等。电阻在电路中常用符号"R"表示，电阻值的国际单位为欧姆（Ω）。1 Ω 是电阻的基本单位，在实际电路中，常用的单位还有千欧（kΩ）和兆欧（MΩ）。三者的换算关系为：1 MΩ=1 000 kΩ；1 kΩ=1 000 Ω。

电阻的种类很多，有固定电阻、可变电阻之分。按结构形状和材料不同，可分为线绕电阻和非线绕电阻。线绕电阻有通用线绕电阻、精密线绕电阻和功率型线绕电阻等；非线绕电阻有碳膜电阻、金属膜电阻、金属氧化膜电阻、合成碳膜电阻、棒状电阻、管状电阻、片状电阻、纽扣状电阻、金属玻璃釉电阻、有机合成实心电阻和无机合成实心电阻等。下面分别介绍几类常用电阻的性能及结构。

（1）碳膜电阻　碳膜电阻是通过真空高温热分解的结晶碳沉积在柱状或管状的陶瓷骨架上制成的。碳膜电阻稳定性好、噪声低、阻值范围较宽，既可制成小至几欧姆的低值电阻，也可制成几十兆欧姆的高值电阻，且生产成本低廉。在−55～+40℃的环境温度中，可按 100%的额定功率使用。碳膜电阻的外形与结构如图 3-1 所示。

（2）金属膜电阻与金属氧化膜电阻　金属膜电阻的外形和结构与碳膜电阻相似，如图 3-2 所示，其中的 L、D、d 为电阻的外形尺寸。它多采用合金粉真空蒸发制成。

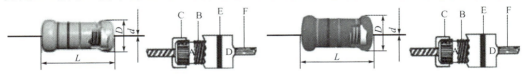

图 3-1　碳膜电阻器的外形与结构　　　　图 3-2　金属膜电阻器的外形与结构

A—高热传导磁心　B—高稳定性导电膜　C—铁帽　　　A—高热传导磁心　B—高稳定性导电膜　C—铁帽

D—环氧树脂涂料　E—色环　　　　　　　　　D—环氧树脂涂料　E—色环

F—镀锡铜线或镀锡包钢线　　　　　　　　F—镀锡铜线或镀锡包钢线

金属膜电阻的性能比碳膜电阻更为优越，它稳定性好，耐热性能好，温度系数小，在同样的功率条件下，体积比碳膜电阻小很多，但其脉冲负载稳定性比较差。金属膜电阻的阻值范围一般在 1 Ω～200 MΩ 之间，可在−55～+70℃ 的环境温度中，按 100% 的额定功率使用，常用在质量要求较高的电路中。金属氧化膜电阻的性能与金属膜电阻相似，但它不适用于长期工作的电路中。

（3）线绕电阻　线绕电阻是用高密度电阻材料镍铬丝、锰铜丝或康铜丝绕在瓷管上制成的，分为固定式和可调式两种。表面覆盖一层玻璃釉的为釉线绕电阻；表面覆盖保护有机漆或清漆的为涂漆线绕电阻；绕制没有保护裸线的为裸式线绕电阻。图 3-3 为线绕电阻的外形与结构。

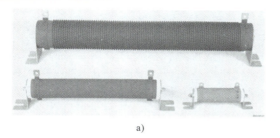

图 3-3　线绕电阻器的外形与结构

a）线绕电阻器的外形　b）结构

线绕电阻的特点是噪声小，甚至无电流噪声；温度系数小、热稳定性好、耐高温，工作温度可以达到 315℃。但它体积大、阻值较低，大多在 100 kΩ 以下。由于线绕电阻结构上的原因，分布电容和电感系数都比较大，不能在高频电路中使用。这类电阻通常在大功率电路中作为降压或负载等使用，阻值范围在 0.1 Ω～5 MΩ 之间。

（4）片状电阻　片状电阻是一种表面安装元件，是随着电子技术的发展而产生的新型元件，实物如图 3-4 所示。片状电阻是由陶瓷基片、电阻膜、玻璃釉保护层和端头电极组成的无引线结构的电阻元件，它体积小，重量轻，性能优良，温度系数小，阻值稳定，可靠性强，但其功率一般不大。高阻值范围在 10 Ω～10 MΩ 之间，低阻值范围在 0.02～10 Ω 之间。

图 3-4　片状电阻实物

（5）热敏电阻　热敏电阻是用一种对温度极为敏感的半导体材料制成的非线性元件。电阻值随温度升高而变小的为负温度系数热敏电阻；反之为正温度系数热敏电阻。图 3-5 为几种直热式热敏电阻的外形。

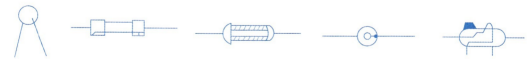

图 3-5　直热式热敏电阻器的外形

（6）压敏电阻　压敏电阻是一种特殊的非线性电阻，实物如图 3-6 所示。当加在压敏电阻两端的电压达到某一临界值时，其阻值会急剧变小。在电子电路中，它常用做过电压保护元件。压敏电阻按伏安特性可分为对称性（无极性）压敏电阻和非对称型（有极性）压敏电阻两种；按结构可分为体型压敏电阻和结型压敏电阻两种。

2．电位器及其分类

电位器是具有三个引出端、阻值可按某种变化规律调节的电阻元件。电位器通常由电阻体和可移动的电刷组成。当电刷沿电阻体移动时，在输出端即获得与位移量成一定关系的电阻值。

电位器既可做三端元件使用，也可做二端元件使用。由于它在电路中的作用是获得与输入电压（外加电压）成一定关系的输出电压，因此称

图 3-6　压敏电阻实物

为电位器。电位器的种类较多，按所使用的电阻材料分为碳膜电位器、碳质实心电位器、金属膜电位器、玻璃釉电位器和线绕电位器等。下面介绍几种常用的电位器。

（1）碳膜电位器　碳膜电位器的电阻体是用炭黑、石墨、石英粉和有机黏合剂等配成悬浮液，并喷涂在玻璃纤维或者胶纸板上制成的。电阻片上两端焊片间的电阻值是电位器的最大阻值，滑动臂与两端焊片之间的阻值随触头位置改变而变化。改变滑动臂在碳膜片上的位置，就可以达到调节电阻阻值大小的目的。碳膜电位器的结构简单，阻值范围宽，寿命长，价格低，型号多，但功率不太高，一般小于 2 W。图 3-7 为其外形结构。

图 3-7　碳膜电位器的外形结构

（2）线绕电位器　线绕电位器的电阻体是由电阻体和带滑动触头的转动系统组成的。它的耐温性好，温度系数小，噪声很低，准确度高，有较大的功率。在同样的功率下，线绕电位器的体积很小，但它的准确度低，高频特性差。

1）单圈式电位器。单圈式电位器是线绕电位器的一种。它的滑动臂只能在 360°范围内旋转。图 3-8 为其外形图。

2）多圈式电位器。多圈式电位器是由一个电阻体和一个转动或滑动系统组成，它的轴要转动一

图 3-8　单圈式电位器实物

圈以上。这种电位器的电阻丝紧紧地绕在涂绝缘层的粗金属线上，金属线圈绕成螺旋形，装在有内螺纹的壳体内。电位器的滑动臂由转轴带动，能沿着螺旋形的金属线移动。多圈式电位器的转轴旋转一周，其滑动臂仅移动一个螺距，因此用它可对电阻值

进行细微的调节。多圈式电位器适用于需精密微调的电路。图 3-9 为其实物图。

　　3）多圈微调电位器。多圈微调电位器用蜗轮、蜗杆结构调节电阻，蜗轮上装有滑动臂，旋转蜗杆时蜗轮随着转动。蜗杆转动一周，蜗轮转动一齿，滑动臂便在电阻上进行圆周运动，对电阻值进行细微调节。图 3-10 为其外形图。

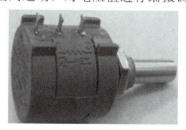

图 3-9　多圈式电位器

图 3-10　多圈微调电位器

　　（3）单联、双联和多联电位器　单联电位器有自身独立的转轴，前面介绍的电位器都属于单联电位器。

　　多联电位器是将两个或两个以上电位器装在同一根轴上构成。多个电位器可共用一个转轴，以达到简化结构、节省转轴的目的。此类电位器大部分用在低频衰减器或需要同步的电路中。图 3-11 为多联电位器外形图。

　　（4）锁紧型电位器　锁紧型电位器的轴套为圆锥形，并开有槽口。当螺帽向下旋紧时，轴套将锁紧，转轴位置不变，以防止调好的电阻值发生变化。该电位器的阻值处于固定状态，适用于需经常移动的电子仪器。图 3-12 为其实物图。

图 3-11　多联电位器

　　（5）带电源开关电位器　带电源开关电位器即在电位器上附带开关装置。开关和电位器虽然同轴相连，但彼此独立。其开关既可做成单刀单掷、双刀双掷或单刀双掷等，也可做成推拉或旋转开关，不仅节省元件，而且美化面板，常用于收音机、电视机内作为音量控制兼电源开关。图 3-13 为其外形图。

图 3-12　锁紧型电位器

　　（6）直滑式电位器　直滑式电位器的电阻材料为碳膜，电阻体为直条形，通过调节滑轮柄可改变其阻值。它工艺简单，可由滑臂的位置大致判断阻值，被广泛地应用在收音机、录音机、电视机和一些电子设备上。图 3-14 为其实物图。

图 3-13　带电源开关电位器

3．电阻和电位器的主要参数

（1）电阻的标注方式　国产电阻、电位器的型号一般由下列五部分组成。

第一部分：主称，用字母表示，R 表示电阻，W 表示电位器。

第二部分：导电材料，用字母表示，具体含义见表3-1。

图 3-14　直滑式电位器

表 3-1　电阻、电位器及其材料字母表示

类别	名称	符号	字母顺序
主称	电阻	R	第一字母
	电位器	W	
材料	碳膜	T	第二字母
	金属膜	J	
	氧化膜	Y	
	合成碳膜	H	
	有机实心	S	
	无机实心	N	
	沉积膜	C	
	玻璃釉	I	
	线绕	X	

第三部分：一般用数字表示分类，个别类型用字母代替，见表3-2。

表 3-2　电阻与电位器的代号

数字代号	意义		字母代号	意义	
	电阻	电位器		电阻	电位器
1	普通	普通	G	高功率	高功率
2	普通	普通	T	可调	—
3	超高频	—	W	—	微调
4	高阻	—	D	—	多圈
5	高温	—	X	小型	小型
6	—	—	J	精密	精密
7	精密	精密	L	测量用	—
8	高压	特种函数	Y	被釉	—
9	特殊	特殊	C	防潮	—

第四部分：序号，用数字表示。

第五部分：区别代号，用字母表示。区别代号是当电阻（电位器）的名称、材料特征相同，而尺寸、性能指标有差别时，在序号后用 A、B、C、D 等字母予以区别。

（2）**电阻的主要参数**　电阻的主要参数有标称阻值与允许误差。标识在电阻上的阻值称为标称阻值，但电阻的实际值往往与标称阻值有一定差距，即误差。两者之间的误差允许范围为允许误差，它标志着电阻的阻值准确度。电阻的阻值准确度计算如下

$$\delta = \frac{R - R_R}{R_R} \times 100\% \tag{3-1}$$

式中，δ 为允许误差；R 为电阻的实际阻值，Ω；R_R 为电阻的标称阻值，Ω。

电阻的标称阻值应符合阻值系列所列数值，见表 3-3；电阻的准确度等级见表 3-4。

表 3-3　常用电阻标称阻值系列表

允许误差	标称阻值×$10^n\Omega$（n 为整数）
±5%（E_{24} 系列）	1.0　1.1　1.2　1.3　1.5　1.6　1.8　3.0　2.2　2.4　2.7　3.0　3.3　3.6 3.9　4.3　4.7　5.1　5.6　6.0　6.8　7.5　8.2　9.1
±10%（E_{12} 系列）	1.0　1.2　1.5　1.8　2.2　2.7　3.3　3.9　4.7　5.6　6.8　8.2
±20%（E_6 系列）	1.0　1.5　2.2　3.3　4.7　6.8

表 3-4　电阻值的准确度等级

准确度等级	005	01（或 00）	02（或 0）	I	II	III
允许误差（%）	±0.5	±1	±2	±5	±10	±20

电阻的阻值和误差有以下两种表示方法。

1）**直接标识法**：将参数直接标识在电阻外表面上。图 3-15 为几种常用的电阻阻值与误差的数值表示法。图中左边两类是用数字和单位符号直接将标称阻值和允许误差标在电阻表面，右边一类是用文字和数字符号组合表示电阻的标称阻值，另外还可以用三位数字来表示标称阻值。

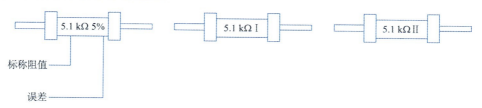

图 3-15　电阻器阻值与误差的数值表示法

2）**色码表示法**：用不同颜色的色带或色点标识在电阻体的表面上来表示其参数。图 3-16 为几种常见的色码表示法。色环、色点所代表的意义见表 3-5。

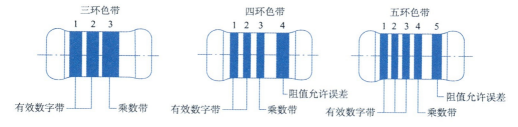

图 3-16　电阻器阻值与误差的色码表示法

以上两种表示法中，如无误差等级标识的，一律表示允许误差为±20%。

例如，有一个四色环电阻的色环分别为棕、黑、红和银色，则该电阻的阻值为 $10×10^2$ Ω，即 1 000 Ω，允许误差为±10%。

（3）电位器的主要参数   电位器除与电阻有相同的参数外，还有以下特定的几个参数。

1）最大阻值和最小阻值。电位器的标称阻值是指该电位器的最大阻值，最小阻值又称为零位阻值。由于触头存在接触电阻，因此最小电阻值不可能为零。

表 3-5　色环、色点所代表的意义

色环颜色	第一色环（A）	第二色环（B）	第三色环（C）	第四色环（D）
黑	—	0	$×10^0$	—
棕	1	1	$×10^1$	±1%
红	2	2	$×10^2$	±2%
橙	3	3	$×10^3$	—
黄	4	4	$×10^4$	—
绿	5	5	$×10^5$	±0.5%
蓝	6	6	$×10^6$	±0.2%
紫	7	7	$×10^7$	±0.1%
灰	8	8	$×10^8$	—
白	9	9	$×10^9$	−20%+5%
金	—	—	$×10^{-1}$	±5%
银	—	—	$×10^{-2}$	±10%
本身颜色	—	—	—	±20%

2）阻值变化特性。它是指阻值随活动触头的旋转角度或滑动行程的变化而变化。这种变化可以是任何函数形式。常用的有直线式、对数式和反对数式，分别用 X、Z、D 表示。它们的变化规律如图 3-17 所示。

直线式电位器：其阻值变化和转角呈线性关系，此类电位器多用在分压电路中。

对数式电位器：该类电位器开始转动时阻值变化小，随着转动角度增加，阻值变化大，此类电位器多用在音量控制电路中。

反对数式（旧称指数式）电位器：其变化方式与对数式电位器相反，当其转动角度增加时，阻值反而减小，此类电位器多用于音量控制电路中。

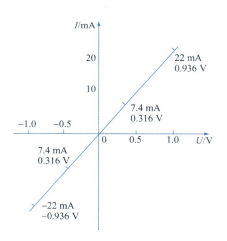

图 3-17　用万用表测得的热敏电阻两端伏/安特性曲线

3）动噪声。当电位器在外加电压作用下，其动接触头在电阻体上滑动时，产生的电噪声称为电位器的动噪声，动噪声对家用电器及其他电子设备（如电视机、CD 唱机等）影响很大，选用时宜用动噪声小的电位器。

4．电阻和电位器的选用与代用

（1）电阻的选用与代用

1）电阻的选用。

① 型号的选取。根据各种电阻的特点，对于一般的电子线路和电子设备，可以使用普通的碳膜或碳质电阻，它们价格便宜，货源充足；对于高品质的扩音机、录音机和电视机等，应选用较好的碳膜电阻、金属膜电阻或线绕电阻，以便提高准确度；对于测量电路或仪表、仪器电路，应选用精密电阻，以满足高准确度的需要；在高频电路内，应选用表面型电阻或无感电阻等分布参数小的电阻。

② 阻值和准确度的选取。电阻值应根据电路实际需要的计算值选择系列表中近似的标称值。若有高准确度要求的，则应选择精密电阻。

③ 额定功率的选择。电阻的额定功率应选得比计算的耗散功率大，在一般情况下，选择为耗散功率的两倍以上。耗散功率可由式（3-2）计算

$$P_{\mathrm{H}}=I^2R \qquad 或 \qquad P_{\mathrm{H}}=U^2/R \qquad\qquad (3\text{-}2)$$

式中，P_{H} 为电阻的耗散功率，W；I 为通过电阻的平均电流或交流电流有效值，A；U 为电阻两端的电压（平均值或交流电流有效值），V；R 为电阻值，Ω。

若要求功率较大，应选用大功率电阻。在电器电路维修或电路安装时，选用电阻的功率原则上按照电路图上标注的数据即可。

当电阻在脉冲状态下工作时，只要脉冲平均功率不大于额定功率即可。

④ 最高工作电压的限制。在选用电阻时，电阻的耐压应高于工作电压。电阻在高压使用时，对于高阻值电阻，实际电压值应小于最高工作电压。

2）电阻的代用。当电阻损坏而一时又找不到相同规格的新元件替换时，可采用下列方法代用：

① 串联小电阻以代用大电阻。将两个或两个以上的小电阻串联连接，可以代用大电阻。串联电阻的总和等于各电阻的阻值之和。

② 并联大电阻以代用小电阻。将两个或两个以上的大电阻并联后可以代用小电阻。并联电阻总和的倒数等于各个电阻的倒数之和。

③ 将小功率电阻并联后代用大功率电阻。将两个或两个以上的小功率电阻并联后，总功率为各电阻的功率之和。

④ 如在不考虑体积和价格的情况下，在相同标称阻值时，大功率电阻可代用小功率电阻；金属膜电阻可代用碳膜电阻；可调电阻可代用固定电阻。

（2）电位器的选用。

1）电位器结构和尺寸的选择。选用电位器时应注意尺寸大小和旋转轴柄的长短，轴端式样和轴上是否需要紧锁装置等配合电路装配要求。

2）电位器额定功率的选择。电位器的额定功率可用固定电阻的功率公式计算，但式中的电阻值应取电位器的最小电阻值；电流值应取电阻值为最小时流过电位器的电流值。

注意：电位器上由于带有转动机构，不可能进行有效的密封，因此不能在高温下

使用。

5. 电阻与电位器的常见故障

（1）电阻的常见故障。

1）阻值变化。用万用表检查时可发现实际阻值与标称阻值相差很大，一般都是阻值变大，越过了允许的阻值范围。阻值变化无法修复时，只有更换新的电阻。

2）断路。断路故障有的可用眼睛检查，如引线折断、脱落、松动和断裂等；有的必须用万用表测量，正确测量时若万用表读数为无穷大，此时应更换新的电阻。

3）内部接触不良。固定式电阻多因内部接触不良，工作时会有微小跳火现象，给电子电器带来杂音、噪声和时通时停等故障。

（2）电位器的常见故障。

1）电位器常因碳膜磨损而接触不良。从外观可判断电位器发生接触不良的故障时，可先拆开外壳检查一下损坏的程度。如果只是轻度磨损造成的接触不良，可用无水酒精或四氯化碳棉球将碳膜擦洗干净，然后适当调整滑臂在碳膜上的压力即可。

2）电位器开关结构损坏有三种情况：一是关不断或开不通；二是接触不良，通断不灵；三是开关部分脱落。这三类故障都可用万用表查出和用眼睛看出。修理时，对于第一种和第三种情况，必须更换新元件。对于第二种情况，可根据出现的问题对开关进行修理。若是因触头氧化造成接触不良，可刮净排除；若是因小弹簧弹力减退造成接触不良，则更换新弹簧即可。

3.1.2 电感

电感线圈是根据电磁感应原理制成的元件。它广泛地应用于滤波器、调谐放大器或振荡器中的谐振回路、均衡电路和去耦电路等电子电路中。电感线圈用符号 L 表示。电感量的基本单位为亨利（H），简称亨。在实际应用中亨利很大，常用的单位还有毫亨（mH）、微亨（μH）。三者间的换算关系为：1 H=1 000 mH；1 mH=1 000 μH。

1. 电感的种类与特性

电感线圈的种类很多，根据绕组形式可分为单层线圈和多层线圈等。下面分别介绍不同结构电感线圈的外形结构与特点。

（1）单层线圈　单层线圈的电感量较小，在几个微亨至几十微亨之间。为了提高线圈的品质因数（Q值），单层线圈的骨架常使用介质损耗小的陶瓷和聚苯乙烯材料制作，所以单层线圈比较适合使用在高频电路中。图 3-18 为常见的单层线圈外形结构。

图 3-18　单层线圈外形结构

单层线圈的绕制可采用密绕和间绕。间绕线圈每匝间都相距一定的距离，分布电容较小。当采用粗导线时，可获得高 Q 值和高稳定性。密绕线圈的体积较小，但线圈间电容较大，这使 Q 值和稳定性都有所降低。间绕线圈电感量不能做得很大，因而它可用在要求分布电容小、稳定性高以及电感量较小的场合。而电感量大于 15 μH 的线路，则采用密绕线圈。

（2）多层线圈　如要获得较大值电感量，单层线圈已无法满足。当要求电感量大于 300 μH 时，应采用多层线圈。它的外形结构如图 3-19 所示。

图 3-19　多层线圈外壳结构

　　多层线圈在圈与圈、层与层之间都存在电容，因此多层线圈的分布电容较单层线圈分布电容大大增加。线圈层与层间的电压相差较多，当层间的绝缘较差时，线圈之间易于发生跳火、绝缘击穿等问题，因此，多层线圈常采用分段绕制、加大各段之间距离以及减少线圈的固定电容等方法。

　　（3）蜂房线圈　采用蜂房绕制方法，可以减少线圈的固有电容，弥补多层线圈分布电容较大的缺点。所谓的蜂房绕制，就是将被绕制的导线以一定的偏转角（19°～26°）在骨架上缠绕。对于电感量较大的线圈，可以采用两个、三个甚至多个蜂房线包分段绕制，其外形如图 3-20 所示。

图 3-20　蜂房线圈实物

　　（4）带磁心的线圈　线圈加装磁心后，线圈的电感量、品质因数等都可得到提高。线圈中有了磁心，提高了电感量，减小了分布电容，有利于线圈小型化。另外，调节磁心在线圈中的位置，也可以改变电感量。因此许多线圈都装有磁心，形状也各式各样。图 3-21 为带磁心线圈的外形结构。

　　（5）可变电感线圈　在有些场合需对电感量进行调节，用以改变谐振频率或电路耦合的程度，通常采用图 3-22 所示的四种方法。

图 3-21　带磁心线圈实物

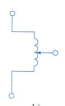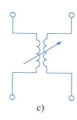

a)　　　　　　b)　　　　　　c)　　　　　　d)

图 3-22　可变电感线圈的四种绕制方法

　　1）图 3-22a 在线圈中插入磁心或铜心，通过改变磁心和铜心的相对位置来改变线圈电感量。

　　2）图 3-22b 在线圈上安装一滑动触头，通过改变触头在线圈上的位置来改变电感量。

　　3）图 3-22c 将两个线圈串联，均匀地改变两线圈之间的相对位置，以使互感量变化，从而使线圈总电感量值变化。

4）图 3-22d 将线圈引出数个抽头，加波段开关连接。但这种方法不能平滑地调节电感。

（6）固定电感器 固定电感器通常称为色码电感，其结构是按不同电感量和最大直流工作电流的要求，将不同直径的铜线绕在磁心上，再用塑料壳封装或用环氧树脂包封，它的外形如图 3-23 所示。

固定电感器的特点是体积小，重量轻，结构牢固可靠。可在滤波、振荡、延迟和陷波电路中应用。按其引出线方式的不同，可分为双向引出和单向引出两种。

图 3-23 固定电感器的外形

（7）低频扼流圈 低频扼流圈用于电源和音频滤波中，以限制交流电流。低频扼流圈电感量很大，可达几亨到几十亨，因而对于交变电流具有很大的感抗。扼流圈只有一个绕组，在绕组中对插硅钢片组成铁心，硅钢片中留有气隙，以减少磁饱和。图 3-24 为低频扼流圈的外形结构。

2. 电感的参数及其标注方式

（1）电感量 电感量的大小跟电感线圈的圈数、截面积及内部有没有铁心或磁心有很大关系。线圈数越多，绕制的线圈越密集，则电感量越大；线圈内有磁心的磁导率比无磁心的大，磁导率越大，电感量越大。

（2）品质因数 品质因数是表示线圈质量的一个参数。它是指线圈在某一频率的交流电压下工作时，线圈所呈现的感抗和线圈直流电阻的比值，反映了线圈损耗的大小，用式（3-3）表示为

$$Q = \frac{2\pi f L}{R} = \frac{\omega L}{R} \qquad (3\text{-}3)$$

图 3-24 低频扼流圈的外形结构

式中，Q 为线圈的品质因数；L 为线圈的电感量，H；R 为线圈的电阻，Ω；f 为频率，Hz；ω 为角频率，rad/s。

当 L、f 一定时，品质因数 Q 就与线圈的电阻大小有关。电阻越大，Q 值就越小；反之，Q 值就越大。Q 反映了线圈本身的损耗。线圈的 Q 值通常为几十至一百，最高达四五百。

（3）分布电容 线圈的圈和圈之间存在电容；线圈与地之间及线圈与屏蔽盒之间也存在电容，这些电容称为分布电容。分布电容的存在，影响了线圈在高频工作时的性能。因此可采用特殊绕线方式或者减小线圈骨架直径等方法使分布电容尽可能地小。

（4）标称电流值 当电感线圈正常工作时，允许通过的最大电流就是线圈的标称电流值，也叫额定电流。应用时，应注意实际通过线圈的电流值不能超过标称电流值，以免使线圈发热而改变原有参数甚至烧毁。

3. 电感线圈的型号

国产电感线圈的型号由下列四个部分组成。

第一部分：主称，用字母表示（L 为线圈、ZL 为阻流圈）。

第二部分：特征，用字母表示（G 为高频）。

第三部分：型式，用字母表示（X 为小型）。

第四部分：区别代号，用字母 A、B、C 等表示。

4. 电感的选用

（1）使用线圈应注意保持原线圈的电感量，勿随意改变线圈形状、大小和线圈间距离。

（2）考虑线圈安装时的位置，需进行合理布局，比如两线圈同时使用时如何避免相互耦合的影响。

（3）在选用线圈时必须考虑机械结构是否牢固，不应使线圈松脱、引线触头活动等。

（4）按电路要求选用允许范围内的 L 和 Q 的电感线圈。

5. 电感线圈的检测方法

（1）外观检查 检测电感时，先进行外观检查，看线圈有无松散，引脚有无折断，线圈是否烧毁或外壳是否烧焦等。若有上述现象，则表明电感已损坏。

（2）万用表电阻法 万用表的欧姆档测线圈的直流电阻。电感的直流电阻值一般很小，匝数多、线径细的线圈能达几十欧；对于有抽头的线圈，各引脚之间的阻值均很小，仅有几欧姆左右。若用万用表 $R×1\ \Omega$ 档测量线圈的直流电阻，阻值无穷大说明线圈（或与引出线间）已经开路损坏；阻值比正常值小很多，则说明有局部短路；阻值为零，说明线圈完全短路。电感检测示意图如图 3-25 所示。对于有金属屏蔽罩的电感线圈，还需检查它的线圈与屏蔽罩间是否短路。若用万用表检测的线圈各引脚与外壳（屏蔽罩）之间的电阻不是无穷大，而是有一定电阻值或为零，则说明有短路现象。

图 3-25　电感检测示意

检测色码电感时，将万用表置于 $R×1\ \Omega$ 档，红、黑表笔接色码电感的引脚，此时指针应向右摆动。根据测出的阻值判别电感好坏：①阻值为零，内部有短路性故障；②阻值为无穷大，内部开路；③只要能测出电阻值，电感外形、外表颜色又无变化，可认为是正常的。

色码电感检测示意图如图 3-26 所示。采用具有电感档的数字式万用表检测电感时，将数字式万用表量程开关置于合适电感档，然后将电感

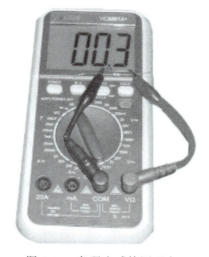

图 3-26　色码电感检测示意

引脚与万用表两表笔相接即可从显示屏显示出电感的电感量。若显示的电感量与标称电感量相近，则说明该电感正常；若显示的电感量与标称电感量相差很多，则说明电感不正常。

（3）**万用表电压法** MF50 型万用表的刻度盘上有交流电压与电感量相对应的刻度，如图 3-27 所示。

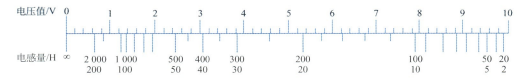

图 3-27 万用表刻度盘上交流电压与电感量相对应的刻度

1）**选择量程**。将万用表转换开关置于交流 10 V 档。

2）**测量方法**。准备一只调压型或输出 10 V 的电源变压器，然后按图 3-28 所示的方法进行连接测量。电感量有两条刻度，第 1 行测量范围为 20～2 000 H，电感量较大，测量这一范围的电感时，不要连接电阻；第 2 行测量范围为 2～200 H，测量这一范围电感时，电感器应并联一只 4.45 kΩ 的电阻。

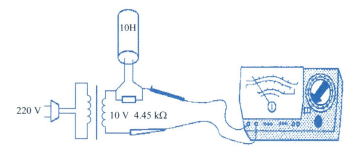

图 3-28 万用表电压法检测电感量

3.1.3 电容器

电容具有充放电能力，在无线电工程中占有非常重要的地位。在电路中，它可用于调谐、隔直流、滤波和交流旁路等。电容器用符号"C"表示，电容的国际单位为法拉，简称法（F）。常用的单位有微法（μF）和皮法（pF）等。电容单位之间的换算关系为：1 F=10^3 mF；1 mF=10^3 μF；1 μF=10^3 nF；1 nF=10^3 pF。

1. 电容的种类与特性

电容器的种类很多，分类方法也各不相同。根据介质材料不同，电容器可分为气体介质电容器（空气电容器、真空电容器和充电式电容器）、液体介质电容器（油浸电容器）、无机固体介质电容器（纸介电容器、涤纶电容）、电解介质电容器（液式、干式）和复合介质电容器（纸膜混合电容器）。从结构上可分为固定电容器、可变电容器和微调电容器。

下面介绍几种常用电容器的结构、性能特点和用途。

（1）**瓷介电容器** 图 3-29 为圆片形和管形瓷介电容器的外形。

瓷介电容器以陶瓷材料作为介质，它的电极是在瓷片表面用烧结渗透的方法形成银层面构成的，并焊上引出线。

图 3-29　圆片形和管形瓷介电容器的外形

瓷介电容器的耐热性好，稳定件好，耐腐蚀性好，且体积小，绝缘性好。瓷介电容器介质损耗小，常用于高频电路，且介质材料丰富，结构简单，易于开发新产品。但其容量较小，机械强度低。

（2）云母电容器　云母电容器是用云母作为介质。在两块铝箔或钢片间夹上云母绝缘层，从金属箔片上接出引线构成。这两块金属箔是电容器的极片，图 3-30a 为其内部结构。将许多隔有云母的电极叠合起来，便构成一个容量较大的云母电容器，如图 3-30b 所示。常见的云母电容器的外壳是用胶木粉压制成的，图 3-30c 为其外形。

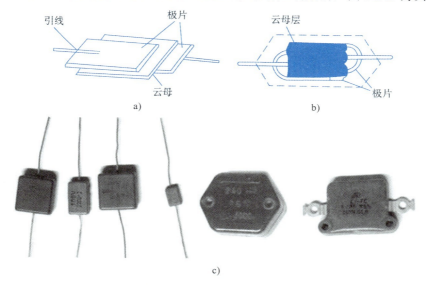

图 3-30　云母电容器结构

云母电容器稳定性高，准确度高，可靠性高，温度特性好，频率特性好，绝缘电阻高，是优良的高频电容器之一。

（3）有机薄膜介质电容器　有机薄膜介质电容器是以聚苯乙烯、聚四氟乙烯和聚碳酸酯等有机薄膜作为介质，以铝箔为电极或者直接在薄膜上蒸发一层金属膜为电极，再经卷绕封装而制成的电容器，其外形如图 3-31 所示。

有机薄膜电容器的体积小，绝缘电阻较大，漏电小，耐压较高。其耐压小的为 3～100 V，一般为 250～1 000 V，有的高达 3 000 V。这类电容器的耐热性较差，在焊接时应注意焊接时间及列脚长度。

（4）金属化纸介电容器　金属化纸介电容器是用真空蒸发的方法在涂有漆的纸上蒸发极薄的金属膜作为电极用。这种金属化纸卷成芯，套上外壳，加上引线后封装而成，如图 3-32 所示。

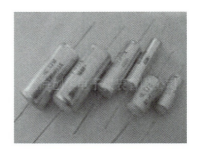

图 3-31　有机薄膜介质电容器实物　　　　图 3-32　金属化纸介电容器实物

金属化纸介电容器体积小、容量大，但其稳定性、老化性能和绝缘电阻都比瓷介电容器、云母电容器等差，适用于对频率和稳定性要求不高的电路。

（5）电解电容器　电解电容器的介质是一层极薄的附着在金属极板上的氧化膜，其阳极是附着有氧化膜的金属极，阴极则是液体、半液体和胶状的电解液。

电解电容器按阳极材料不同可分为铝电解、钽电解和铌电解电容器，其外形如图 3-33 所示。

1）铝电解电容器一般简称为电解电容器。铝电解电容器单位体积的电容量大，重量轻；介电常数比较大，其价格不贵，在低压时优点突出，但其时间稳定性差，不易存放，电容量误差大，耐压不高。

2）钽电解电容器分为固体钽电解电容器和液体钽电解电容器。前者正极是用钽粉压块烧结而成的，介质为氧化钽；液体钽电解电容器的负极为液体电解质，并采用银外壳；常见的钽电解电容器外形如图 3-34 所示。

图 3-33　电解电容器外形

钽电解电容器容量大，性能较铝电解电容器稳定，绝缘电阻高，漏电电流小，寿命长，可长期存储使用。使用温度范围广，可在 $-55\sim+85℃$ 下工作，但价格高。

在使用各种具有极性的电解电容器时，一定要注意分辨其正负极。

（6）玻璃釉电容器　玻璃釉电容器是将钠、钙和硅等化合物的玻璃釉混合，经烧结制成薄片，在薄片上敷涂银电极后，根据不同的容量要求将几片叠在一起焙烧，再在端面上涂银，焊出引线

图 3-34　钽电解电容器外形

而制成的。为了防潮，电容器外面还涂有一层绝缘漆。它的外形如图 3-35 所示。

玻璃釉电容器耐高温，抗潮湿性强，损耗小，在温度高、相对潮湿度大的情况下，其工作性能类似于云母电容器和瓷介电容器。

（7）可变电容器　可变电容器由一组或几组同轴的单元组成，前者称单连，后者称多连（如双连、三连等），并在各组单元之间由金属屏蔽板隔开，以防止寄生耦合。

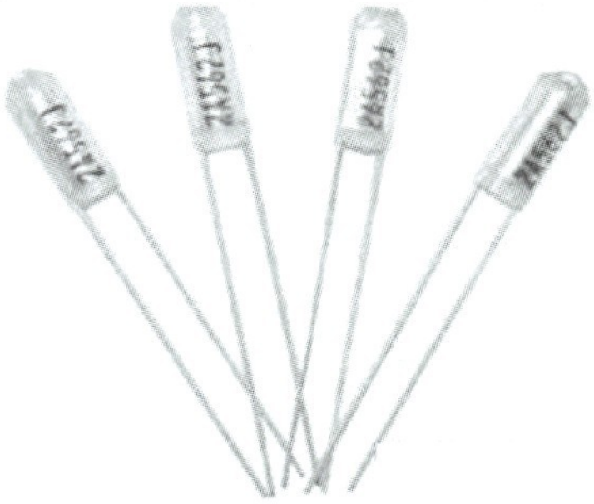

图 3-35　玻璃釉电容器外形

可变电容器的介质有空气、固体介质等。它的极片是由两组相互平行的铜或铝金属片组成，其中一组平行片（动片）可旋转进入另一组平行片（定片）的空隙内，通常旋转的角度是 180°。随着转入有效面积的改变，电容量也变化。全部旋入，容量最大。可变电容器的典型外形结构如图 3-36 所示。

可变电容器的种类很多，常用的有以下几类。

1）单联可变电容器：由一个单元的动、定片组成。

2）等容双联可变电容器：由两组同轴可变电容器组成，外形如图 3-37 所示。

图 3-36　可变电容器的实物

图 3-37　等容双连可变电容器实物

3）差容双联可变电容器：由两组不同容量的同轴可变电容器组成。图 3-38 为差容空气介质双联可变电容器，多用于电子管超外差收音机上。

图 3-39 为差容密封双联可变电容器，它们采用薄膜作为介质，多用在袖珍式收音机上。为减小收音机的体积，在双连的后面还附有两个微调电容器。

图 3-38　差容密封可变电容器外形

图 3-39　差容密封可变电容器外形

注意：在使用可变电容器时，必须将动片可靠接地，否则会引起噪声信号。

4）微调电容器：微调电容器能对电容量进行微量调节，常用云母、陶瓷或聚苯乙烯等材料作为介质。在高质量的通信设备和电子仪器中，也有用空气作为微调电容器介质的，一般用于电路中的补偿电容或校正电容。图 3-40 为差容密封双联可变电容器。

2. 电容的参数及其标注方式

电容器的参数很多，使用时，一般以电容器的容量和额定工作电压作为主要参数。

标识在电容器上的电容量称为标称容量。在实际应用中，电容器的电容量具有一定的分散性，无法做到和标称容量完全一致。电容器的标称容量与实际容量的允许最大误差范围称为电容量的允许误差。允许误差为

$$\delta = \frac{C - C_R}{C_R} \times 100\% \qquad (3\text{-}4)$$

式中，δ 为允许误差；C 为电容器的实际容量，F；C_R 为电容器的标称容量，F。

图 3-40　微调电容器实物

电容器的准确度等级见表 3-6。

表 3-6　电容器的准确度等级

准确度等级	00（01）	0（02）	I	II	III	IV	V	VI
允许误差（%）	±1	±2	±5	±10	±20	+20 −10	+50 −20	±100 −30

电容器的规格标识有两种表示方法。

（1）直接标识法　用文字、数字或符号直接打印在电容器上的表示方法。它的规格标识一般为"型号—额定直流工作电压—标称容量—准确度等级"。

例如 CJ3—400—0.01—Ⅱ，表示密封金属化纸介电容器，额定直流工作电压为 400 V，电容量为 0.01 μF，允许误差为 ±10%。

另外，也可用数字和字母结合标识，例如 100 nF 用 100 n 表示。

还可用三位数字直接标识，第一、二位数为容量的有效数位，第三位为倍数，表示有效数字后面零的个数，单位为 pF。

电容器允许误差标识符号见表 3-7。

表 3-7　电容器允许误差标识符号

符号	允许误差（%）	符号	允许误差（%）	符号	允许误差（%）
E	±0.001	B	±0.1	K	±10
X	±0.002	C	±0.2	M	±20
Y	±0.005	D	±0.5	N	±30
H	±0.01	F	±1	R	+100～−10
U	±0.02	G	±2	S	+50～−20
W	±0.05	J	±5	Z	+80～−20

（2）色环表示法　用 3～4 个色环表示电容器的容量和允许误差。各颜色所代表的意义见表 3-8。

表 3-8　电容器的容量和允许误差色环表示法

颜色	有效数字	乘数	允许误差	颜色	有效数字	乘数	允许误差
银	—	$\times 10^{-2}$	± 10	绿	5	$\times 10^{5}$	± 0.5
金	—	$\times 10^{-1}$	± 5	蓝	6	$\times 10^{6}$	± 0.2
黑	0	$\times 10^{0}$	—	紫	7	$\times 10^{7}$	± 0.1
棕	1	$\times 10^{1}$	± 1	灰	8	$\times 10^{8}$	—
红	2	$\times 10^{2}$	± 2	白	9	$\times 10^{9}$	$+10\sim-20$
橙	3	$\times 10^{3}$	—	无色	—	—	± 20
黄	4	$\times 10^{4}$	—				

图 3-41 为电容器的色环表示法。

图 3-41　色环表示法电容器

a）电容值：47×10^{3} pF　b）电容值：1.5×10^{4} pF

（3）电容器的型号命名　根据 SJ-73 标准规定，国产电容器的型号由下列五部分组成：

第一部分为主称，用字母表示（一般用 C 表示）。

第二部分为材料，用字母表示，具体含义见表 3-9。

表 3-9　电容器材料、特征表示方法

材料		特征				
符号	意义	符号	意义			
			瓷介电容器	云母电容器	有机电容器	电解电容器
C	瓷介	1	圆片	非密封	非密封	箔式
Y	云母	2	管形	非密封	非密封	箔式
I	玻璃釉	3	迭片	密封	密封	烧结粉液体
O	玻璃膜	4	独石	密封	密封	烧结粉固体
B	聚苯乙烯	5	穿心	—	穿心	—
Z	纸介	6	—	支柱	—	—
J	金属化纸介	7	—	—	—	无极性
H	混合介质	8	高压	高压	高压	

（续）

材料			特征			
符号	意义	符号	意义			
			瓷介电容器	云母电容器	有机电容器	电解电容器
L	涤纶	9	—	—	特殊	特殊
F	聚四氟乙烯	G	高功率	—	—	—
D	铝电解	W	微调	微调	—	—
A	钽电解	X	—	—	—	小型

第三部分为特征，用字母或数字表示，具体含义见表 3-9。

第四部分为序号，用数字表示。

第五部分为区别代号，用字母表示。区别代号是当电容器的主称尺寸、性能指标有差别时，在序号后用字母或数字予以区别。

3. 电容器的测量

（1）固定电容器的检测

1）检测 10 pF 以下的小电容。因 10 pF 以下的固定电容器容量太小，用万用表进行测量，只能定性地检查其是否漏电、内部短路或击穿现象。测量时，可选用万用表 $R\times10\ k$ 档，用两表笔分别任意接电容的两个引脚，阻值应为无穷大。若测出阻值（指针向右摆动）为零，则说明电容漏电损坏或内部击穿。

2）检测 10 pF～0.01 μF 固定电容器是否有充电现象，进而判断其好坏。

3）对于 0.01 μF 以上的固定电容，可用万用表的 $R\times10\ k$ 档直接测试电容器有无充电过程以及有无内部短路或漏电，并可根据指针向右摆动的幅度大小估计出电容器的容量。

（2）电解电容器的检测

1）因为电解电容的容量较一般固定电容大得多，所以在测量时，应针对不同容量选用万用表合适的量程。根据经验，一般情况下，1～47 μF 间的电容可用 $R\times1\ k$ 档测量；大于 47 μF 的电容可用 $R\times100$ 档测量。

2）将万用表红表笔接负极，黑表笔接正极，在刚接触的瞬间，万用表指针即向右偏转较大偏度（对于同一电阻档，容量越大，摆幅越大），接着逐渐向左回转，直到停在某一位置。此时的阻值便是电解电容的正向漏电阻，此值略大于反向漏电阻。实际使用经验表明，电解电容的漏电阻一般应在几百千欧以上，否则将不能正常工作。在测试中，若正向、反向均无充电的现象，即表针不动，则说明容量消失或内部断路；如果所测阻值很小或为零，说明电容漏电大或已击穿损坏。

3）对于正负极标志不明的电解电容器，可利用上述测量漏电阻的方法加以判别。即先任意测一下漏电阻，记住其大小，然后交换表笔再测出一个阻值。两次测量中阻值大的那一次便是正向接法，即黑表笔接的是正极，红表笔接的是负极。

4. 电容器的选用与代用

（1）电容器的选用

1）根据电路的要求合理选用型号。例如，纸介电容器一般用于低频耦合、旁路等场合；云母电容器和瓷介电容器适合使用在高频电路和高压电路中；电解电容器（有极性电解电容器只能用于直流或脉动直流电路中）使用在电源滤波或退耦电路中。

2）合理确定电容器的准确度。在大多数情况下，对电容器的容量要求并不严格。在振荡电路、延时电路及音调控制电路中，电容器的容量则应尽量与要求相一致；而在各种滤波电路以及某些要求较高的电路中，其误差值应小于 $\pm0.3\%\sim\pm0.5\%$。

3）电容器额定工作电压的确定。一般电容器的工作电压应低于额定电压的 $10\%\sim20\%$。

4）要注意通过电容器的交流电压和电流。有极性的电解电容器，不宜在交流电路中使用，以免被击穿。

注意：电容器的性能与环境条件密切相关。在湿度较大的环境中使用的电容器应选择密封型，以提高设备的抗潮湿性能等；在工作温度较高的环境中，电容器易于老化；在寒冷地区必须选用耐寒的电解电容器。

（2）电容器的代用　电容器损坏后，一般都要用同规格的新电容器替换。若无合适的元件换用，可采用代用法解决，代用的原则如下：

1）在容量、耐压相同，体积不限时，瓷介电容器与纸介电容器可以互换代用。

2）在价格相同体积不限时，可用耐压相同和容量相同的云母电容器代用金属化纸介电容器。

3）对工作频率、绝缘电阻值要求不高时，同耐压、同容量的金属化纸介电容器可代用云母电容器。

4）无条件限制时，同容量耐压高的电容器可代用耐压低的电容器，误差小的电容器可代用误差大的电容器。

5）不考虑频率影响，同容量、同耐压的金属化纸介电容器可代用玻璃釉电容器。

6）防潮性能要求不高时，同容量同耐压的非密封型电容可代用密封型电容器。

7）串联两只以上不同容量、不同耐压的大电容可代用小电容；串联后电容器的耐压要考虑到每个电容器上的压降都要在其耐压允许范围内。

8）并联两只以上的不同耐压、不同容量的小容量电容器可代用大电容器，并联后的耐压以最小耐压电容器的耐压值为准。

3.1.4　分立半导体器件

分立半导体器件是电子电路的核心器件，主要有半导体二极管、半导体三极管和半导体场效应管等，正是由于各种半导体器件广泛而深入地应用，支撑着现代电子技术的飞速发展。

1. 二极管的特性与命名

半导体是介于导体和绝缘体之间的一种材料。它的导电性能不同于导体和绝缘体，而是随着多种因素（如内部掺入杂质的不同、环境温度的变化以及工作电压的不同等）而改变的。在一定条件下有时成为导体，有时又成为不良的导体。

半导体材料的基本物质为锗、硅等，根据掺入微量杂质的不同，可分为两大类：一类为电子导电型半导体材料（即 N 型半导体材料）；另一类为空穴导电型半导体材料（即 P 型半导体材料）。

在一块半导体单晶片上，掺入一些杂质，如铟、铝、镓或锑、磷、砷等，使这块半导体的一部分呈 P 型导电，另一部分呈 N 型导电，在这两个导电区的交界面附近就会形成一个特殊的区域，该区域称为 PN 结。PN 结是半导体管的基本单元。最广泛使用的半导体管是半导体二极管和三极管（晶体管）。

同电子管比较，半导体管（晶体管）具有体积小、重量轻、坚固、省电、启动快、寿命长和成本低等优点。

二极管只有一个 PN 结，具有单向导电特性。二极管的品种很多，按用途的不同可分为整流二极管、检波二极管、混频二极管、开关二极管和稳压二极管等；按材料不同可分为锗二极管、硅二极管和砷化镓二极管等；按结构不同可分为点接触二极管和面接触二极管。

三极管含有两个背向的 PN 结，具有电信号放大和开关作用。三极管的品种很多，按内部结构不同可分为 PNP 型和 NPN 型管；按材料不同可分为锗管、硅管和化合物管；按工艺不同可分为合金管、扩散管、台面管、平面管和外延管；按工作原理不同可分为结型管、场效应管等；按放大和开关性能的差别，还可细分为小功率或大功率管、低频或高频管和中、高速开关管等。

用汉语拼音字母表示区别代号
用阿拉伯数字表示序号
用汉语拼音字母表示半导体管的类型
用汉语拼音字母表示半导体管的材料和极性
用阿拉伯字母表示半导体管的电极数目

注：场效应管的型号命名只有第三、四、五部分。

半导体管的文字符号用 T 表示，其型号由五个部分组成，例如：3AG11C 为锗 PNP 型高频小功率三极管；CS2B 为场效应管。半导体型号组成部分的符号及意义见表 3-10。

表 3-10　半导体管组成部分的符号及其意义

第一部分		第二部分		第三部分		第四部分	第五部分
用数字表示半导体晶体管的电极数目		用汉语拼音半导体晶体管的材料和极性		用拼音字母半导体晶体管的类别		用数字表示半导体晶体管的序号	用汉语拼音表示区别代号
符号	意义	符号	意义	符号	意义		
2	二极管	A	N 型，锗材料	P	普通管		
3	三极管	B	P 型，锗材料	W	稳压管		
		C	N 型，硅材料	Z	整流器		
		D	P 型，硅材料	L	整流堆		
		A	PNP 型，锗材料	N	阻尼管		
		B	NPN 型，锗材料	K	开关管		
		C	PNP 型，硅材料	X	低频小功率管 $(f_S<3\ \text{MHz},\ P_C<1\ \text{W})$		
		D	NPN 型，硅材料	G	高频小功率管 $(f_S\geq3\ \text{MHz},\ P_C>1\ \text{W})$		
		E	化合物材料	D	低频大功率管 $(f_S<3\ \text{MHz},\ P_C\geq1\ \text{W})$		
				A	高频大功率管 $(f_S\geq3\ \text{MHz},\ P_C\geq1\ \text{W})$		
				CS	场效应管		
				BT	双基极管		

2．二极管的分类与使用

二极管都具有单向导电的基本特性，但它的种类、品种很多，指标参数、使用要求各不相同，因此都有各自的使用场合。这里介绍二极管的主要用途及使用注意问题，具体选用的管子品种、参数可查阅有关产品手册或说明书。

（1）整流二极管　利用锗、硅等半导体材料制成，能将交流电变成直流电的二极管，统称为整流二极管。根据频率特性、最大整流电流等参数的不同，可在 3 kHz 或 100 kHz 以下无线电设备、电子仪器及电气设备中做整流器件。图 3-42 为整流二极管实物图。

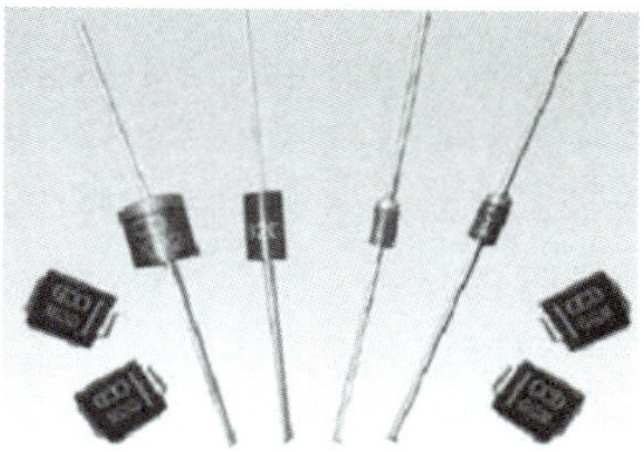

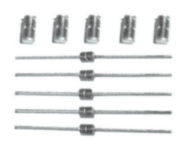

图 3-42　整流二极管实物

整流二极管在使用中应注意以下几点：

1）在电容性负载的单向半波整流电路中，供给二极管的交流电压不应超过该二极管额定交流电压的 1/2，而整流电流应较额定整流电流值降低 20%。

2）在三相电路中，加于二极管上的交流电压应比在单相电路中降低 15%。

3）二极管电路应加有过电流和过电压保护。

4）二极管引出线的弯曲处离外壳距离不得小于 5 mm，以免引出线损坏。

5）整流管承受 2～3 倍过载电流的时间不能大于 0.5 s，并保证结温低于 150℃。

6）二极管应避免靠近电路中的发热元件。

7）额定正向电流及额定电压降均指半波平均值。

（2）稳压二极管　一种工作在反向击穿区的特殊面接触型硅二极管，其特性表现为：当反向电压小于击穿电压时，反向电流极小；当反向电压接近其击穿电压时，反向电流急剧上升，出现击穿现象，但这时它的反向电压却基本上稳定在击穿电压附近。主要用于各种电子线路、电器设备的稳压电路中。图 3-43 为整流二极管实物图。

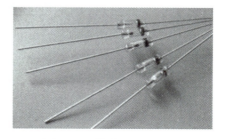

图 3-43　稳压二极管实物

稳压二极管在使用中应注意以下几点：

1）当环境温度超过 50℃时，每升高 1℃，应将最大耗散功率降低 1/100。

2）同型号的稳压二极管可串联使用，但不得并联使用。

3）焊接点离管壳必须大于 5 mm，使用 45 W 以上电烙铁时间不得超过 10 s。

4）接入电路时，必须反向偏置。

（3）检波二极管　一般采用锗材料和点接触结构，特点是功率小、工作频率高，是一种高频整流二极管。它能将高频率的交流电（即无线电波）变为单向的脉冲直流电，从而将无线电调制波的音频信号检测出来，在 40～150 MHz 的无线电电子设备中用做检波、整流和限幅器件。图 3-44 为整流二极管实物图。

图 3-44　检波二极管实物

（4）**阻尼二极管**　一种类似于高频、高压的整流二极管。它的特点是能承受较高的反向击穿电压、较大的峰值电流，具有较低的电压降和较高的工作频率。主要用于电视设备内做阻尼二极管，也可用做大电流中快速开关管和整流管。

（5）**开关二极管**　一种具有对电流"导通"和"截止"速度快的二极管，分锗管和硅管两种。适用于自动控制系统、脉冲电路和电子计算机等方面，作为电子开关。某些开关二极管也可用于电子振荡电路及放大电路等。

（6）**变容二极管**　变容二极管是利用 PN 结电容层具有的电容特性制成的半导体器件，具有相当大的内部电容量，在电路中可当做电容使用。适用于无线电通信设备或仪器的倍频、限幅和频率微调等电路。在电视机和调频收音机的调谐电路中也得到了广泛应用。

变容二极管的伏/安特性曲线和普通二极管一样，不同的是它工作在反向偏置区。结电容的大小与加到二极管上电压的大小有关，反偏电压越大，结电容越小；反之，结电容越大。从结电容特性曲线上可以看出，反偏电压与结电容之间的关系是非线性的。PN 结电容特性曲线及等效电路如图 3-45 所示。

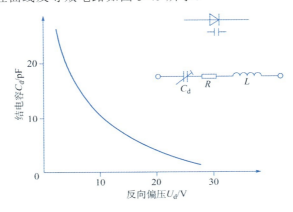

图 3-45　变容二极管 PN 结电容特性曲线及等效电路

（7）**隧道二极管**　隧道二极管和普通二极管一样，有一个 PN 结，所用材料为杂质浓度高的材料，因此隧道二极管的伏安特性与普通二极管的伏安特性有很大区别。隧道二极管的电路符号如图 3-46 所示。

图 3-46　隧道二极管电路符号

隧道二极管是一种具有负阻特性的半导体器件。由于功耗小和开关速度快等特点，在高速脉冲电路和高额电路中得到广泛应用。但因其主要参数随温度变化比较大，所以其电路稳定性比较差。

在电信领域，作为频率调谐和稳频的变容二极管，用于中功率开关电路或弛张振荡器的双基极二极管（单结晶体管）。

3．二极管的主要参数

常用的检波、整流二极管主要有以下几个参数：

（1）**直流电阻**　晶体二极管加上一定的正向电压时，就有一定的正向电流，因而二极管在正向导通时，可近似用正向电阻等效。

（2）**额定电流**　晶体二极管的额定电流是指晶体二极管长时间连续工作时，允许通过的最大正向平均电流。

（3）**最高工作频率**　最高工作频率是指晶体二极管能正常工作的最高频率。选用二极管时，必须使它的工作频率低于最高工作频率。

（4）**反向击穿电压**　反向击穿电压指二极管在工作中能承受的最大反向电压，它是使二极管不致反向击穿的电压极限值。

4. 二极管的测量

（1）**普通二极管的测量**　普通二极管指整流二极管、检波二极管和开关二极管等，其中包括硅二极管和锗二极管。它们的测量方法大致相同。

1）小功率二极管的检测。用指针式万用表电阻档测量小功率二极管时，将万用表置于 $R\times100$ 或 $R\times1\,k$ 档，黑表笔接二极管的正极，红表笔接二极管的负极，然后交换表笔再测一次。如果两次测量值一次较大一次较小，则二极管正常。如果二极管正、反向阻值均很小，接近零，说明管子内部击穿；反之，如果正、反向阻值均极大，接近无穷大，说明该管子内部已断路。以上两种情况均说明二极管已损坏，不能使用。

如果不知道二极管的正负极性，可用上述方法进行判别。两次测量中，万用表上显示阻值较小的为二极管的正向电阻，黑表笔所接触的一端为二极管的正极，另一端为负极。

2）中、大功率二极管的检测。中、大功率二极管的检测只需将万用表置于 $R\times1$ 或 $R\times10$ 档，测量方法与测小功率二极管相同。

3）高压二极管的测量。对高压二极管用万用表一般无法确定正负极极性以及好坏，因为万用表内电池电压不够高。此时可在万用表的正负端接一只 NPN 型硅三极管，构成简单的放大器。图 3-47 为测量接线图，测量时将万用表置于 $R\times10$ 档。

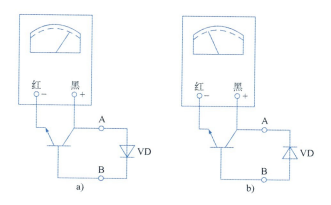

图 3-47　用万用表测量高压二极管接线

a）正向偏置　b）反向偏置

当被测高压二极管 VD 正向接入 A、B 两点时，如图 3-47a 所示，万用表内电池通过三极管供给一个正向偏流，此电流经放大后表针摆动，说明二极管正向导通。

当被测高压二极管反向接入 A、B 两点时，如图 3-47b 所示，由于高压二极管反向电阻极大，两点仍相当于开路，万用表指针不偏转，说明二极管反向截止。

用上述方法也能很方便地判别极性不明的高压二极管的正负极性。

如果被测管正向和反向接入 A、B 两点时，指针不偏转或指针均不动，则说明该高压二极管已损坏。

（2）稳压二极管的测量

1）稳压二极管与普通二极管的鉴别。常用稳压管的外形与普通小功率整流二极管相似。当其标识清楚时，可根据型号及其代表符号进行鉴别。当无法从外观判断时，使用万用电表也可很方便地鉴别出来。首先利用前述的方法将被测二极管的正负极性判断出来。然后用万用表的 $R \times 10\,\text{k}$ 档，将黑表笔接二极管的负极，红表笔接二极管的正极，若电阻读数变得很小（与使用 $R \times 1\,\text{k}$ 档测出的值相比较），说明该管为稳压管；反之，若测出的电阻值仍很大，说明该管为整流或检波二极管（$10\,\text{k}$ 档的内电压若用 $15\,\text{V}$ 电池，对个别检波管，例如 2AP21 等可能已产生反向击穿）。因为用万用电表的 $R \times 1$、$R \times 10$ 和 $R \times 100$ 档时，内部电池电压为 $1.5\,\text{V}$，一般不会将二极管击穿，所以测出的反向电阻值比较大。而用万用表的 $R \times 10\,\text{k}$ 档时，内部电池的电压一般都在 $9\,\text{V}$ 或以上，可以将部分稳压管击穿，反向导通，使其电阻值大大减小，普通二极管的击穿电压一般较高，不易击穿。但是对反向击穿电压值较大的稳压管，上述方法鉴别不出来。

2）三个引脚的稳压管与三极管的鉴别。稳压二极管一般有两个引脚，但也有三个引脚的，如 2DW7（2DW232）就是其中的一种，其外形和内部结构如图 3-48 所示。由该图可知，它是由封装在一起的两个对接稳压管组成的，以达到抵消两只稳压管的温度系数效果。为了提高它的稳定性，两只管子的性能应对称，根据这一点可以方便地鉴别它们。具体方法如下：

先用万用表判断出两个二极管的极性，即图 3-48b 所示的电极 1、2、3 的位置。然后将万用表置于 $R \times 10$ 或 $R \times 100$ 档，黑表笔接电极 3，红表笔依次接电极 1、2。若同时出现阻值为几百欧姆且比较对称的情况，则可基本断定该管为稳压管。

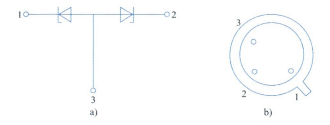

图 3-48　三引线稳压管的外形和内部结构

（3）发光二极管的测量

1）用万用表判断发光二极管的质量。发光二极管内部结构与一般二极管无异，因此测量方法与一般二极管类似。发光二极管的正向电阻比普通二极管大（正向电阻小于 $50\,\text{k}\Omega$），所以测量时将万用表置于 $R \times 1\,\text{k}$ 或 $R \times 10\,\text{k}$ 档。测量结果判断与一般二极管测量结果判断相同。

2）发光二极管工作电流的测量。发光二极管工作电流可用以下方法测出，测试电路如图 3-49 所示。测量时，先将限流电阻 R 置于阻值较高的位置，合上开关 K，然后

慢慢将限流电阻阻值降低。当降到一定阻值时，发光二极
管起辉，继续调低 R 阻值，使发光二极管达到所需的正常
亮度。读出电流表的电流值，即为发光二极管正常的工作
电流值。测量时应注意不能使发光二极管亮度太大（工作
电流太大），否则容易使发光二极管早衰，影响使用寿命。

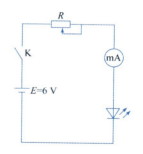

图 3-49　测量发光二极管
工作电流的接线

5. 常用的三极管

半导体三极管的基本功能是电流放大或做电子开关
用，但三极管的种类很多，各种三极管的参数、使用条件
不尽相同，因此使用的范围也不一样。下面按四种类型分
别介绍它们的主要用途及注意问题，具体选用的三极管型
号、参数可查阅三极管产品手册或说明书。

（1）低频三极管　低频中、小功率三极管适用于电子设备中的低频放大电路、甲
类和乙类功放电路以及无输入和无输出变压器的功放电路（OTL 型电路）等。

低频大功率三极管适用于电子设备中的低频功效、低速开关、直流变换器和晶体
管稳压电源的调整及推动级等。

（2）高频三极管　高频中、小功率三极管适用于电子设备中的中频和高频放大、
混频、变频、振荡电路、斩波器和互补电路等。

高频大功率三极管适用于高频功放，中、高速开关，OTL、OCL 互补电路等。

（3）开关三极管　按开关动作速度不同，开关三极管分为中速管和高速管，按功
率大小分为小功率管和中功率管，主要用于自动控制和电子计算机等电子设备的开关
脉冲电路、振荡电路和互补型开关电路等，作为电子开关使用。

（4）场效应三极管　场效应三极管的外形与普通三极管相似，有源、漏和栅三个
极，但它有独有的特点：

1）输入阻抗高，一般可达 $10^9 \sim 10^{10}\ \Omega$，用作放大时，便于级间耦合。

2）具有对称性，"源"和"漏"极可以互换，应用灵活。

3）噪声低，抗辐射能力强，热稳定性能也较好。

场效应管按其结构分成表面绝缘栅场效应管与结型场效应管，前者有"增强型"
（在零栅压下就有电流输出）与"耗尽型"（在零栅压下没有电流输出）两种；后者只
有"耗尽型"一种。绝缘栅场效应管又称金属氧化物半导体三极管（简称 MOS 场效应
管）；按其导电类型分为 N 沟道型与 P 沟道型。

场效应管主要用于电子线路的前级放大电路等场合。

（5）三极管使用注意事项

1）半导体三极管使用注意事项：

① 管子极性不能搞错。

② 管子使用时不得超过极限运用参数。

③ 使用时必须将管子固定好，并避免靠近发热元件。

④ 管子很多参数都和温度有关，产品所给参数都是指+25℃时的额定指标，使用
环境温度不同时应作修正。

⑤ 锗管的使用环境温度为–55～+55℃，硅管为–55～100℃。

2）场效应管使用注意事项：

① 管子极性不能搞错。

② 为了防止栅极感应击穿，要求测试仪器、电烙铁线路本身都须良好接地。MOS 场效应管由于输入阻抗极高，故在不使用时必须将引出线短路。焊接时首先焊源极。

③ 安装要牢固，并避免潮湿和靠近发热元件。

④ 产品所给参数是+25℃时的额定指标，使用环境温度或信号频率不同时应作适当修正。

⑤ 使用环境温度为–55～+125℃。

3.2 集成电路

集成电路是继电子管、晶体管之后发展起来的又一类电子器件，其缩写为 IC (integrated circuit)。它是用半导体工艺或薄、厚膜工艺（或这些工艺的结合）将晶体管、电阻及电容器等元器件按电路的要求共同制作在一块硅或绝缘基体上，然后封装而成的。这种在结构上形成紧密联系的整体电路，称为集成电路。

3.2.1 集成电路的命名与分类

1. 集成电路的命名

集成电路的命名方法按国家标准规定，每个型号由下列五个部分组成。

第一部分：表示符合国家标准，用字母 C 表示。

第二部分：表示电路的分类，用字母表示，具体含义见表 3-11。

表 3-11 用字母表示电路分类的具体含义

字母	表示含义
AD	模拟数字转换器
B	非线性电路（模拟开关、模拟乘除法器、时基电路、锁相和取样保持电路等）
C	CMOS 电路
D	音响电路（收录机电路、录像机电路和电视机电路）
DA	数字模拟转换器
E	ECL 电路
F	运算放大器，线性放大器
H	HTL 电路
J	接口电路（电压比较器、电平转换器、线电路和外围驱动电路）
M	存储器
S	特殊电路（机电仪表电路、传感器、通信电路和消费类电路）
T	TTL 电路
W	稳压器
u	微型计算机电路

第三部分：表示品种代号，用数字或字母表示，与国际上的品种保持一致。

第四部分：表示工作温度范围，用字母表示，具体含义见表 3-12。

表 3-12　用字母表示工作温度范围

字母	工作温度范围/℃	字母	工作温度范围/℃
C	0～70	R	−55～85
E	−45～80	M	−55～125

第五部分：表示封装形式，用字母表示，具体含义见表 3-13。

表 3-13　用字母表示封装形式

字母	封装形式	字母	
D	多层陶瓷、双列直插	K	金属、菱形
F	多层陶瓷、扁平	P	塑料、双列直插
H	黑瓷低熔玻璃、扁平	T	金属、圆形
J	黑瓷低熔玻璃、双列直插	—	—

2．集成电路的分类

集成电路的分类方法很多，可从以下几个方面来划分。

（1）按使用功能分类　集成电路可分为模拟集成电路（如运算放大器、稳压器、音响电视电路、非线性电路）、数字集成电路（如微机电路、存储器、CMOS 电路、ECL 电路、HTL 电路、TTL 电路、DTL 电路）、特殊集成电路（如传感器、通信电路、机电仪表电路、消费类电路）和接口集成电路（如电压比较器、电平转换器、线驱动接收器、外围驱动器）。

（2）按集成度分类　按集成度（单位面积内所包含的元件数），集成电路可分为小规模集成电路（指集成度少于 100 个元件或少于 10 个门电路的集成电路）、中规模集成电路（指集成度在 100～1 000 个元件或在 10～100 个门电路之间的集成电路）、大规模集成电路（指集成度在 1 000 个元件或 100 个门电路以上的集成电路）以及超大规模集成电路（指集成度在 10 万个元件或 10 000 个门电路以上的集成电路）。

（3）按封装外形分类　集成电路按封装外形可分为直方扁平形、扁平形、圆形及双列直插形，其封装材料可用塑料、陶瓷和低熔玻璃等。以上四种类型的封装示意图如图 3-50～图 3-53 所示。

图 3-50　集成电路的直立扁平形封装　　图 3-51　集成电路的扁平封装

（4）按制作工艺分类　按制作工艺，集成电路可分为半导体集成电路和膜混合集成电路两类。半导体集成电路包括双极型电路和 MOS 电路（NMOS、PMOS、CMOS）。

双极型集成电路是指其内部有电子和空穴两种载流子参与导电。MOS 电路只有电子（NMOS）或空穴（PMOS）一种载流子参与导电。CMOS 电路则是将 NMOS 电路与 PMOS 电路联合使用连接成互补形式的集成电路。膜混合集成电路包括薄膜集成电路、厚膜集成电路及混合集成电路。

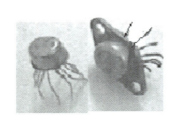

图 3-52　集成电路的圆形封装　　　　　　图 3-53　集成电路的直插封装

3.2.2　集成电路的选用

1. 集成电路外形及引脚的识别

目前应用较普遍的集成电路封装形式有以下四种。

（1）圆形封装集成电路　圆形封装的集成电路形似晶体管，体积较大，外壳用金属封装。引线脚有 3、5、8、10 多个引线，识别引脚时将引脚向上，找出其标记，通常为锁口凸耳、定位孔及引脚不规则排列，从定位标记对应引脚开始顺时针方向读引脚序号，如图 3-54 所示。

（2）扁平形平插式结构　这类结构的集成电路以色标作为引线脚的参考标记，如图 3-55 所示。识别时，从外壳顶端看，将色标置于正面左方位置，靠近

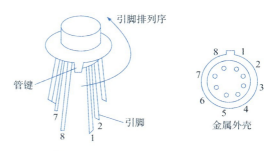

图 3-54　圆形结构集成电路外形

色标的引线脚即为第 1 脚，然后按逆时针方向读出 2、3 等各脚。

（3）单列、双列直插式结构　塑料封装的扁平直插式集成电路通常以凹槽作为引线脚的参考标记。单列直插式电路引线脚识别时将引脚向下置标记于左方，然后从左向右读出各脚，如图 3-56a 所示。对没有任何标记的集成电路，应将印有型号的一面正向对着自己，再按上述方法读出引脚序号。双列直插式电路引脚识别时，引脚向下，将凹槽置于正面左方位置，靠近凹槽左下方第一个脚为 1 脚，然后按逆时针方向读第 2、3 等各脚，外形结构如图 3-56b 所示。

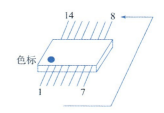

图 3-55　扁平形平插式结构集成电路引脚排列

（4）陶瓷封装的扁平形直插式结构　这种结构的集成电路通常以凹槽或金属封片作为引脚参考标记，如图 3-57 所示。引脚识别方法与双列直插式结构相同。

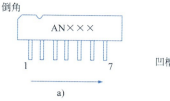
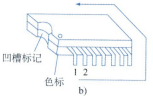

图 3-56　单列、双列直插式结构
集成电路引脚排列

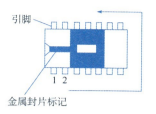

图 3-57　陶瓷封装的扁平形
直插式集成电路引脚排列

2．集成电路的选用

一般的集成电路在选择和使用时应注意以下几点：

（1）首先根据集成电路的性能、特点选用。集成电路系列相当多，要选一种合适的集成电路，充分发挥电路的效能，必须全面了解所用集成电路的性能和特点。这是一个逐步积累经验的过程。

（2）对引线端子进行核查和判断。结合电路图对集成电路的引线编号、排列顺序核实清楚，了解各个引脚功能，确认输入/输出位置、电源和地线等。

（3）集成电路焊接前的检查。

（4）集成电路的安装位置应该有利于散热通风，便于维修更换器件。焊接时要注意电烙铁漏电可能对集成电路造成的损坏。

（5）安装完成之后应仔细检查各引脚焊接顺序是否正确，各引脚有无虚焊及互连现象。一切检查完毕之后方可通电。

3.2.3　集成电路应用须知

1．CMOS IC 应用须知

（1）CMOS IC 工作电源为+5～+155 V，电源负极接地，不能接反。

（2）输入信号电压应为工作点和接地之间的电压，超出会损坏器件。

（3）多余的输入端一律不许悬空，应按它的逻辑要求接最大工作电压或地，工作速度不高时输入端可并联使用。

（4）开机时，先接通电源，再加输入信号；关机时，先撤去输入信号，再关电源。

（5）CMOS IC 输入阻抗极高，易受外界干扰、冲击和静态击穿，应存放在等电位的金属盒内。切忌与易产生静电的物质（如尼龙、塑料等）接触。焊接时应切断电源电压，电烙铁外壳必须良好接地，必要时可拔下电烙铁插头，利用余热进行焊接。

2．TTL IC 电路应用须知

（1）在高速电路中，电源至 IC 之间存在引线电感及引线间的分布电容，既会影响电路的速度，又易通过共用线段产生级间耦合，引起自激。为此，可采用退耦措施，在靠近 IC 的电源引出端和地线引出端之间接入 0.01 μF 的旁路电容。在频率不太高的情况下，可在印制电路板的插头处与每个通道入口的电源端和地端之间，并联 1 个 10～100 μF 和 1 个 0.01～0.1 μF 的电容，前者做低频滤波，后者做高频滤波。

（2）多余输入端的处理。如果是"与"门、"与非"门多余输入端，最好不悬空接电源；如果是"或"门、"或非"门，则将多余输入端接地，可直接接地或串接 1～10 Ω 电阻再接地。前一接法电源浪涌电压可能会损坏电路，后一种接法分布电容将影响电

路的工作速度。也可以将多余输入端与使用端并联在一起，但是输入端并联后，结电容会降低电路的工作速度，同时也增加了对信号驱动电流的要求。

（3）多余的输出端应悬空，若是接地或接电源，将会损坏器件。另外除集电极开路（OC）门和三态（TS）门外，其他电路的输出端不允许并联使用，否则引起逻辑混乱或损坏器件。

（4）TTL IC 工作电源电压为+5（1±10%）V，超过该范围可能引起逻辑混乱或损坏器件。U_{CC} 接电源正极，U_{EE}（地）接电源负极。

3.3　常用电力电子器件

电力电子器件（power electronic device）又称为功率半导体器件，用于电能变换和电能控制电路中的大功率（通常指电流为数十至数千安，电压为数百伏以上）电子器件。电力电子器件可分为电真空器件（electron device）和半导体器件（semiconductor device）两类。

在开关电源中，电力电子器件是完成电能转换以及主电路拓扑中最为关键的器件。为降低器件的功率损耗，提高效率，电力电子器件通常工作于开关状态，因此又常称为开关器件。电力电子器件种类很多，按照器件能够被控制电路信号所控制的程度，可以将电力电子器件分为：①不可控器件，即二极管；②半控型器件，主要包括晶闸管（SCR）及其派生器件；③全控型器件，主要包括绝缘栅双极型晶体管（IGBT）、电力晶体管（GTR）和电力场效应晶体管（电力 MOSFET）等。半控型及全控型器件按照驱动方式又可以分为电压驱动型、电流驱动型两类，分类情况如图 3-58 所示。

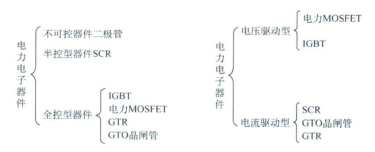

图 3-58　电力电子器件分类

3.3.1　电力二极管

1．电力二极管的基本结构

开关电源中应用的二极管除电压、电流等参数与电子电路中的二极管有较大差别外，其基本结构和工作原理均相同，都是由半导体 PN 结构成。以半导体 PN 结为基础，由一个面积较大的 PN 结和两端引线以及封装组成。从外形上看，主要有螺栓型和平板型两种封装，其外形、结构和电气图形符号如图 3-59 所示。图 3-60 为电力二极管的实物图。

2．电力二极管的基本特性

（1）静态特性　主要指其伏安特性，当电力二极管承受的正向电压大到一定值（门

槛电压 U_{TO}）时，正向电流才开始明显增加，处于稳定导通状态。与正向电流 I_{F} 对应的电力二极管两端的电压 U_{F} 即为其正向电压降。当电力二极管承受反向电压时，只有少量引起的微小而数值恒定的反向漏电流。

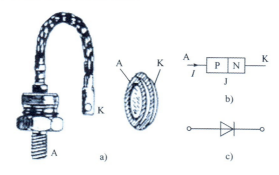

图 3-59　电力二极管的外形、结构和电气图形符号

a）外形　b）结构　c）电气图形符号

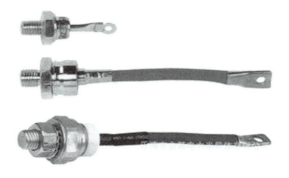

图 3-60　电力二极管实物

（2）动态特性　因结电容的存在，三种状态之间的转换必然有一个过渡过程，此过程中的电压—电流特性是随时间变化的开关特性，反映通态和断态之间的转换过程。

关断过程：须经过一段短暂的时间才能重新获得反向阻断能力，进入截止状态，在关断之前有较大的反向电流出现，并伴随有明显的反向过冲电压，如图 3-61 所示。

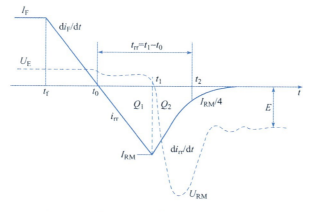

图 3-61　反向恢复过程中电流和电压波形

（3）PN 结的反向击穿　有雪崩击穿和齐纳击穿两种形式，可能导致热击穿。

（4）PN 结的电容效应　PN 结的电荷量随外加电压而变化，呈现电容效应，称为结电容 C_J，又称为微分电容。结电容按其产生机制和作用的差别分为势垒电容 C_B 和扩散电容 C_D。势垒电容只在外加电压变化时才起作用，外加电压频率越高，势垒电容作用越明显。势垒电容的大小与 PN 结截面积成正比，与阻挡层厚度成反比，而扩散电容仅在正向偏置时起作用。在正向偏置时，若正向电压较低，则以势垒电容为主；正向电压较高时，扩散电容为结电容主要成分。结电容影响 PN 结的工作频率，特别是在高速开关的状态下，可能使其单向导电性变差，甚至不能工作，应用时应加以注意。

电力二极管与二极管区别在于：正向导通时流过很大的电流，其电流密度较大，因而额外载流子的注入水平较高，电导调制效应不能忽略，引线和焊接电阻的压降等都有明显的影响，承受的电流变化率 di/dt 较大，因而其引线和器件自身的电感效应也会有较大影响。为了提高反向耐压，其掺杂浓度低也造成正向压降较大。

3. 电力二极管的主要参数

（1）正向平均电流 I_F　指电力二极管在指定的管壳温度（简称壳温，用 T_C 表示）和散热条件下，其允许流过的最大工频正弦半波电流的平均值。正向平均电流是按照电流的发热效应来定义的，因此使用时应按有效值相等的原则来选取电流，并应留有一定的裕量。用在频率较高的场合时，开关损耗造成的发热不能忽视。当采用反向漏电流较大的电力二极管时，其断态损耗造成的发热效应也不小。

（2）正向压降 U_F　指电力二极管在指定温度下，流过某一指定的稳态正向电流时对应的正向压降。有时参数表中也给出在指定温度下流过某一瞬态正向大电流时器件的最大瞬时正向压降。

（3）反向重复峰值电压 U_{RRM}　指对电力二极管所能重复施加的反向最高峰值电压，通常是其雪崩击穿电压 U_B 的 2/3。使用时，往往按照电路中电力二极管可能承受的反向最高峰值电压的两倍来选定。

（4）最高工作结温 T_{JM}　结温是指管芯 PN 结的平均温度，用 T_{JM} 表示。最高工作结温是指在 PN 结不致损坏的前提下所能承受的最高平均温度，T_{JM} 通常在 125～175℃之间。

（5）反向恢复时间 t_{rr}　关断过程中，电流降到零再到恢复反响阻断能力为止的时间。$t_{rr}=t_s+t_f$，其中 t_s 为延迟时间，t_f 为电流下降时间。

（6）浪涌电流 I_{FSM}　指电力二极管所能承受最大的连续一个或几个工频周期的过电流。

4. 电力二极管的主要类型

其主要类型有普通二极管、快恢复二极管和肖特基二极管。

（1）普通二极管（general purpose diode）　又称整流二极管（rectifier diode），多用于开关频率不高（1 kHz 以下）的整流电路中，其反向恢复时间较长，一般在 5 s 以上，这在开关频率不高时并不重要。正向额定电流和反向额定电压可以达到很高，分别可达数千安和数千伏以上。

（2）快速恢复二极管（Fast Recovery Diode，FRD）　指恢复过程很短特别是反向恢复过程很短（5 s 以下）的二极管。工艺上多采用掺金措施，有的采用 PN 结型结构，还有的采用改进的 PiN 结构。采用外延型 PiN 结构的快速恢复外延二极管（Fast Recovery Epitaxial Diodes，FRED），其反向恢复时间更短（可低于 50 ns），正向压降也很低（0.9 V 左右），但其反向耐压多在 400 V 以下。从性能上可分为快速恢复和超快速恢复两个等级。前者反向恢复时间为数百纳秒或更长，后者则在 100 ns 以下，甚至达到 20～30 ns。图 3-62 为快速整流二极管的正向恢复特性。

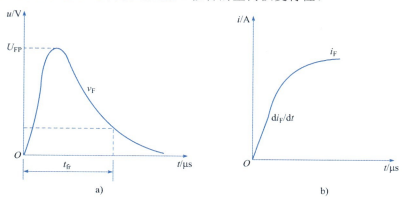

图 3-62　快速整流二极管的正向恢复特性

a）管压降随时间变化的曲线　　b）二极管开通电流波形

（3）肖特基二极管　以金属和半导体接触形成的势垒为基础的二极管称为肖特基势垒二极管（Schottky Barrier Diode，SBD），简称为肖特基二极管。

肖特基二极管的优点：

1）反向恢复时间很短（10～40 ns）。

2）正向恢复过程中也不会有明显的电压过冲。

3）在反向耐压较低的情况下，其正向压降也很小，明显低于快速恢复二极管。

4）其开关损耗和正向导通损耗都比快速二极管要小，且效率高。

肖特基二极管的缺点：

1）当反向耐压提高时，其正向压降也会提高而不能满足要求，因此多用于 200 V 以下。

2）反向漏电流较大且对温度敏感，因此反向稳态损耗不能忽略，而且必须更严格地限制其工作温度。

3.3.2　晶闸管

1. 晶闸管的基本结构

晶闸管又称为可控硅整流器件，英文缩写为 SCR，是一种大功率硅半导体器件，外形有螺栓型和平板型两种封装，结构如图 3-63 所示。晶闸管内有三个 PN 结，它们由相互交叠的四层 P 区和 N 区所构成。晶闸管的三个电极从 P_1 引出阳极 A，从 N_2 引出阳极 K，从 P_2 引出控制极 G，它是一个四层三端的半导体器件。

晶闸管具有同半导体二极管相似的单向导电特性，但它的导通可以控制。所以，晶闸管是具有可控的单向导电特性的整流器件。利用它的这种特性，可以组成各种不同功能的装置，如：

可控整流器——将交流电变换成大小可调的直流电；

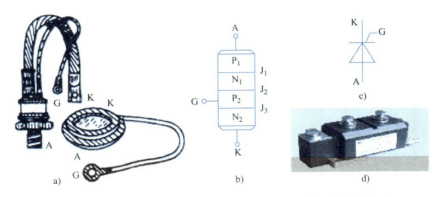

图 3-63   晶闸管的外形、内部结构、电气图形符号和模块外形

a）晶闸管外形   b）内部结构   c）电气图形符号   d）模块外形

逆变器——将直流电变换成交流电；

变频器——将一种频率的交流电转换成另一种频率或频率可调的交流电；

交流调压器——将有效值一定的交流电压变换成有效值可调的交流电压；

无触头开关——在控制系统中按需要实现通断切换。

由于晶闸管具有耐压高、效率高、体积小、重量轻、无噪声且使用方便等特点，因而得到广泛应用。

2．晶闸管的基本特性

（1）静态特性

1）承受反向电压时，不论门极是否有触发电流，晶闸管都不会导通。

2）承受正向电压时，仅在门极有触发电流的情况下晶闸管才能导通。

3）晶闸管一旦导通，门极就失去控制作用。

4）要使晶闸管关断，只能使晶闸管的电流降到接近于零的某一数值以下。

晶闸管的伏安特性如图 3-64 所示，第 I 象限的是正向特性，第III象限的是反向特性。$I_G=0$ 时，晶闸管两端施加正向电压，处于正向阻断状态，只有很小的正向漏电流流过；正向电压超过临界极限即正向转折电压为 U_{bo} 时，则漏电流急剧增大，晶闸管导通。

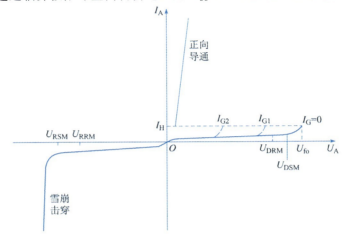

图 3-64   晶闸管的伏安特性

随着门极电流幅值的增大，正向转折电压降低。

导通后的晶闸管特性和二极管的正向特性相似。

晶闸管本身的压降很小，在 1 V 左右。

导通期间，如果门极电流为零，并且阳极电流降至接近于零的某一数值 I_H 以下，则晶闸管又回到正向阻断状态。I_H 称为维持电流。

晶闸管上施加反向电压时，伏安特性类似二极管的反向特性。

晶闸管的门极触发电流从门极流入晶闸管，从阴极流出，阴极是晶闸管主电路与控制电路的公共端。

门极触发电流是通过触发电路在门极和阴极之间施加触发电压而产生的。晶闸管的门极和阴极之间是 PN 结 J_3，其伏安特性称为门极伏安特性。为保证可靠、安全的触发，触发电路所提供的触发电压、电流和功率应限制在可靠触发区。

（2）动态特性　晶闸管的动态过程和损耗如图 3-65 所示。

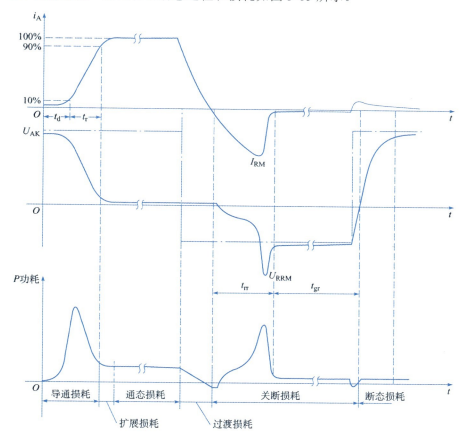

图 3-65　晶闸管的动态过程及相应的损耗

1）导通过程。

延迟时间 t_d：从门极电流阶跃时刻开始，到阳极电流上升到稳态值 10% 的时间为止。

上升时间 t_r：阳极电流从 10% 上升到稳态值的 90% 所需的时间。

导通时间 t_{gt}：以上两者之和，即 $t_{gt}=t_d+t_r$。

普通晶闸管延迟时间为 0.5～1.5 μs，上升时间为 0.5～3 μs。

2）关断过程。

反向阻断恢复时间 t_{rr}：正向电流降为零到反向恢复电流衰减至接近于零的时间。

正向阻断恢复时间 t_{gr}：晶闸管要恢复其对正向电压的阻断能力需要的时间。

在正向阻断恢复时间内，如果重新对晶闸管施加正向电压，则晶闸管会重新正向导通。

实际应用中，应对晶闸管施加足够长时间的反向电压，使晶闸管充分恢复其对正向电压的阻断能力，电路才能可靠工作。

关断时间 t_q：t_{rr} 与 t_{gr} 之和，即 $t_q = t_{rr} + t_{gr}$，普通晶闸管的关断时间为几百微秒。

3．晶闸管的主要参数

（1）额定电压

1）断态重复峰值电压 U_{DRM}。在门极断路而结温为额定值时，允许重复加在器件上的正向峰值电压。

2）反向重复峰值电压 U_{RRM}。在门极断路而结温为额定值时，允许重复加在器件上的反向峰值电压。

3）通态（峰值）电压 U_{TM}。晶闸管通过某一规定倍数的额定通态平均电流时的瞬态峰值电压。

通常取晶闸管的 U_{DRM} 和 U_{RRM} 中较小的值作为该器件的额定电压。选用时，额定电压要留有一定裕量，一般取额定电压为正常工作时晶闸管所承受峰值电压的 2～3 倍。

（2）额定电流

1）通态平均电流 $I_{T(AV)}$（额定电流）。晶闸管在环境温度为 40℃ 和规定的冷却状态下，稳定结温不超过额定结温时所允许流过的最大工频正弦半波电流的平均值。

使用时应按实际电流与通态平均电流有效值相等的原则来选取晶闸管，应留一定的裕量，一般取 1.5～2 倍。

正弦半波电流平均值 $I_{T(AV)}$、电流有效值 I_T 和电流最大值 I_m 三者的关系为

$$I_{T(AV)} = \frac{1}{2\pi} \int_0^\pi I_m \sin \omega t \mathrm{d}(\omega t) = \frac{I_m}{\pi} \tag{3-5}$$

$$I_T = \sqrt{\frac{1}{2\pi} \int_0^\pi (I_m \sin \omega t)^2 \mathrm{d}(\omega t)} = \frac{I_m}{2} \tag{3-6}$$

各种有直流分量电流波形的有效值 I 与平均值 I_d 之比，称为这个电流的波形系数，用 K_f 表示。因此，在正弦半波情况下电流波形系数为

$$K_f = \frac{I_T}{I_{T(AV)}} = \frac{\pi}{2} = 1.57 \tag{3-7}$$

所以，晶闸管在流过任意波形电流并考虑了安全裕量情况下的额定电流 $I_{T(AV)}$ 计算公式为

$$I_{T(AV)} = (1.5 \sim 2) \frac{I_T}{1.57} \tag{3-8}$$

使用中还应注意，当晶闸管散热条件不满足规定要求时，则应立即降低器件的额定电流，否则器件会由于结温超过允许值而损坏。

2）维持电流 I_H。使晶闸管维持导通所需的最小电流，一般为几十到几百毫安，与结温有关，结温越高，则 I_H 越小。

3）擎住电流 I_L。晶闸管从断态转入通态并移除触发信号后，能维持导通所需的最小电流，对同一晶闸管来说，通常 I_L 为 I_H 的 2～4 倍。

4）浪涌电流 I_{TSM}。浪涌电流 I_{TSM} 指由于电路异常情况引起的并使结温超过额定结温的不重复最大正向过载电流。

（3）动态参数　动态参数除导通时间 t_{gt} 和关断时间 t_q 外，还有：

1）断态电压临界上升率 du/dt。指在额定结温和门极开路的情况下，不导致晶闸管从断态到通态转换的外加电压最大上升率。当阻断的晶闸管两端施加的电压具有正向的上升率时，相当于一个电容的 J_2 PN 结会有充电电流流过，称为位移电流。此电流流经 J_3 PN 结时，起到类似门极触发电流的作用。如果电压上升率过大，使充电电流足够大，就会使晶闸管误导通。

2）通态电流临界上升率 di/dt。指在规定条件下，晶闸管能承受而无有害影响的最大通态电流上升率。如果电流上升太快，则晶闸管刚一导通，便会有很大的电流集中在门极附近的小区域内，造成局部过热而使晶闸管损坏。

4. 晶闸管的派生器件

（1）快速晶闸管（Fast Switching Thyristor，FST）　包括所有专为快速应用而设计的晶闸管，分为快速晶闸管和高频晶闸管。对快速晶闸管的管芯结构和制造工艺都进行了改进，开关时间以及 du/dt 和 di/dt 都有明显改善。普通晶闸管关断时间大概是数百微秒，而快速晶闸管可达到数十微秒，高频晶闸管可达到 10 μs 左右。高频晶闸管的不足在于其额定电压和额定电流都不易做高，由于工作频率较高，选择通态平均电流时不能忽略其开关损耗的发热效应。

（2）双向晶闸管（Triode AC Switch，TRIAC 或 bidirectional triode thyristor）　它是由一对反并联连接的普通晶闸管组成，如图 3-66a 所示。双向晶闸管有两个主电极 T_1 和 T_2，一个门极 G，正反两方向均可触发导通，所以双向晶闸管在第 Ⅰ 和第 Ⅲ 象限有对称的伏安特性，如图 3-66b 所示。

双向晶闸管比一对反并联晶闸管经济，且控制电路简单，在交流调压电路、固态继电器（Solid State Relay，SSR）和交流电动机调速等领域应用较多。

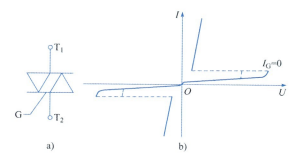

图 3-66　双向晶闸管的电气图形符号和伏安特性

a）电气图形符号　b）伏安特性

（3）逆导晶闸管（Reverse Conducting Thyristor，RCT）　将晶闸管反并联一个二极管，并制作在同一管芯上就构成了逆导晶闸管。逆导晶闸管具有正向压降小、关断时间短、高温特性好和额定结温高等优点，其电气图形符号和伏安特性如图 3-67 所示。

逆导晶闸管的额定电流有两个，即晶闸管电流和反并联二极管电流。

（4）光控晶闸管（Light Triggered Thyristor，LTT） 又称光触发晶闸管，是利用一定波长的光照信号触发导通的晶闸管。其电气图形符号和伏安特性如图 3-68 所示。

小功率光控晶闸管只有阳极和阴极两个端子，大功率光控晶闸管还带有光缆，光缆上装有作为触发光源的发光二极管或半导体激光器。光触发保证了主电路与控制电路之间的绝缘，且可避免电磁干扰的影响。因此，目前在高压大功率的场合（如高压直流输电和高压核聚变装置中）占据重要的地位。

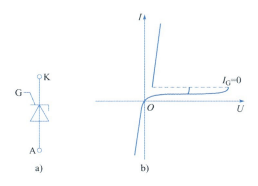

图 3-67　逆导晶闸管的电气图形符号和伏安特性
a）电气图形符号　b）伏安特性

5. 晶闸管的测量

晶闸管有阳极、阴极和一个控制极，测量时，可用万用表 $R \times 1$ k 档来测阳极和阴极的正反向电阻，表针应保持不动。控制极和阴极间是一个 PN 结，故可以用判别二极管的方法来测量。

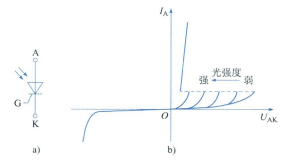

图 3-68　光控晶闸管的电气图形符号和伏安特性
a）电气图形符号　b）伏安特性

在正常情况下，晶闸管要导通，必须同时满足两个条件：一是阳极、阴极间加有正向电压；二是控制极、阴极间加入一个适当的正向触发电压。晶闸管一经导通，加于控制极与阴极间的电压即使消失，晶闸管仍维持导通状态。要使它关断，必须将阳极与阴极间电压降低，使通过它的电流低于某一数值，或者在阳极、阴极间加一反向电压。因此，使用晶闸管必须正确掌握其导通和关断方法。

6. 晶闸管的使用

晶闸管过载能力低，在使用时要注意下列三点：

（1）合理选择器件容量。容量不可过大，以免增加成本；也不能过小，以致经常维修或更换。通常选择的足够裕量约增大 1.5 倍。

（2）注意提供良好的通风散热条件。器件使用必须符合规定中要求的散热条件。可以配用散热器，通风条件好的场所可采取自然冷却，通风不良的环境应采用强劲冷风或水冷散热。

（3）防止控制极的正向过载和反向击穿。使用晶闸管器件时，为了保证可靠地触发，必须配置触发电路，触发正向电压不超过 10 V，反向电压不超过 5 V，以免造成控制极电流过大被烧坏或电压过高被击穿。同时，在采用晶闸管整流器件的电路中，都要备有过电流保护和过电压保护装置。

3.3.3　单结晶体管

单结晶体管（简称 UJT）又称双基极二极管，它是一种只有一个 PN 结和两个电阻接触电极的半导体器件，其基片为条状的高阻 N 型硅片，两端分别用电阻接触引出两个基极 b_1 和 b_2。在硅片中间略偏 b_2 一侧用合金制作一个 P 区作为发射极。其结构、符号和等效电路如图 3-69 所示。

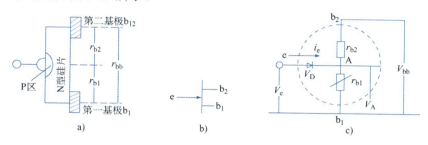

图 3-69　单结晶体管

a）结构　b）符号　c）等效电路

单结晶体管的特性：

从图 3-69 可以看出，两基极 b_1 与 b_2 之间的电阻称为基极电阻（r_{bb}），可表示为

$$r_{bb}=r_{b1}+r_{b2} \tag{3-9}$$

式中，r_{b1} 为第一基极与发射结之间的电阻，其数值随发射极电流 i_e 而变化；r_{b2} 为第二基极与发射结之间的电阻，其数值与 i_e 无关；发射结是 PN 结，与二极管等效。

若在两基极 b_2、b_1 间加上正电压 V_{bb}，则 A 点电压为

$$V_A=[r_{b1}/(r_{b1}+r_{b2})]V_{bb}=(r_{b1}/r_{bb})V_{bb}=\eta V_{bb} \tag{3-10}$$

式中，η 为分压比，其值一般在 0.3～0.85 之间。如果发射极电压 V_e 由零逐渐增加，则可测得单结晶体管的伏安特性如图 3-70 所示。

（1）当 $V_e<\eta V_{bb}$ 时，发射结处于反向偏置，晶体管截止，发射极只有很小的漏电流 I_{ceo}。

（2）当 $V_e\geq\eta V_{bb}+V_D$ 时，V_D 为二极管正向压降（约为 0.7 V），PN 结正向导通，I_e 显著增加，r_{b1} 阻值迅速减小，V_e 相应下降，这种电压随电流增加反而下降的特性称为负阻特性。晶体管由截止区进入

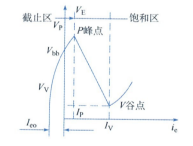

图 3-70　单结晶体管的伏安特性

负阻区的临界 P 称为峰点，与其对应的发射极电压和电流分别称为峰点电压 V_P 和峰点电流 I_P。I_P 是正向漏电流，即使单结晶体管导通所需的最小电流，显然 $V_P=\eta V_{bb}$。

（3）随着发射极电流 i_e 不断上升，V_e 不断下降，降到 V 点后，V_e 不再下降，V 点称为谷点，与其对应的发射极电压和电流称为谷点电压 V_V 和谷点电流 I_V。

（4）过了 V 点后，发射极与第一基极间半导体内的载流子达到了饱和状态，u_C 继续增加时，i_e 便缓慢地上升，显然 V_V 是维持单结晶体管导通的最小发射极电压，如果 $V_e<V_V$，晶体管重新截止。

3.3.4　全控型器件

20 世纪 80 年代以来，信息电子技术与电力电子技术在各自发展的基础上相结合，

形成了高频化、全控型且采用集成电路制造工艺的电力电子器件，从而将电力电子技术又引入了一个崭新时代。典型代表有门极可关断晶闸管、电力晶体管、电力场效应晶体管和绝缘栅双极晶体管等。

1. 门极可关断晶闸管

（1）门极可关断晶闸管的结构

GTO（gate-turn-off thyristor）是门极可关断晶闸管的简称，它是晶闸管的一个衍生器件。可以通过门极施加负脉冲电流使其关断。

GTO 和普通晶闸管一样，是 PNPN 四层半导体结构，外部也是引出阳极、阴极和门极三个极。与普通晶闸管不同的是，GTO 是一种多元的功率集成器件。虽然外部同样引出三个极，但内部包含数十个甚至数百个共阳极的小 GTO 单元，这些 GTO 单元的阴极和门极在器件内部并联，是专为实现门极控制关断而设计的。GTO 的内部结构和电气图形符号如图 3-71 所示。

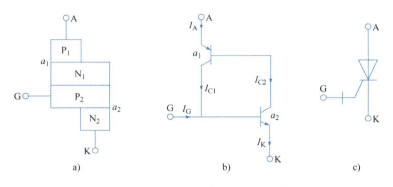

图 3-71   GTO 的结构、等效电路和图形符号

（2）GTO 的工作原理   从图 3-71 中可知，PNP 和 NPN 构成了两个晶体管，共基极电流增益为 a_1 和 a_2。

1）当 $a_1+a_2=1$ 时，晶闸管临界导通。

2）当 $a_1+a_2>1$ 时，两个晶体管过饱和导通。

3）当 $a_1+a_2<1$ 时，不能维持饱和导通而关断。

与普通晶闸管比较，GTO 的设计更趋于合理，主要体现在以下几个方面：

1）在设计器件时使 a_2 较大，a_2 晶体管控制灵敏，这样 GTO 可以很容易关断。

2）使 a_1+a_2 趋向于 1，普通晶闸管 $a_1+a_2\geqslant1.15$，而 GTO 约为 1.05，这样 GTO 导通时饱和程度不深，更接近于临界饱和，为门极可关断控制提供了有利条件。不利的是导通管压降增大了。

3）每个 GTO 单元的阴极面积小，门极和阴极间的距离大为缩短，使 P_2 基区的横向电阻很小，也使门极抽出较大的电流成为可能。

4）它比普通晶闸管开通过程快，承受的电压能力强。

（3）GTO 的主要参数

1）最大可关断阳极电流 I_{ATO}。

2）电流关断增益 $\beta_{off}=I_{ATO}/I_{GM}$。其中，$I_{GM}$ 是门极负脉冲电流最大值，β_{off} 一般只

有 5 左右，这是 GTO 的主要缺点。

3）导通时间 T_{on}。导通时间指延迟时间与上升时间之和。GTO 的延迟时间一般为 $1\sim2\ \mu s$，上升时间则随阳极电流值的增大而增大。

4）关断时间 T_{off}。关断时间指存储时间与下降时间之和，不包括尾部时间。GTO 的存储时间随阳极电流值的增大而增大，下降时间一般小于 $2\ \mu s$。

（4）GTO 参数的测定

1）判定可关断晶闸管 GTO 的电极。将万用表拨至 $R×1$ 档，测量任意两脚间的电阻，仅当黑表笔接 G 极，红表笔接 K 极时，电阻呈低阻值，其他情况电阻值均为无穷大。由此可迅速判定 G、K 极，剩下的为 A 极。

2）检查触发能力。首先将黑表笔接 A 极，红表笔接 K 极，测得电阻为无穷大；然后用黑表笔接 G 极，加上正向触发信号，表针向右偏转到低阻值，即表明 GTO 已经导通；最后脱开 G 极，只要 GTO 维持通态，就说明被测晶闸管具有触发能力。

3）检查关断能力。采用双表法检查可关断晶闸管 GTO 的关断能力，表 I（上一项用表）的档位及接法保持不变。将表 II 拨于 $R×10$ 档，红表笔接 G 极，黑表笔接 K 极，施以负向触发信号，表 I 的指针向左摆到无穷大位置，证明 GTO 具有关断能力。

4）估测关断增益 β_{off}。续上一步，先不接入表 II，记下在 GTO 导通时表 I 的正向偏转格数 n_1；再接上表 II 强迫 GTO 关断，记下表 II 的正向偏转格数 n_2。最后根据读取电流估算关断增益，即

$$\beta_{off}=I_{ATM}/I_{GM}\approx I_{AT}/I_G=K_1 n_1/K_2 n_2 \tag{3-11}$$

式中，K_1 为表 I 在 $R×1$ 档的电流比例系数；K_2 为表 II 在 $R×10$ 档的电流比例系数。

简化可得

$$\beta_{off}\approx 10 n_1/n_2 \tag{3-12}$$

式（3-12）的优点是不需要具体计算 I_{AT}、I_G 的值，只要读出二者所对应的表针正向偏转格数，即可迅速估测关断增益值。

2. 电力晶体管

电力晶体管（Giant Transistor，GTR），直译为巨型晶体管，是一种高耐压、大电流的双极结型晶体管（Bipolar Junction Transistor，BJT），英文有时也称为 Power BJT，在电力电子技术的范围内，GTR 与 BJT 这两个名称是等效的。

20 世纪 80 年代以来，在中小功率范围内取代晶闸管，但目前又被 IGBT 和电力 MOSFET 取代。

（1）GTR 的结构和工作原理　GTR 的工作原理与普通的双极结型晶体管是一样的，采用至少由两个晶体管按达林顿接法组成的单元结构，并采用集成电路工艺将许多这种单元并联而成，一般采用共发射极接法，集电极电流 i_c 与基极电流 i_b 之比为

$$\beta = \frac{i_c}{i_b} \tag{3-13}$$

式中，β 为 GTR 的电流放大系数，反映了基极电流对集电极电流的控制能力。

当考虑到集电极和发射极间的漏电流 I_{ceo} 时，i_c 和 i_b 的关系为

$$i_c=\beta i_b+I_{ceo} \tag{3-14}$$

产品说明书中通常给出，直流电流增益 h_{FE} 为在直流工作情况下集电极电流与基

极电流之比，一般认为 $\beta \approx \beta h_{FE}$。

单管 GTR 的 β 值比小功率的晶体管小得多，通常为 10 左右，采用达林顿接法可有效增大电流增益。

（2）GTR 的基本特性

1）静态特性。共发射极接法时的典型输出特性有截止区、放大区和饱和区特性。在电力电子电路中 GTR 工作在开关状态，即工作在截止区或饱和区。在开关过程中，即在截止区和饱和区之间过渡时，要经过放大区。图 3-72 为 GTR 的静态特性曲线。

2）动态特性。GTR 的动态特性由导通过程和关断过程两部分组成，其导通和关断电流波形如图 3-73 所示。

① 导通过程：延迟时间 t_d 和上升时间 t_r 二者之和为导通时间 t_{on}。

t_d 主要是由发射结势垒电容和集电结势垒电容充电产生的。增大 i_b 的幅值并增大 di_b/dt，可缩短延迟时间，同时可缩短上升时间，从而加快导通过程。

② 关断过程：储存时间 t_s 和下降时间 t_f 二者之和为关断时间 t_{off}。

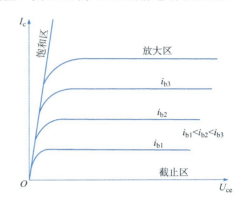

图 3-72　共发射极接法时 GTR 的静态特性

3）GTR 的主要参数。除了前面提到的电流放大倍数 β、直流电流增益 h_{FE}、集射极间漏电流 I_{ceo}、集射极间饱和压降 U_{ces}、导通时间 t_{on} 和关断时间 t_{off} 外，还有以下主要参数：

① 最高工作电压。GTR 上电压超过规定值时会击穿，击穿电压不仅和晶体管本身特性有关，还与外电路接法有关，一般有

$$BU_{cbo} > BU_{cex} > BU_{ces} > BU_{cer} > BU_{ceo}$$

实际使用时，为确保安全，最高工作电压要比 BU_{ceo} 低得多。

② 集电极最大允许电流 I_{cM}。当 h_{FE} 下降到规定值的 $1/2 \sim 1/3$ 时所对应的 I_c。实际使用时要留有裕量，只能用到 I_{cM} 的 $1/2$ 或稍多一点。

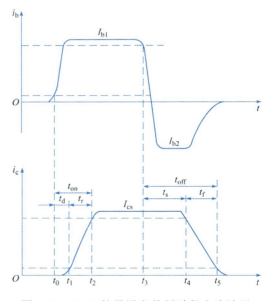

图 3-73　GTR 的导通和关断过程电流波形

③ 集电极最大耗散功率 P_{cM}。P_{cM} 为最高工作温度下允许的耗散功率。产品说明书中在给出 P_{cM} 时，同时给出壳温 T_C，间接表示了最高工作温度。

4）GTR 的二次击穿现象与安全工作区如图 3-74 所示。

① 一次击穿：集电极电压升高至击穿电压时，I_c 迅速增大，出现雪崩击穿；只要 I_c 不超过限度，GTR 一般不会损坏，工作特性也不变。

② 二次击穿：一次击穿发生后，I_c 增大到某个临界点时会突然急剧上升，并伴随电压的陡然下降，会立即导致器件的永久损坏，或者工作特性明显衰变。

安全工作区（Safe Operating Area，SOA）为最高电压 U_{ceM}、集电极最大电流 I_{cM}、最大耗散功率 P_{cM} 和二次击穿临界线的限定。

3. 电力场效应晶体管

主要指绝缘栅型中的 MOS 型（Metal Oxide Semiconductor FET），简称电力 MOSFET（Power

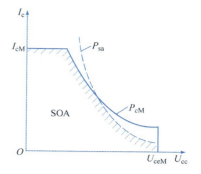

图 3-74　GTR 的安全工作区

MOSFET）。结型电力场效应晶体管一般称为静电感应晶体管（Static Induction Transistor，SIT）。电力场效应晶体管用栅极电压来控制漏极电流，驱动电路简单，驱动功率小，开关速度快，工作频率高，热稳定性优于 GTR。但电流容量小，耐压低，一般只适用于功率不超过 10 kW 的电力电子装置。

（1）电力 MOSFET 的结构和工作原理　电力 MOSFET 按导电沟道可分为 P 沟道型和 N 沟道型；按导电方式又可以分为耗尽型和增强型两种。耗尽型是当栅极电压为零时漏源极之间就存在导电沟道；增强型是对于 N（P）沟道器件，栅极电压大于（小于）零时才存在导电沟道。电力 MOSFET 主要指的是 N 沟道增强型 MOSFET，其结构和电气图形符号如图 3-75 所示。

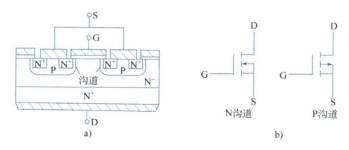

图 3-75　电力 MOSFET 的结构和电气图形符号

a）内部结构示意图　b）电气图形符号

1）电力 MOSFET 的结构。MOSFET 导通时只有一种极性的载流子（多子）参与导电，因此是单极型晶体管。导电机理与小功率 MOS 管相同，但结构上有较大区别。

2）电力 MOSFET 的工作原理。截止时，漏源极间加正向电压，栅源极间电压为零，P 基区与 N 漂移区之间形成的 PN 结 J_1 反偏，漏源极之间无电流流过。

导通时，栅源极间加正电压 U_{GS}，栅极是绝缘的，所以不会有栅极电流流过。但栅极的正电压会将其下面 P 区中的空穴推开，并将 P 区中的少子——电子吸引到栅极下面的 P 区表面。

当 $U_{GS} > U_T$（开起电压或阈值电压）时，栅极下 P 区表面的电子浓度将超过空穴浓度，使 P 型半导体反型成 N 型而成为反型层，该反型层形成 N 沟道而使 PN 结 J_1 消失，漏极和源极导电。

（2）电力 MOSFET 的基本特性

1）静态特性。漏极电流 I_D 和栅源间电压 U_{GS} 的关系称为 MOSFET 的转移特性，如图 3-76 所示。I_D 较大时，I_D 与 U_{GS} 的关系近似线性，曲线的斜率定义为跨导 G_{fs}。

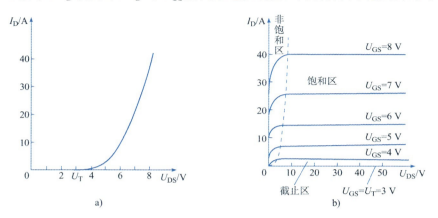

图 3-76　电力 MOSFET 的转移特性和输出特性

a）转移特性　b）输出特性

MOSFET 的漏极伏安特性（输出特性）包括截止区（对应于 GTR 的截止区）、饱和区（对应于 GTR 的放大区）和非饱和区（对应于 GTR 的饱和区）。

电力 MOSFET 工作在开关状态，即在截止区和非饱和区之间来回转换，电力 MOSFET 漏源极之间有寄生二极管，漏源极间加反向电压时寄生二极管导通，电力 MOSFET 的通态电阻具有正温度系数，对器件并联时的均流有利。

2）动态特性。图 3-77 为电力 MOSFET 的动态特性波形。其中，u_p 为脉冲信号源；R_s 为信号源内阻；R_G 为栅极电阻；R_L 为负载电阻；R_F 为检测漏极电流。

① 导通过程。导通延迟时间 $t_{d(on)}$：u_p 前沿时刻到 $u_{GS}=U_T$ 并开始出现 i_D 的时刻间的时间段。

上升时间 t_r：u_{GS} 从 u_T 上升到 MOSFET 进入非饱和区的栅压 U_{GSP} 的时间段。

i_D 稳态值由漏极电源电压 U_E 和漏极负载电阻决定。U_{GSP} 的大小和 i_D 的稳态值有关，U_{GS} 达到 U_{GSP} 后，在 u_p 作用下继续升高直至达到稳

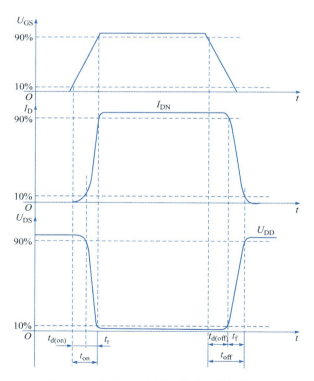

图 3-77　电力 MOSFET 的动态特性波形

态，但 i_D 不变。

导通时间 t_{on}：导通延迟时间与上升时间之和。

② 关断过程。关断延迟时间 $t_{d(off)}$：u_p 下降到零起，C_{in} 通过 R_s 和 R_G 放电，u_{GS} 按指数曲线下降到 U_{GSP} 时，i_D 开始减小止的时间段。

下降时间 t_f：u_{GS} 从 U_{GSP} 继续下降起，i_D 减小，到 $u_{GS}<U_T$ 时沟道消失，i_D 下降到零为止的时间段。

关断时间 t_{off}：关断延迟时间和下降时间之和。

③ MOSFET 的开关速度：MOSFET 的开关速度和 C_{in} 充放电有很大关系。使用者无法降低 C_{in}，但可降低驱动电路内阻 R_s 以减小时间常数，加快开关速度。MOSFET 只靠多子导电，不存在少子储存效应，因而关断过程非常迅速。MOSFET 的开关时间在 10～100 ns 之间，工作频率可达 100 kHz 以上，是电力电子器件中最高频率的场控器件。静态时几乎不需输入电流，但在开关过程中需对输入电容充放电，且仍需一定的驱动功率。开关频率越高，所需要的驱动功率越大。

（3）电力 MOSFET 的主要参数　电力 MOSFET 的主要参数除了跨导 G_{fs}、开启电压 U_T 以及 $t_{d(on)}$、t_r、$t_{d(off)}$ 和 t_f 之外，还有

1）额定漏极电压 U_{DS}。

2）额定漏极直流电流 I_D 和漏极脉冲电流幅值 I_{DM}。

3）额定栅源电压 U_{GS}。因栅源之间的绝缘层很薄，当 $U_{GS}>20$ V 时将导致绝缘层击穿。

4）极间电容。极间电容是指 C_{GS}、C_{GD} 和 C_{DS}。一般厂家会提供漏源极短路时的输入电容 C_{iss}、源极输出电容 C_{oss} 和反向转移电容 C_{rss}，其中

$$C_{iss}=C_{GS}+C_{GD} \tag{3-15}$$

$$C_{rss}=C_{GD} \tag{3-16}$$

$$C_{oss}=C_{DS}+C_{GD} \tag{3-17}$$

输入电容可近似用 C_{iss} 代替，这些电容都是非线性的。漏源间的耐压、漏极最大允许电流和最大耗散功率决定了电力 MOSFET 的安全工作区。一般来说，电力 MOSFET 不存在二次击穿问题，这是它的一大优点，但是实际使用中仍应注意留有适当的裕量。

（4）绝缘栅双极晶体管　绝缘栅双极晶体管（Insulated-Gate Bipolar Transistor，IGBT 或 IGT）是 GTR 和 MOSFET 两类器件取长补短结合而成的复合器件，具有二者的优点，且有着良好的工作特性。

1986 年投入市场后，它取代了 GTR 和一部分 MOSFET 的市场，是中小功率电力电子设备的主导器件，若能继续提高电压和电流容量，就可取代 GTO 的地位。

1）IGBT 的结构和工作原理。IGBT 的结构如图 3-78a 所示，该图是 N 沟道 VDMOSFET 与 GTR 的组合。N 沟道 IGBT（N-IGBT）IGBT 比 VDMOSFET 多一层 P+ 注入区，形成了一个大面积的 P+N 结 J_1。使 IGBT 导通时由 P+注入区向 N 基区发射少子，从而对漂移区电导率进行调制，使 IGBT 具有很强的通流能力。简化等效电路如图 3-78b 所示，图中表明，IGBT 是 GTR 与 MOSFET 组成的达林顿结构，一个由 MOSFET 驱动的厚基区 PNP 晶体管，R_N 为晶体管基区内的调制电阻。

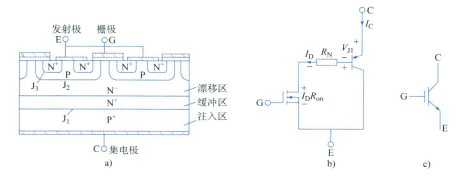

图 3-78 IGBT 的结构、简化等效电路和电气图形符号

a）内部结构断面示意图 b）简化等效电路 c）电气图形符号

驱动原理与电力 MOSFET 基本相同，通断由栅射极电压 u_{GE} 决定。当 u_{GE} 大于开起电压 $U_{GE(th)}$ 时，MOSFET 内形成沟道，为晶体管提供基极电流，IGBT 就导通。

当栅射极间施加反压或不加信号时，MOSFET 内的沟道消失，晶体管的基极电流被切断，IGBT 关断。

2）IGBT 的基本特性。

① IGBT 的静态特性。IGBT 的转移特性曲线和输出特性曲线如图 3-79 所示。

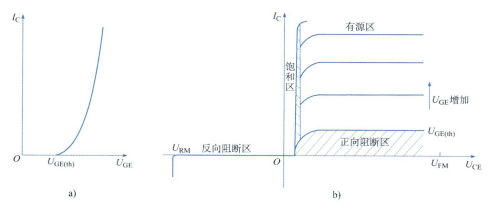

图 3-79 IGBT 的转移特性和输出特性

a）转移特性 b）输出特性

转移特性反映的是 I_C 与 $U_{GE(th)}$ 间的关系，与 MOSFET 转移特性类似。

开起电压 $U_{GE(th)}$ 为 IGBT 能实现电导调制而导通的最低栅射电压，$U_{GE(th)}$ 随温度升高而略有下降，在 +25℃ 时，$U_{GE(th)}$ 的值一般为 2～6 V。

输出特性（伏安特性）是以 U_{GE} 为参考变量时，I_C 与 U_{CE} 间的关系分为三个区域：正向阻断区、有源区和饱和区。分别与 GTR 的截止区、放大区和饱和区相对应，$u_{CE}<0$ 时，IGBT 为反向阻断工作状态。

② IGBT 的动态特性。

a. IGBT 的导通过程：IGBT 的导通过程与 MOSFET 的相似，导通过程中，IGBT 在大部分时间作为 MOSFET 运行，其动态特性如图 3-80 所示。

导通延迟时间 $t_{d(on)}$：从 u_{GE} 上升至其幅值 10% 的时刻，到 i_C 上升至 $10\%I_{CM}$。

电流上升时间 t_r：i_C 从 $10\%I_{CM}$ 上升至 $90\%I_{CM}$ 所需时间。

导通时间 t_{on}：导通延迟时间与电流上升时间之和。

u_{CE} 的下降过程分为 t_{fv1} 和 t_{fv2} 两段。t_{fv1} 是 IGBT 中的 MOSFET 单独工作的电压下降过程；t_{fv2} 为 MOSFET 和 PNP 晶体管同时工作的电压下降过程。

b. IGBT 的关断过程：关断延迟时间 $t_{d(off)}$：从 u_{GE} 后沿下降到其幅值 90% 的时刻起，到 i_C 下降至 $90\%I_{CM}$。

电流下降时间：i_C 从 $90\%I_{CM}$ 下降至 $10\%I_{CM}$。

关断时间 t_{off}：关断延迟时间与电流下降时间之和。

电流下降时间又可分为 t_{fi1} 和 t_{fi2} 两段。t_{fi1} 是 IGBT 内部的 MOSFET 的关断

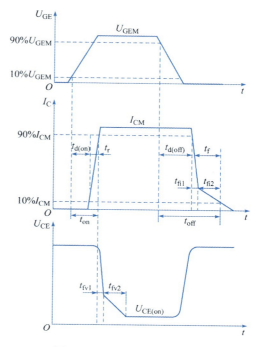

图 3-80　IGBT 的动态特性

过程，i_C 下降较快；t_{fi2} 是 IGBT 内部的 PNP 晶体管的关断过程，i_C 下降较慢。

因 IGBT 中双极型 PNP 晶体管的存在，虽然带来了电导调制效应的好处，但产生了少子储存现象，因而 IGBT 的开关速度低于电力 MOSFET。

③ IGBT 的主要参数。

a. 最大集射极间电压 U_{CES}：由内部 PNP 晶体管的击穿电压确定。

b. 最大集电极电流：包括额定直流电流 I_C 和 1 ms 脉宽最大电流 I_{CP}。

c. 最大集电极功耗 P_{CM}：正常工作温度下允许的最大功耗。

④ IGBT 的擎住效应和安全工作区。寄生晶闸管由一个 N-PN+ 晶体管和作为主开关器件的 P+N-P 晶体管组成。

IGBT 的擎住效应（又称自锁效应）如图 3-81 所示，NPN 晶体管基极与发射极之间存在体区短路电阻，P 形体区的横向空穴电流会在该电阻上产生压降，相当于对 J_3 结施加正偏压，一旦 J_3 导通，栅极就会失去对集电极电流的控制作用，电流失控动态擎住效应比静态擎住效应所允许的集电极电流小。

正偏安全工作区（FBSOA）是由最大集电极电流、最大集射极间电压和最大集电极功耗确定的区域，如图 3-82a 所示。

反向偏置安全工作区（RBSOA）是由最大集电极电流、最大集射极间电压和最大允许电压上升率

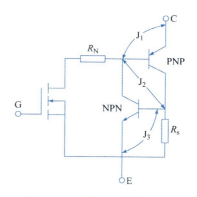

图 3-81　IGBT 的擎住效应

du_{CE}/dt 确定的区域，如图 3-82b 所示。

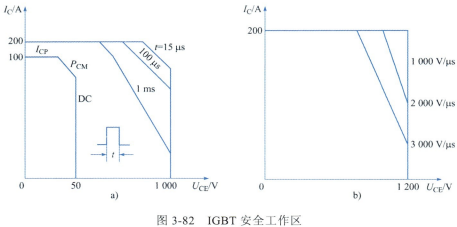

图 3-82　IGBT 安全工作区

a）FBSOA　b）RBSOA

擎住效应限制了 IGBT 电流容量的提高，20 世纪 90 年代中后期开始逐渐解决了这一问题。IGBT 往往与反并联的快速二极管封装在一起制成模块，作为逆导器件。

第4章　常用低压电器和设备

4.1　低压电器

4.1.1　主令电器

主令电器是用来接通和分断控制电路,以"命令"电动机及其他控制对象的起动、停止或工作状态转换的一类电器。主令电器有按钮、行程开关(又称位置开关或限位开关)以及各种照明开关等。

1. 按钮

按钮是发送指令的手动电器,用来短时接通或断开小电流的控制电路,再通过继电器、接触器去控制电动机或其他电气设备运行的大电流主电路。其外形、结构和电气符号如图4-1所示。

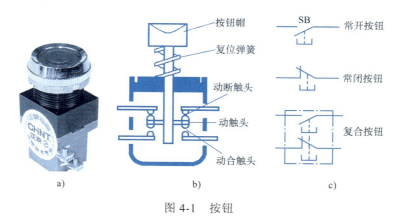

图 4-1　按钮

a)外形　b)结构示意　c)电气图形文字代号

未按下按钮帽时,上面一对静触头被动触头接通,处于闭合状态,称为常闭触头;下面一对静触头处于断开状态,称为常开触头。当用手按下按钮帽时,动触头下移,使常闭触头断开,因此常闭触头也称为动断触头,它可以断开某一控制电路,而常开触头后闭合,因此常开触头又称为动合触头,它的作用是可以接通某一控制电路。当手松开按钮帽时,依靠复位弹簧的作用,动合触头先返回原位,即恢复断开状态;动断触头后返回原位,即恢复闭合状态。设计电路时要注意:动合触头与动断触头的动作有时间差。

在控制电路中，一般把动合（常开）触头的按钮作为起动按钮；把动断（常闭）触头的按钮作为停止按钮。根据需要也可以两者同时使用。

国产 LA 系列按钮额定电压为 500 V，额定电流为 5 A。有的按钮在按钮帽里装有指示灯。选择按钮时，应当根据使用场合和控制要求，确定所得的触头类型、触头数量及颜色。

2. 限位开关

限位开关又称为行程开关，是以位置或行程为信号进行动作的自动电器。

行程开关的结构、工作原理与按钮相似，有一副动合（常开）触头和一副动断（常闭）触头，如图 4-2 所示。当外力压下行程开关推杆时，动断触头先断开，动合触头后闭合。当外力去掉后，推杆和触头在弹簧作用下回到原来位置。

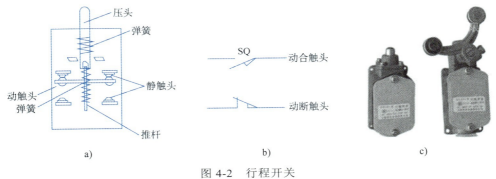

图 4-2　行程开关

a）结构示意图　b）电气符号　c）实物图

3. 转换开关

转换开关又称组合开关，常作为电源开关，也可以直接控制小容量笼型异步电动机的起停或正反转。

三极组合开关如图 4-3 所示。它有六个（三对）静触头和三个动触片。静触头的一端固定在胶木盒内，另一端伸出盒外，以便和电源及用电设备连接。三个动触片装在附有手柄的转轴上，转动手柄，随着转轴的旋转，使动触片与静触头接通或断开。转轴上装有弹簧和凸轮结构，能使开关快速接通或断开。

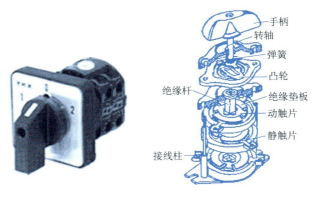

图 4-3　三极组合开关

4.1.2　隔离电器

1. 刀开关

刀开关是低压供配电系统和控制系统中最常用的配电电器，常用于电源隔离，也可用于不频繁地接通和断开小电流配电电路或直接控制小容量电动机的起动和停止，是一种手动操作电器。

（1）刀开关的分类　刀开关的分类如下：

$$
刀开关
\begin{cases}
按结构分 & \begin{cases} 开启式刀开关 \\ 封闭式刀开关 \end{cases} \\
按刀的极数分 & \begin{cases} 单极刀开关 \\ 双极刀开关 \\ 三极刀开关 \end{cases} \\
按合闸方式分 & \begin{cases} 单掷刀开关 \\ 双掷刀开关 \end{cases} \\
按操作方式分 & \begin{cases} 手柄直接操作刀开关 \\ 杠杆—手操作刀开关 \\ 气动操作刀开关 \\ 电动操作刀开关 \end{cases} \\
按接线方式分 & \begin{cases} 板前接线式刀开关 \\ 板后接线式刀开关 \end{cases}
\end{cases}
$$

在电力设备自动控制系统中，通常将刀开关和熔断器合二为一，组成具有一定接通/分断能力和短路分断能力的组合式电器，其短路分断能力由组合电器中的熔断器分断能力决定。刀开关主要用于照明、电热设备电路和功率小于 5.5 kW 异步电动机直接起动的控制电路中，供手动不频繁地接通或断开电路。目前，使用最为广泛的是瓷底胶盖刀开关（开启式负荷开关）和组合开关（转换开关），其结构、符号如图 4-4 所示。

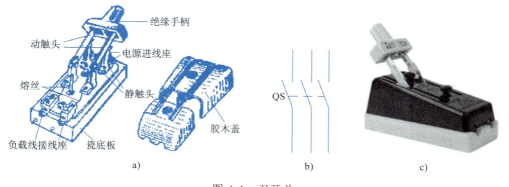

图 4-4　刀开关

a）外形结构　b）电气符号　c）实物图

（2）刀开关的技术参数

1）额定电压：刀开关长期正常工作能承受的最大电压。

2）额定电流：刀开关合闸后允许长期通过的最大工作电流。

3）分断能力：刀开关在额定电压下能可靠分断的最大电流。

4）电动稳定性电流：短路时，刀开关产生电动力的作用不会使其产生变形、损坏或触刀自动弹出的最大短路电流。

5）热稳定性电流：刀开关短路时产生的热效应不会使其因温度升高发生熔焊的最大短路电流。

6）电寿命：刀开关在额定电压下能可靠地分断一定电流的总次数。

HK1 系列开启式刀开关基本技术参数见表 4-1，HZ10 系列转换刀开关基本技术参数见表 4-2。

表 4-1　HK1 系列开启式负荷刀开关基本技术参数

型号	额定电压/V	额定电流/A	极数	极限分析能力/A		可控制电动机最大容量和额定电流		电寿命	
								交流 cosφ	
				接通	分断	容量/kW	额定电流/A	≥0.8	≥0.3
HZ10-10	交流380	6	单极	94	62	3	7	20 000	10 000
		10							
HZ10-25		25	2, 3	155	108	5.5	12		
HZ10-60		60							
HZ10-100		100						10 000	50 000

表 4-2　HZ10 系列转换开关基本技术参数

型号	极数	额定电流/A	额定电压/V	可控制电动机最大容量/kW	配用熔丝规格			
					熔丝成分（%）			熔丝线径/mm
					铂	锡	锑	
HK1-15	2	15	220	1.5	98	1	1	1.45～1.59
30	2	30	220	3.0				2.30～2.52
60	2	60	220	4.5				3.36～4.00
HK1-15	2	15	380	2.2				1.45～1.59
30	2	30	380	4.0				2.30～2.52
60	2	60	380	5.5				3.36～4.00

（3）刀开关的选用　刀开关选用时一般只考虑刀开关的额定电压、额定电流这两项参数，其他参数只有在特殊要求时才考虑。

（4）刀开关的安装要点　安装和使用刀开关时，应注意下面两点：

1）安装时，刀开关在合闸状态下手柄应该向上，不能倒装和平装，以防止刀开关误合闸。

2）电源进线应接在插座静触头上，而用电设备接在刀开关下面熔丝的出线端。当开关断开时，刀开关和熔丝上不带电，以保证装换熔丝时的安全。

2．断路器

低压断路器又称为自动空气断路器，是能自动切断故障电流并兼有控制和保护功能的低压电器。它主要用在交直流低压电网中，既可手动，又可以电动分合电路，且可对电路或用电设备实现过载、短路和欠电压等保护，也可用于电动机的不频繁起动。

（1）低压断路器的分类　低压断路器的分类如下：

$$
低压断路器
\begin{cases}
按结构分
\begin{cases}
框架式（万能式）低压断路器\\
塑料外壳式（装置式）低压断路器
\end{cases}\\
按用途分
\begin{cases}
配电用低压断路器\\
电动机保护用低压断路器\\
照明用低压断路器\\
漏电保护用低压断路器
\end{cases}\\
按分断时间分
\begin{cases}
一般型低压断路器，分段时间 t>30\sim40\ ms\\
快速型低压断路器，分段时间 t>10\sim20\ ms
\end{cases}
\end{cases}
$$

在自动控制系统中，塑料外壳式漏电保护器因其结构紧凑、体积小、重量轻、价格低、安装方便和使用安全等优点，应用极为广泛。常用低压断路器的结构、符号如图 4-5 所示。

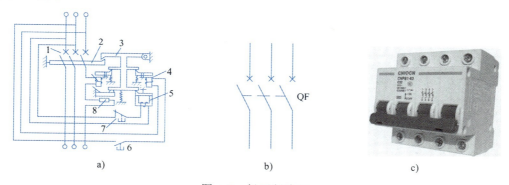

图 4-5　低压断路器

a）结构示意图　b）电气符号　c）实物

1—主触头　2—绝缘跳钩　3—锁扣　4—分励脱扣器　5—失电压、欠电压脱扣器

6，7—脱扣按钮　8—加热电阻丝　9—热脱扣器　10—过电流脱扣器

（2）低压断路器的技术参数

1）额定电压：低压断路器长期正常工作所能承受的最大电压。

2）壳架等级额定电流：每一塑壳或框架中所能装的最大额定电流脱扣器。

3）断路器额定电流：脱扣器允许长期通过的最大电流。

4）分断能力：在规定条件下能够接通和分断的短路电流值。

5）限流能力：对限流式低压断路器和快速断路器要求有较高的限流能力，能将短路电流限制在第一个半波峰值下。

6）动作时间：从电路出现短路的瞬间到主触头开始分离后电弧熄火，电路完全分断所需的时间。

7）使用寿命：包括电寿命和机械寿命，是指在规定的正常负载条件下，低压断路器能可靠操作的总次数。

（3）低压断路器的选用　在电气设备控制系统中，常选用塑料外壳式断路器或漏电保护式断路器；在电力网主干线路中主要选用框架式断路器；在建筑物的配电系统中一般采用漏电保护式断路器。

在考虑具体参数时，主要考虑额定电压、壳架等级额定电流和断路器额定电流这三项参数，其他参数只有在特殊要求时才考虑。

4.1.3　保护开关

1. 熔断器

低压熔断器是低压供配电系统和控制系统中最常用的安全保护电器，主要用于短路保护。应用时，熔断器串联在被保护电路中。熔断器的主体是用低熔点金属丝或金属薄片制成的熔体。在正常情况下，熔体相当于一根导线，当电路短路时，电流很大，熔体因过热而熔化，从而切断电源，起到保护作用。

（1）低压熔断器的分类　低压熔断器的分类如下：

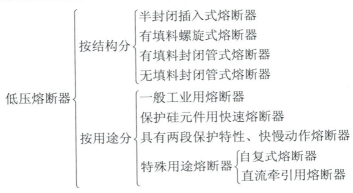

低压熔断器的种类不同，其特性和使用场合也有所不同。常用的熔断器有瓷插式、螺旋式、无填料封闭管式和有填料封闭管式（快速熔断器）等，其结构、符号如图4-6所示。

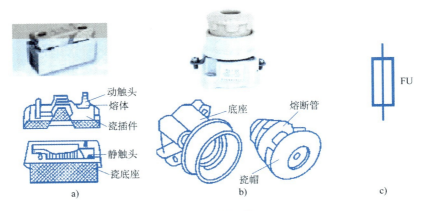

图 4-6　熔断器

a）瓷插式熔断器　b）螺旋式熔断器　c）电气符号

（2）低压熔断器的技术参数

1）额定电压：熔断器长期正常工作能承受的最大电压。

2）额定电流：熔断器（绝缘底座）允许长期通过的电流。

3）熔体的额定电流：熔体长期正常工作而不熔断的电流。

4）极限分断能力：熔断器所能分断的最大短路电流值。

常用低压熔断器基本技术参数见表 4-3。

表 4-3　常用低压熔断器基本技术参数

类别	型号	额定电压/V	额定电流/A	熔体额定电流等级/A
插入式熔断器	RCA-5	交流 380，220	5	2，4，5
	RCA-10		10	2，4，6，10
	RCA-15		15	6，10，15
	RCA-30		30	15，20，25，30
	RCA-60		60	30，40，50，60
	RCA-100		100	60，80，100
螺旋熔断器	RL1-15	交流 500，380，220	15	2，4，6，10，15
	RL1-60		60	20，25，30，35，40，50，60
	RL1-100		100	60，80，100
	RL1-200		200	100，125，150，200
	RL2-25		25	2，4，6，10，15，20，25
	RL2-60		60	25，35，50，60
	RL2-100		100	80，100

（3）低压熔断器的选用　选用低压熔断器时，一般只考虑熔断器的额定电压、额定电流和熔体的额定电流这三项参数，其他参数只有在特殊要求时才考虑。

1）熔断器的额定电压应不小于电路的工作电压。

2）熔断器的额定电流应不小于所装熔体的额定电流。

3）熔体的额定电流。根据低压熔断器保护对象的不同，熔体额定电流的选择方法也有所不同。

① 保护对象是电炉和照明等电阻性负载时，熔体额定电流 I_{RN} 不小于电路的工作电流 I_N，即 $I_{RN} \geqslant I_N$。

② 保护对象是电动机时，因电动机的起动电流很大，熔体的额定电流应保证熔断器不会因电动机起动而熔断，只用作短路保护而不能作过载保护。

对于单台电动机，熔体的额定电流应不小于电动机额定电流 I_N 的 1.5～2.5 倍，即

$$I_{RN} \geqslant （1.5～2.5）I_N \tag{4-1}$$

对于多台电动机，熔体的额定电流应不小于最大一台额定电流 I_{Nmax} 的 1.5～2.5 倍，加上同时使用的其他电动机额定电流之和 $\sum I_N$，即

$$I_{RN} \geqslant （1.5～2.5）I_{Nmax} + \sum I_N \tag{4-2}$$

③ 保护对象是配电电路时，为防止熔断器越级动作而扩大停电范围，后一级熔体的额定电流比前一级熔体的额定电流至少要大一个等级；同时，必须校核熔断器极限分断能力。

（4）熔断器的安装要点

1）拔下熔断器瓷插盖，将瓷插式熔断器垂直固定在配电板上。

2）用单股导线与熔断器座上的接线端子（静触头）相连。

3）安装熔体时，必须保证接触良好，不允许有机械损伤。若熔体为熔丝时，应预留安装长度，固定熔丝的螺钉应加平垫圈，将熔丝两端延压紧螺钉顺时针方向绕一圈。

4）螺旋式熔断器的电源进线应接在下接线端子上，负载出线应接在上接线端子上。

2．热继电器

热继电器是利用电流的热效应来推动机构使触点闭合或断开的保护电器。它主要用于电动机的过载保护、断相保护、电流的不平衡运行保护及其他电气设备发热状态的控制。它的热元件串联在电动机或其他用电设备的主电路中，常闭触点串联在被保护的二次电路中。一旦电路过载，有较大电流通过热元件，热元件变形弯曲，使扣板在弹簧拉力作用下带动绝缘导板和推动杆，分断接入控制电路中的常闭触点，切断主电路电源，起过载保护作用。

（1）热继电器的分类　热继电器的分类如下：

$$
热继电器
\begin{cases}
按动作原理分
\begin{cases}
双金属片式热继电器 \\
易熔合金式热继电器 \\
热敏电阻式热继电器
\end{cases} \\
按结构分
\begin{cases}
两相热继电器 \\
三相热继电器
\begin{cases}
带断相保护继电器 \\
不带断相保护继电器
\end{cases}
\end{cases}
\end{cases}
$$

常用的双金属片式热继电器的结构、外形及符号如图 4-7 所示。

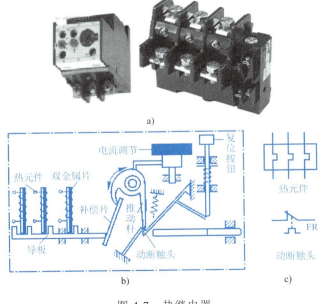

图 4-7　热继电器

a）实物　b）内部结构　c）电气符号

（2）热继电器的基本技术参数

1）触点额定电流：热继电器触点长期正常工作所能承受的最大电流。

2）热元件额定电流：热元件允许长期通过的最大电流。

3）整定电流调节范围：长期通过热元件而热继电器不动作的电流范围。

热继电器的基本技术参数见表 4-4。

表 4-4　常用热继电器基本技术参数表　　　　　　　（单位：A）

型号	额定电流	热元件等级	
		额定电流	额定电流调节范围
JB0-20/3 JB0-20/3D JR16B-20/3 JR16B-20/3D	20	0.35	0.25～0.35
		0.50	0.32～0.50
		0.72	0.45～0.72
		1.10	0.68～1.10
		1.60	1.00～1.60
		2.40	1.50～2.40
		3.50	2.20～3.50
		5.00	3.20～5.00
		7.20	4.50～7.20
		11.00	6.80～11.00
		16.00	10.0～16.0
		22.00	14.0～22.0
JB0-40/3 JB16-40/3D	40	0.64	0.40～0.64
		1.00	0.64～1.00
		1.60	1.00～1.60
		2.50	1.60～2.50
		4.00	2.50～4.00
		6.40	4.00～6.40
		10.00	6.40～10.00
		16.00	10.0～16.0
		25.00	16.0～25.0
		40.00	25.0～40.0

（3）热继电器的选用

1）热继电器类型的选择。当热继电器所保护的电动机绕组是星形联结时，可选用两相结构或三相结构的热继电器；如果电动机绕组是三角形联结时，必须采用三相结构带断相保护的热继电器。

2）热继电器整定电流的选择。热继电器整定电流值一般取电动机额定电流的 1～1.1 倍。

（4）热继电器的安装要点

1）热继电器的安装方向必须与产品说明书中规定的方向相同，误差不应超过 5°。当它与其他电器安装在一起时，应注意将其安装在其他发热电器的下方，以免其动作特性受到其他电器发热的影响。

2）热继电器的整定电流必须按电动机的额定电流进行调整，绝对不允许弯折双金属片。

3）热继电器应置于手动复位的位置上，若需要自动复位时，可将复位调节螺钉以顺时针方向向里旋紧。

4）热继电器进、出线端的连接导线应按电动机的额定电流正确选用，尽量采用铜导线，并正确选择导线截面积。

5）热继电器由于电动机过载后动作，若要再次起动电动机，必须待热元件冷却后，才能使热继电器复位。一般自动复位需要 5 min，手动复位需要 2 min。

4.1.4　控制电器

1．交流接触器

接触器是电力拖动与自动控制系统中一种重要的低压电器。它利用电磁力的吸合与反向弹簧力作用使触点闭合或分断，从而使电路接通或断开，是一种自动的电磁式开关。接触器有欠电压保护及失电压保护功能，控制容量大，可用于频繁操作和远距离控制。

（1）接触器的分类　接触器的分类如下：

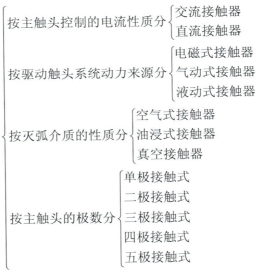

在工厂电气设备自动控制中，使用最为广泛的接触器是电磁式交流接触器。交流接触器的代号为 KM，其结构和实物如图 4-8 所示，图形符号如图 4-9 所示。

（2）接触器的技术参数

1）额定电压：接触器主触头长期正常工作所能承受的最大电压。

2）线圈额定电压：线圈长期正常工作所能承受的最大电压。

3）额定电流：接触器主触头在额定工作条件下允许长期通过的最大电流。

4）通断能力：接触器在规定条件下能通断的最大电流。

5）额定频率：接触器线圈的工作电源频率。

交流接触器的基本技术参数见表 4-5。

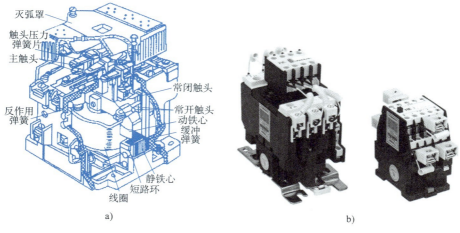

图 4-8　交流接触器的结构和实物

a）结　构　b）实　物

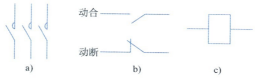

图 4-9　系列交流接触器的图形符号

a）主触头　b）辅助触头　c）线圈

表 4-5　常用交流接触器基本技术参数

型号	主触头			辅助触头			线圈		可控制三相异步电动机的最大功率/kW		额定操作频率/（次/h）
	对数	额定电流/A	额定电压/V	对数	额定电流/A	额定电压/V	电压/V	功率/（V·A）	220V	380V	
CJ0-10	3	10	380	2 常开 2 常闭	5	380	36，110，127，220，380，440	14	2.5	4	≤600
CJ0-20	3	20						33	5.5	10	
CJ0-40	3	40						33	11	20	
CJ0-75	3	75						55	22	40	
CJ10-10	3	10						11	2.2	4	
CJ0-20	3	20						22	5.5	10	
CJ0-40	3	40						32	11	20	
CJ0-60	3	60						70	17	30	

（3）接触器的选用

1）类型的选择。根据所控制的电动机或负载类型来选择接触器类型：交流负载选用交流接触器；直流负载选用直流接触器。

2）主触头的额定电压和额定电流的选择。接触器主触头的额定电压应不小于负载电路的工作电压；主触头的额定电流应不小于负载电路的额定电流，也可根据经验公式计算。

3）线圈电压的选择。交流线圈电压有 36 V、110 V、127 V、220 V 和 380 V 等；直流线圈电压有 24 V、48 V、110 V 和 440 V 等。从安全角度考虑，线圈电压可选择低一些；当控制线路简单、线圈功率较小时，为节省变压器，可选 220 V 或 380 V。

4）触头数量及触头类型的选择。接触器的触头数量应满足控制支路数的要求，触头类型应满足被控制线路的功能要求。

（4）接触器的安装要点

1）安装时，其底面应与地面垂直，倾斜度应小于 5°，否则会影响接触器的工作特性。

2）接线时，不要使螺钉、垫圈和接线头等零件脱落，以免掉进接触器内部而造成卡壳或短路故障。

3）对有灭弧室的接触器，应先将灭弧罩拆下，待安装固定好后再将灭弧罩装上。

4）接触器触头表面应经常保持清洁，不允许涂油。当触头表面因电弧作用形成金属小珠时，应及时铲除，银合金表面产生的氧化膜由于接触电阻很小，不必铲除，否则会缩短触头寿命。

2. 继电器

继电器是一种根据外界电气量（电压、电流等）或非电气量（热、时间、转速和压力等）的变化来接通或断开控制电路的自动电器，主要用于控制、线路保护或信号转换。

（1）继电器的分类　继电器的分类如下：

（2）中间继电器　中间继电器是将一个输入信号变换成一个或多个输出信号的继电器。其输入信号为通电和断电，输出信号是触点动作，并可将信号分别同时传给几个元件或回路。

中间继电器的结构和工作原理与接触器基本相同，所不同的是中间继电器触点数量较多，并且无主　辅触点之分，各触点允许通过的电流大小也相同，额定电流约为5 A。中间继电器的外形结构及符号如图 4-10 所示。

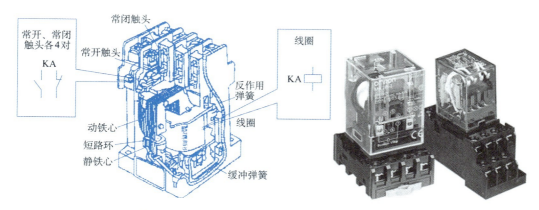

图 4-10　中间继电器的外形结构、符号及实物图

JZ 系列中间继电器的基本技术参数见表 4-6。

表 4-6　**JZ 系列中间继电器的基本技术参数**

型号	触点参数						操作频率/（次/h）	线圈消耗功率/W	线圈电压/V
	开	闭	电压/V	电流/A	分断电流/A	闭合电流/A			
JZ7-44	4	4	380	5	2.5	13	1200	12	12，24，36，48，110，127，220，380，420，440，500
JZ7-62	6	2	220		3.5	13			
JZ7-80	8		127		4	20			

1）中间继电器的选用。中间继电器选用的一般原则是：根据被控制电路的电压等级以及所需触点的数量、种类和容量等要求来选择。

2）中间继电路的安装要点。中间继电器的安装与接触器相似。使用时，由于没有主、辅触点之分，其触点容量较小，与接触器的辅助触点容量相似，故用于控制电路。

（3）时间继电器　时间继电器是指从得到输入信号（线圈的通电或断电）起，需经过一段时间的延时后才输出信号（触点的闭合或分断）的继电器。

时间继电器用于接收电信号至触点动作需要延时的场合。在机床电气自动控制系统中，作为实现按时间原则控制的元件或机床机构动作的控制元件。

1）时间继电器的分类。

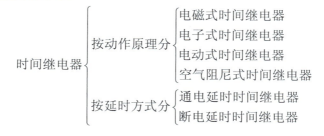

时间继电器的种类较多，常用的有空气阻尼式、电动式及电子式时间继电器等。

空气阻尼式时间继电器是应用较广泛的时间继电器，其结构、外形及符号如图 4-11 所示。

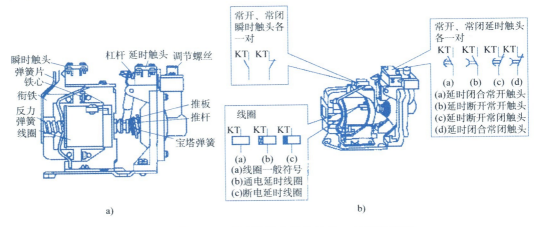

图 4-11   空气阻尼式时间继电器的结构、外形及符号

a）结构   b）电气符号

空气阻尼式时间继电器的特点是：延时准确度低，受周围环境影响较大，但延时时间长，价格低廉，整定方便，常用于延时准确度要求不高的场合。

电子式时间继电器与电动式时间继电器的外形结构如图 4-12 所示。

图 4-12   电子式时间继电器与电动式时间继电器的外形

a）电子式继电器   b）电动式时间继电器

电子式时间继电器的体积小，延时范围大，准确度高，寿命长，调节方便，主要应用于自动控制系统。

电动式时间继电器的延时时间不受电源电压波动及环境温度变化的影响，调整方便，重复准确度高，延时范围大。但其结构复杂，寿命短，受电源频率影响较大，不适合频繁操作。

2）时间继电器的基本技术参数。JS7 系列空气阻尼时间继电器的基本技术参数见表 4-7。

3）时间继电器的选用。时间继电器在选用时主要考虑延时方式和线圈电压。

表 4-7　**JS27 系列空气阻尼式时间继电器的基本技术参数**

型号	瞬时动作触头数量		延时动作触头数量				触头额定电压/V	触头额定电流/A	线圈电压/V	延时线圈/s	额定工作频率/（次/h）
			通电延时		断电延时						
	开	闭	开	闭	开	闭					
JS7-1A	—	—	1	1	—	—	380	5	24，36，110，127，220，380	0.4～60及 0.4～180	600
JS7-2A	1	1	1	1	—	—					
JS7-3A	—	—	—	—	1	1					
JS7-4A	1	1	—	—	1	1					

① 时间继电器延时方式的选择。时间继电器有通电延时型和断电延时型两种，应根据控制线路的要求选择延时方式。

② 时间继电路线圈电压的选择。根据控制线路的要求选择时间继电器的线圈电压。

4）时间继电器的安装。

① 时间继电器的安装方向必须与产品说明中规定的方向相同，误差不应超过 5°。

② 通电延时和断电延时的时间应在整定时间范围内，按需要进行调整，如图 4-13 所示。

（4）其他继电器

1）速度继电器。速度继电器又称为反接制动继电器。它是以旋转速度的快慢为指令信号，通过触点的分合传递给接触器，从而实现对电动机反接制动控制。

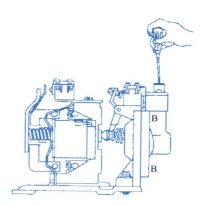

图 4-13　时间继电器的调整

速度继电器常用在铣床和镗床的开关电路中。转速在 120 r/min 以上时，速度继电器就能动作并完成开关功能。当降到 120 r/min 以下时触点复位。实物如图 4-14 所示。

2）电流继电器。电流继电器是根据线圈电流的大小接通或断开电路的继电器。它串联在电路中，作过电流或欠电流保护。线圈电流高于整定值而动作的继电器称为过电流继电器，线圈电流低于整定值而动作的继电器称为欠电流继电器。实物如图 4-15 所示。

图 4-14　速度继电器

图 4-15　电流继电器

4.2 变压器

4.2.1 变压器的基本结构与分类

1. 变压器的基本结构

变压器主要由铁心和绕组两大部分组成，如图 4-16 所示。

（1）铁心　铁心是变压器磁路的主体，它分为铁心柱和铁轭两部分。铁心柱上套装绕组，铁轭的作用是使磁路闭合。

1）铁心材料。铁心通常采用含硅量约为 5%、厚度为 0.35 mm 或 0.5 mm 且两面涂有绝缘漆或氧化处理的硅钢片叠装而成。硅钢片是软磁材料中应用最为广泛的一种，它是用电工硅钢轧制而成的。这类材料在较低的外磁场作用下就能产生较高的磁感应强度，并且随着外磁场的增大，磁感应强度会很快达到饱和。当外磁场去掉后，材料的磁性又能基本消失，剩磁很小。由于硅的加入，使硅钢片的电阻率大大提高，降低了涡流损耗。但是，硅钢片的硬度很高，因此加工起来比较困难。

2）铁心结构。按照绕组套入铁心柱的形式，可以分为心式铁心结构和壳式铁心结构两种，如图 4-16 所示。

心式变压器的一次、二次绕组套装在铁心的两个铁心柱上，结构比较简单，有较多的空间装设绝缘，装配较容易，且用铁量较少，适用于容量大、电压高的变压器，电力变压器多采用心式结构。

壳式变压器的铁心包围着上下和侧面，它的机械强度较好，铁心容易散热，但是用铁量较多，制造较为复杂，小型干式变压器多采用结构壳式。

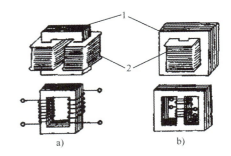

图 4-16　心式和壳式变压器

a）心式　b）壳式

1—铁心　2—绕组

3）铁心的叠片形式。大、中型变压器的铁心一般都将硅钢片裁成条状，采用交错叠片的方式叠装而成，使各层磁路的接缝互相错开，这种方法可以减小气隙和磁阻，如图 4-17 所示。小型变压器为了简化工艺和减少气隙，常采用口形、E 形、F 形和 C 形冲片交替叠装而成，也有采用新型加工工艺制成的 C 形、O 形铁心，如图 4-18 所示。

（2）绕组　绕组是变压器的电路部分，作为电流的载体，它可以产生磁通和感应电动势。绕组常用绝缘铜线或者铝线绕制而成，有时也可用扁铜线或铝箔绕制。接电源的绕组称为一次绕组，接负载的绕组称为二次绕组。按照绕组在铁心柱上套装的方式不同，有同心式和交叠式两种。

1）同心式绕组。同心式绕组是将高、低压绕组同心地套在铁心柱上。为了便于绕组和铁心绝缘，将低压绕组靠近套装在铁心上，高压绕组套装在低压绕组的外面，如图 4-19 所示。同心式绕组具有结构简单、制造方便的特点，国产变压器多采用这种结构。

2）交叠式绕组。交叠式绕组是将高、低压绕组绕成饼状，沿着铁心柱的高度方向交替放置，有利于绕线和铁心的绝缘，在最上层和最下层放置低压绕组，如图 4-20 所示。交叠式绕组大多用于壳式、干式变压器和大型电炉变压器中。

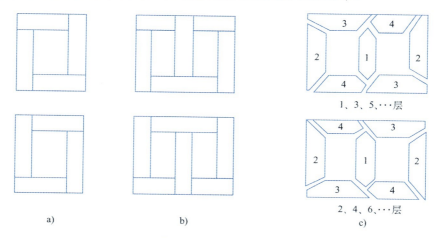

图 4-17　铁心叠片形状

a）单相铁心叠片　b）三相直缝铁心叠片　c）三相斜缝铁心叠片

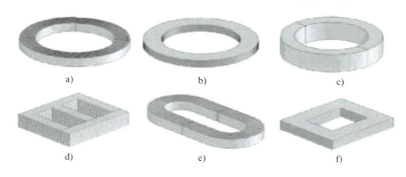

图 4-18　铁心的不同形状

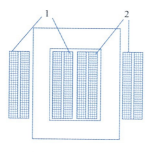

图 4-19　同心绕组

1—高压绕组　2—低压绕组

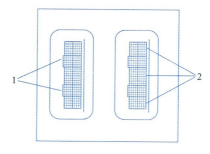

图 4-20　交叠式绕组

1—高压绕组　2—低压绕组

2. 变压器的主要附件

电力变压器的附件主要有油箱、储油柜、分接开关、安全气道、气体继电器和绝缘套筒等，用来保护变压器的安全和可靠运行。

（1）油箱　油浸式变压器的外壳就是油箱，油箱里装满了变压器油，它既是绝缘介质，又是冷却介质，要求具有高的介质强度、较低的黏度、高的发火点和低的凝固点，不含酸、碱、硫、灰尘和水分等杂质。油箱可以保护变压器铁心和绕组不受外力作用和潮湿的侵蚀，并通过油的对流作用，将铁心和绕组产生的热量散发到周围的空气中去。

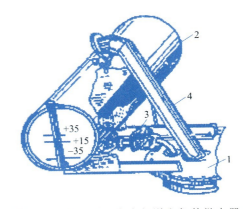

图 4-21   储油柜、安全气道和气体继电器
1—油箱 2—储油柜 3—气体继电器 4—安全气道

（2）储油柜   储油柜也称为油枕，如图 4-21 所示。它是一个圆筒形容器，装在油箱上，通过管道与油箱相连，使油刚好充满到储油柜的一半。油面的升降被限制在储油柜中，可以从侧面的油表中看到油面的高低。当油因热胀冷缩而引起油面变化时，油枕中的油面就会随之升降，从而保证油箱不会被挤破或油面下降使空气进入油箱。

（3）分接开关   变压器的输出电压可能会因输入电压的高低和负载电流的大小及性质而变动，可以通过分接开关来控制输出电压在允许范围内变动。分接开关一般装在一次侧，如图 4-22 所示。

利用开关 S 与不同分接头连接，就可以改变一次绕组的匝数，从而达到调节电压的目的。调节范围一般是额定输出电压的 ±5% 左右。分接开关分为无励磁调压和有载调压两种类型。无励磁调压在进行调压前要断开变压器的一、二次电源。有载调压是指变压器的二次侧接着负载时调压。有载调压不用停电调压，对变压器有利。

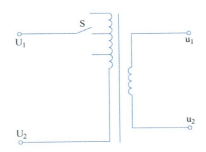

图 4-22   绕组的分接开关

（4）安全气道   安全气道也称为防爆管，装在油箱顶盖上，它是一个长钢筒，出口处有一块厚度约为 2 mm 的密封玻璃板或酚醛纸板（防爆膜）。当变压器内部发生严重故障而产生大量气体，内部压力超过 50 kPa 时，油和气体会冲破防爆膜向外喷出，从而避免油箱内受强大的向外压力而爆裂。

图 4-23   气体继电器

（5）气体继电器   气体继电器是变压器的主要保护装置，安装在变压器油箱和储油柜之间的连接管上，如图 4-23 所示。它的内部有一个带有水银开关的浮筒和一块能带动水银开关的挡板。当变压器内部发生故障时，产生的气体聚集在气体继电器上部，使油面降低、浮筒下沉，接通水银开关，发出报警信号；当变压器内部发生严重故障时，油流会冲破挡板，挡板偏转时带动一套机构使另一个水银开关接通，发出信号并跳闸，与电网断开，起到保护作用。

（6）绝缘套筒   绝缘套筒由瓷套和导电杆组成。它可以使高、低压绕组的引出线与变压器箱体绝缘。它的结构主要取决于电压等级和使用条件。当电压不大于 1 kV 时，采用实心瓷套管；电压在 10～35 kV 时，采用充气式或充油式套管；电压不小于 110 kV 时，采用电容式套管。为了增加表面放电距离，套管外形做成多级伞状，如图 4-24 所示。

3．变压器的分类

变压器种类很多，按不同的分类方法可以分为以下类别：

（1）按相数不同分为单相、三相和多相变压器。

（2）按绕组结构不同分为双绕组、三绕组、多绕组和自耦变压器。

（3）按铁心结构不同分为心式变压器和壳式变压器。

（4）按冷却方式不同分为干式变压器、油浸自冷变压器、油浸风冷变压器、强迫油循环冷却变压器和充气式变压器等。

图 4-24　绝缘套筒

（5）按调压方式不同分为无励磁调压变压器和有载调压变压器。

（6）按用途不同分为电力变压器（升压变压器、降压变压器、配电变压器和企业变压器等）、特种变压器（电炉变压器、整流变压器和电焊变压器等）、仪用变压器（电压互感器、电流互感器）以及实验用的高压变压器和调压变压器等。

（7）按变压器的容量不同分为小型变压器（容量为 630 kV·A 及以下）、中型变压器（容量为 800～6 300 kV·A）、大型变压器（容量为 8～63 MV·A）和特大型变压器（容量为 900 MV·A 及以上）。

（8）按交流电频率不同分为工频变压器、中频变压器和高频变压器（脉冲变压器）。

4.2.2　单相变压器

单相变压器的一次绕组和二次绕组均为单相绕组。单相变压器结构简单，体积小，损耗低（主要是铁损小），适宜在负载密度较小的低压配电网中应用。

1．单相变压器的工作原理

如图 4-25 所示，将变压器一次侧接在交流电源 u_1 上，二次侧开路，这种运行状态称为空载运行。此时二次侧绕组中的电流 $i_2=0$，u_{20} 为开路电压，一次绕组通过的电流为空载电流 i_{10}，电压和电流的参考方向如图所示。N_1 为一次绕组的匝数，N_2 为二次绕组的匝数。

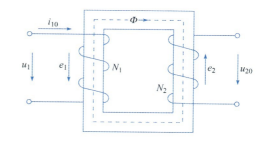

图 4-25　变压器的空载运行

二次侧开路时，通过一次侧的空载电流 i_{10} 就是励磁电流。磁动势 $i_{10}N_1$ 在铁心中产生的主磁通 Φ 既穿过一次绕组，也穿过二次绕组，在一、二次绕组中分别感应出电动势 e_1 和 e_2。e_1、e_2 与 Φ 的参考方向之间符合右手螺旋定则，由法拉第电磁感应定律可得

$$e_1 = -N_1 \frac{\mathrm{d}\Phi}{\mathrm{d}t} \tag{4-3}$$

$$e_2 = -N_2 \frac{\mathrm{d}\Phi}{\mathrm{d}t} \tag{4-4}$$

e_1 和 e_2 的有效值分别为

$$E_1 \approx 4.44 f N_1 \Phi_{\mathrm{m}} \tag{4-5}$$

$$E_2 \approx 4.44 f N_2 \Phi_{\mathrm{m}} \tag{4-6}$$

式中，f 为交流电源的频率；Φ_{m} 为主磁通的最大值。

忽略漏磁通的影响并且不考虑绕组上电阻的压降，可认为一、二次绕组上电动势的有效值近似等于一、二次绕组上电压的有效值，即

$$\frac{U_1}{U_{20}} \approx \frac{E_1}{E_2} = \frac{4.44 f N_1 \Phi_{\mathrm{m}}}{4.44 f N_2 \Phi_{\mathrm{m}}} = \frac{N_1}{N_2} = K \tag{4-7}$$

因此

$$U_1 \approx E_1 \tag{4-8}$$

$$U_2 \approx E_2 \tag{4-9}$$

由式（4-7）可见，变压器空载运行时，一、二次绕组上电压的比值等于两者的匝数之比，K 称为变压器的电压比。若改变变压器一、二次绕组的匝数，就能够将某一数值的交流电压变为同频率的另一数值的交流电压，即

$$U_{20} = \frac{N_2}{N_1} U_1 = \frac{1}{K} U_1 \tag{4-10}$$

当一次绕组的匝数 N_1 比二次绕组的匝数 N_2 多，即 $K>1$ 时，这种变压器为降压变压器；反之，当 $N_1<N_2$，即 $K<1$ 时，为升压变压器。

2．单相变压器同名端极性判别

变压器绕组的极性指的是变压器一、二次绕组的感应电动势之间的相位关系。如图 4-26 所示，1、2 为一次绕组，3、4 为二次绕组，它们的绕向相同，在同一交变磁通的作用下，两绕组中同时产生感应电动势，在任何时刻两绕组同时具有相同电动势极性的两个断头为同名端。1、3 为同名端，2、4 为同名端。

单相变压器同名端的判断方法较多，这里主要介绍以下三种：

（1）交流电压法　如图 4-27 所示，在一次侧加适当的交流电压，分别用电压表测出一、二次的电压 U_1、U_2，以及 1、3 之间的电压 U_3。如果 $U_3 = U_1 + U_2$，则 1、4 为同名端，2、3 也是同名端。如果 $U_3 = U_1 - U_2$，则 2、4 为同名端，1、3 也是同名端。

（2）直流法（又叫干电池法）　用电池和万用表等接成如图 4-28 所示的检测电路。将万用表档位放在直流电压低档位（如 5 V 以下）或者直流电流的低档位（如 5 mA），接通 SB 的瞬间，表针正向偏转，则万用表的正极、电池的正极所接的绕组端为同名端；如果表针反向偏转，则万用表的正极、电池的负极所接的为同名端。注意断开 SB 时，表针会摆向另一方向，SB 不可长时接通。

（3）测电笔法　如图 4-29 所示，为了提高感应

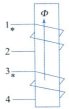

图 4-26　变压器一、二次绕组

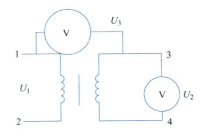

图 4-27　交流电压法

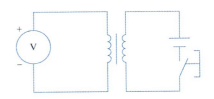

图 4-28　直流法测变压器同名端

电动势，使氖管发光，可将电池接在匝数较少
的绕组上，测电笔接在匝数较多的绕组上，按
下按钮突然松开，在匝数较多的绕组中会产生
非常高的感应电动势，使氖管发光。发光的一
端为感应电动势的负极，此时，与电池正极相
连以及与氖管发光端相连的为同名端。

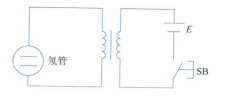

图 4-29　测电笔法测同名端

4.2.3　三相变压器

1. 三相变压器的工作原理

变压器的基本工作原理与单相变压器相
同。在三相变压器中，每一芯柱均绕有一次绕
组和二次绕组，相当于一只单相变压器。三相
变压器高压绕组的始端常用 A、B、C 表示，末
端用 X、Y、Z 来表示；低压绕组则用 a、b、c
和 x、y、z 来表示，如图 4-30 所示。高、低压
绕组分别可以采用星形或三角形联结，在输出
为低电压、大电流的三相变压器中（如电镀变
压器），为了减少低压绕组的导线面积，低压绕
组亦可以采用六相星形或六相反星形联结。

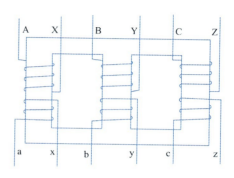

图 4-30　三相变压器接线

我国生产的电力配电变压器均采用 Yyn0 或 YNd11 两种标准联结，数字 12 和 11
表示一次绕组和二次绕组线电压的相位差，也就是所谓变压器的结线组别，单相变压
器一般不考虑联结问题，然而，在变压器的并联运行中，结线问题却具有重要意义。

2. 三相变压器的极性和组别

（1）一、二次绕组的绕向相反　如图 4-31 所示，一次绕组首末端分别为 A、B、C
和 X、Y、Z，Y 形联结。二次绕组首末端分别为 a、b、c 和 x、y、z，Yn 形联结且有
零线，其联结组别呈 6 点钟接线。一、二次侧的线电压相位差为 180°。

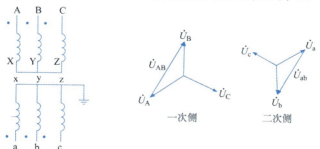

图 4-31　Yyn6 组别

（2）一、二次绕组的绕向相同　如图 4-32 所示，一次绕组首末端分别为 A、B、C
和 X、Y、Z，Y 形联结，二次绕组首末端分别为 a、b、c 和 x、y、z，Yn 形联结且有
零线，其联结组别呈 12 点钟接线。

如图 4-33 所示，一次绕组 Y 形联结，二次绕组△形联结，其联结组别呈 11 点钟
或 1 点钟接线。

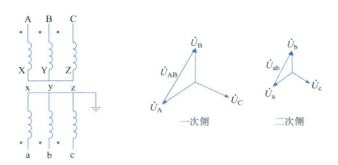

图 4-32 Yyn0 组别

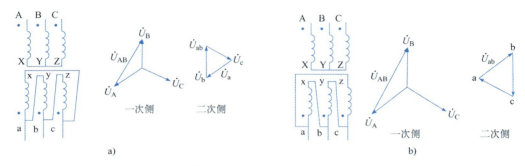

图 4-33 Yd11 或 Yd1 组别

a）Yd11 b）Yd1

其他联结组别可查阅相关电工手册。一般大容量变压器通常采用 **Yd** 或 **YNd** 联结，小容量变压器一般采用 **Yyn** 联结，可输出两种不同的电压，供负载选用。

3. 变压器的外特性及损耗

对于负载来说，变压器相当于一个电源；而对于电源来说，人们关心的是其输出电压与负载电流大小的关系，也就是变压器的外特性。为了满足不同负载的需要，对变压器的输出电压进行适当的调整，可以提高供电的质量。

（1）变压器的外特性　当变压器一次侧输入额定电压和二次侧负载功率因数一定时，二次输出电压与输出电流的关系称为变压器的外特性，也称为输出特性。根据实验方法画出了几条不同功率因数的外特性曲线，如图 4-34 所示。当一次绕组加额定电压 U_{1N} 且 $I_2=0$ 时，二次绕组端电压 $U_{20}=U_{2N}$，即变压器二次绕组空载电压 U_{20} 为二次绕组的额定电压。

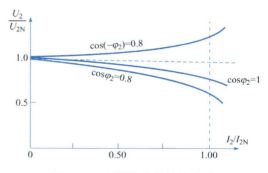

图 4-34 变压器的外特性曲线

1）当负载为纯电阻时，$\cos\varphi_2=1$，随着负载电流 I_2 的增大，变压器二次绕组的输出电压逐渐降低，即变压器输出电压具有微微下降的外特性。

2）当负载为纯电感时，$\cos\varphi_2<1$，随着负载电流 I_2 的增大，变压器二次绕组的输出电压降低较快。因为无功电流滞后，对变压器磁路中主磁通的去磁作用较强，二次

绕组的 E_2 下降所致。

3）当负载为纯电容时，$\cos\varphi_2<1$，φ_2 为负值，超前的无功电流有助磁作用，主磁通会增加一些，E_2 也随之增加，使得 U_2 会随着 I_2 的增加而增加。

可见，功率因数对变压器的外特性影响明显，负载的功率因数确定以后，变压器的外特性就随之确定。

（2）变压器的电压调整率　　一般情况下，负载都是感性的，所以变压器输出电压随着输出电流的增加而有所下降。当负载变化时，二次绕组输出电压的变化程度可以用电压调整率 ΔU 来表示。变压器从空载到额定负载运行时，二次绕组输出电压的变化量 ΔU 与空载额定电压 U_{2N} 的百分比，称为变压器的电压调整率，用 $\Delta U\%$ 表示，即

$$\Delta U = \frac{U_{2N}-U_2}{U_{2N}}\times 100\% = \frac{\Delta U}{U_{2N}}\times 100\% \tag{4-11}$$

式中，U_{2N} 为变压器二次输出额定电压（二次空载电压 U_{20}）；U_2 为变压器二次额定电流时的输出电压。

电压调整率是变压器的主要性能指标之一，在一定程度上反映了供电的质量。对于电力变压器，由于一、二次绕组的电阻和漏抗都很小，在额定负载时，电压调整率为 $4\%\sim 6\%$。当负载功率因数 $\cos\varphi_2$ 下降时，电压调整率明显会增大。因此，提高功率因数可以减小电网电压的波动。

（3）变压器的损耗和效率　　变压器在传输交流电能的过程中，存在着两种基本的损耗：铁损耗 P_{Fe} 和铜损耗 P_{Cu}。

1）铁损耗 P_{Fe}。当变压器铁心中的磁通交变时，在铁心中要产生磁滞损耗和涡流损耗，统称为铁损耗。变压器空载时，绕组电阻上的能量损耗很小，变压器的空载损耗基本上等于变压器的铁损耗。当电源电压不变时，铁损耗基本恒定，可以看作一个常数，它是一个与负载电流大小和性质无关的常数。

2）铜损耗 P_{Cu}。变压器一、二次绕组都有一定的电阻，当电流流过绕组时，就会产生热量并消耗电能，即为铜损耗。通过短路实验可知，额定负载时铜损耗近似等于短路损耗，即 $P_{CuN}\approx P_k$。

若变压器没有满载运行，设负载系数 $\beta = I_2/I_{2N}$，则此时铜损耗为

$$P_{Cu} = \left(\frac{I_2}{I_{2N}}\right)^2 P_{CuN} \approx \beta^2 P_k \tag{4-12}$$

因为铜损耗 P_{Cu} 随着负载电流 I_2 的变化而变化，所以也称铜损耗为可变损耗。

3）变压器的效率。

① 变压器的效率和实用公式。变压器输入有功功率 P_1 与输出有功功率 P_2 的差值就是变压器本身的功率损耗。将变压器的输出功率 P_2 与输入功率 P_1 的比值定义为变压器的效率，用符号 η 表示。计算公式为

$$\eta = \frac{P_2}{P_1}\times 100\% \tag{4-13}$$

变压器的效率高低反映了变压器运行的经济性，是运行性能的重要指标。变压器是一种静止的电气设备，在能量传输过程中没有机械损耗，所以它的效率都很高。一

般中小型变压器的效率可达 95%～98%，大型变压器的效率可达 99%以上。

因为

$$\Delta P = P_1 - P_2 \tag{4-14}$$

所以根据下面的经验公式就可以求得单相变压器的效率，即

$$\eta = \frac{P_2}{P_2 + \Delta P} = \frac{\beta S_N \cos\varphi_2}{\beta S_N \cos\varphi_2 + P_{Fe} + \beta^2 P_{CuN}} \tag{4-15}$$

其中，变压器容量为

$$S_N = U_{2N} I_{2N} \tag{4-16}$$

负载系数为

$$\beta = U_{2N} I_{2N} \tag{4-17}$$

② 变压器的效率特性曲线。对于一台实际的变压器，铜损耗 P_{Cu} 和铁损耗 P_{Fe} 是一定的，它们均可由实验的方法测得。当负载的功率因数一定时，效率 η 只与负载因数 β 有关。

从特性曲线可以看出，变压器的效率有一个最大值，用数学分析方法可证明：变压器的两种损耗相等时，变压器的效率最高。因此得到变压器效率最高时的条件为

$$P_{Cu} = P_{Fe} = \beta_m^2 P_{CuN} \tag{4-18}$$

即

$$\beta_m = \sqrt{\frac{P_{Fe}}{P_{CuN}}} \tag{4-19}$$

将式（4-18）代入（4-17）便得到变压器的最大效率表达式为

$$\eta_m = \frac{\beta_m S_N \cos\varphi_2}{\beta_m S_N \cos\varphi_2 + 2P_0} = \left(1 - \frac{2P_0}{\beta_m S_N \cos\varphi_2 + 2P_0}\right) \times 100\% \tag{4-20}$$

由效率曲线可知，当 $\beta < \beta_m$ 时，变压器效率较低，因为铁损耗不随负载大小而变化，输出功率较小时，铁损耗占的比例比较大；当 $\beta > \beta_m$ 时，变压器的铜损耗增加较快，输出功率较大时，铜损耗占的比例增大，效率反而又降低了。所以，变压器在较小负载下运行才能够保证变压器有较高的效率输出。

4. 小型变压器的设计与制作

实际应用中，经常要用到各类小功率电源变压器，购买市售产品往往参数满足不了要求，这就需要根据实际情况自己动手，设计绕制。因此，掌握小型变压器的设计及绕制技术是一项基本技能。

（1）小型变压器的设计方法

1）变压器设计的内容及方法。变压器的设计，要解决以下几个问题：

① 确定变压器的功率；

② 确定变压器铁心截面积、选用型号及规定尺寸；

③ 确定绕组的每伏匝数；

④ 确定各绕组匝数及导线直径。

2）小型变压器功率的确定。变压器总输出功率为二次侧各绕组输出功率之和。对于图 4-35 所示变压器绕组，有

$$P_2 = U_{21} I_{21} + U_{22} I_{22} + \cdots + U_{2n} I_{2n} \tag{4-21}$$

而变压器的输入功率 P_1 略大于输出功率 P_2，即

$$P_1 = \frac{P_2}{\eta} \qquad (4\text{-}22)$$

式中，η 为变压器效率，小功率变压器一般取为 $0.8\sim0.9$。

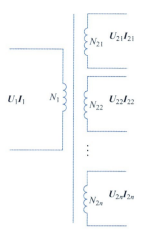

图 4-35　变压器绕组

3）变压器铁心截面积的选型及规格尺寸的确定。根据输出功率可确定变压器的铁心截面积。

变压器的铁心截面积定义为

$$S = ab \qquad (4\text{-}23)$$

式中，a 为舌宽；b 为铁心叠厚。

对于设计输出功率为 P_2 的变压器，如图 4-36 所示，变压器所需的铁心截面积一般选取 $b=(1\sim2)a$，由此可确定变压器的舌宽并估算叠厚 b 的大小，根据表 4-8 选定某一型号规格的硅钢片，尺寸如图 4-37 所示。

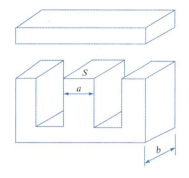

图 4-36　变压器铁心图

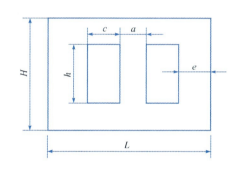

图 4-37　变压器的硅钢片

表 4-8　常用小功率硅钢片型号　　（单位：mm）

硅钢片型号	尺寸					
	L	H	h	c	a	e
GEI-14	50	43.0	25.0	9	14	9
GEI-16	56	48.0	28.0	10	16	10
GEI-19	67	57.5	33.5	12	19	12
GEI-22	78	67.0	39.0	14	22	14
GEI-26	94	81.0	47.0	17	26	17
GEI-30	106	91.0	53.0	19	30	19

4）绕组的每伏匝数的确定。在确定绕组的每伏匝数之前，必须先估算一下硅钢片的质量，即估计硅钢片的磁通密度 B 的值。如硅钢片薄而脆，则它的导磁性能较好；反之厚而软，且性能较差。一般 B 在 $0.7\sim1$ T 之间选取。在确定了硅钢片的 B 值以后，可在图 4-38b 及 P_2 两点间画一直线，如图 4-38b 所示的 A 点。

5）各绕组匝数及导线直径的确定。各绕组的匝数 $N_i=$各绕组所需电压×每伏匝数。各绕组的线径可在图 4-38 中选取。

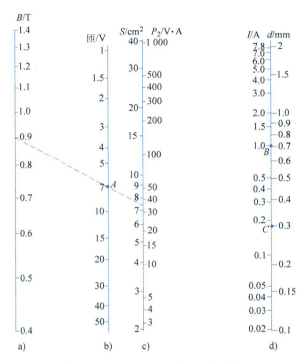

图 4-38　1 kV·A 以下小型变压器图解法

【例】　设变压器输入电压为 220 V，要求输出双 18 V 电压，输出额定电流为 1 A，取铁心 B=0.9 T，如图 4-39 所示，试设计变压器参数。

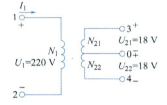

图 4-39　变压器设计例图

【解】：① $P_2 = 2×18×1$ W=36 W。

② 由图 4-38 得到 S=7.5 cm²，由表 4-8 选取 GE1-22 型号铁心，则舌宽 a=2.2 cm，叠厚 b=7.5/2.2 cm=3.4 cm，且满足 b=（1～2）a。

③ 在图 4-38c 中的 P_2=36 W 点与图 4-38b 中的 B=0.9 T 点间画一直线。

④ 各绕组匝数为：$N_1 = 220×7 = 1540$ 匝；$N_{21} = N_{22} = 18×7 = 126$ 匝。

⑤ 导线直径由图 4-38d 可得，$d_{21}=d_{22}$=0.72 mm，因 $P_1=P_2/\eta$，取 η=0.9，则 P_1=36/0.9 W=40 W，$P_1=P_2/U_1$=40 W/22 V=0.18 A

由图 4-38 可得：d=0.3 mm。

（2）变压器的制作

1）绕制前的准备工作。

① 材料准备。除了根据设计要求选取变压器铁心、漆包线外，还需准备好一些绝缘材料，主要有绝缘纸制作骨架用的胶木或树脂板。

② 工具准备。如小型绕线机、电烙铁和剪刀等。

2）木心的制作。木心套在绕线机转轴上，用来支撑绕组骨架，通常用杨木或杉木制成，如图 4-40 所示。图中，

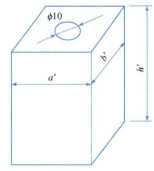

图 4-40　变压器木心

$a' = a + \delta$，　$b' = b + \delta$，　$h' = h + \delta$，木心中间孔直径为 10 mm，必须钻得正、直，否则绕线时会发生晃动，绕组不易绕平齐。

　　3）骨架的制作。先按图 4-41 所示用 1.0 mm 胶木板或树脂板制成相应形状，然后拼装组合即可。

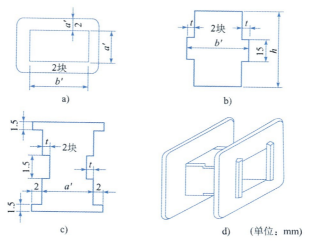

图 4-41　变压器骨架

t—为夹板厚度

　　4）漆包线的绕制。将木心及骨架套在绕线机轴上并固定好，且安排好漆包线放线架，使它能顺利放线。漆包线的起头与结尾均需先压入一条细的黄蜡带或青壳纸（见图 4-42），以便抽紧起头与结尾。

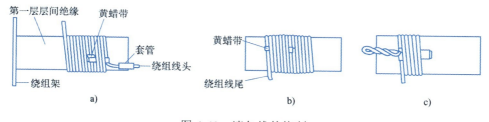

图 4-42　漆包线的绕制

　　导线要求绕得紧密而整齐，绕制时应向绕组前进的相反方向微拉约 5°，绕制过程需有一定的速度和力度，并尽量保持均匀，如图 4-43 所示。初次练习时，允许一次绕组有些叠线，而二次绕组则不允许。一次侧由于导线较细，可不加层间绝缘，但一次绕组与二次绕组之间需加青壳纸绝缘，且二次绕组层间需加绝缘纸绝缘，对电子仪器中使用的变压器，一、二次绕组之间还需加静电屏蔽层。

　　5）装配铁心。铁心镶片要求紧而牢，如铁心太松，易发热或产生嗡嗡振动声。插片时需一片一片交叉对插，开始时较容易，由于间隙变小，越往后插片就越是困难，必须小心操作，防止碰坏绕组的绝缘甚至折断绕组。

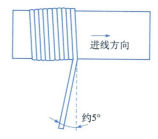

图 4-43　绕制过程示意图

6）成品测试。

① 空载测试。一次侧接入额定电压，二次侧不接负载。正常时，二次电压应比设计电压输出值高，如出现变压器发烫、冒烟等现象，说明设计和绕制有问题，应立即断电。可测量一次直流电阻并与正常值对比，如太小，则说明绕制匝数不够或绕组有短路现象，还可以检查铁心截面积是否过小或太松。

② 加载测试。变压器二次侧接入 100 Ω/1 A 滑线变阻器，调节变阻器阻值，使负载电流逐步增至额定值，二次电压应接近额定值而不能下降得太多，且变压器不太烫手属正常。

4.2.4　特殊用途变压器

在电力系统中，除了大量采用三相双绕组变压器外，也采用适用于各种用途的特殊变压器。这些变压器虽然种类很多，但基本原理和双绕组变压器有许多共同之处。

1. 三绕组变压器

三绕组变压器的每一相都有三个绕组，分别是高压绕组、中压绕组和低压绕组。在发电厂和变电所中，常需要将三个不同电压等级的输电系统连接起来。为了经济起见，可不用两台双绕组变压器，而采用一台三绕组变压器来实现。例如，采用三绕组变压器，将两台发电机分别接到三绕组变压器的两个低压绕组，电能则从高压绕组传送给电网。有时由于输电距离的不同，发电厂发出的电能需要由两种不同的电压等级输出，这时也可用一台三绕组变压器来实现。下面介绍三绕组变压器的主要特点。

（1）结构与联结组别　三绕组变压器的铁心一般为心式结构，每个铁心柱上套装高、中、低压三个同心绕组。三个绕组的排列位置既要考虑绝缘方便，又要考虑功率的传递方向。从绝缘上考虑，高压绕组不宜靠近铁心，因而总是放在最外层。从功率传递方向考虑，相互间传递功率较多的绕组应靠得近些。如发电厂里的升压变压器，是把发电机发出的低压功率传递到高压和中压电网中，因此把低压绕组放在中间层，中压绕组放在内层，如图 4-44a 所示。而变电站里的降压变压器，多是把高压电网的功率传递到中压和低压电网中，因此把中压绕组放在中间层，把低压绕组放在内层，如图 4-44b 所示。

国家标准规定，三相三绕组变压器的标准联结组别有两种，分别是 YN、yn0、d11 和 YN、yn0、y0。

（2）额定容量与容量配合　在双绕组变压器中，额定容量既是一次绕组的容量，也是二次绕组的容量，即一、二次绕组的容量是相等的。而在三绕组变压器中，三个绕组的容量可能相等，也可能不等，其中把最大的绕组容量定义为三绕组变压器的额定容量。

国家标准规定，三绕组变压器三个绕组之间的容量配合有三种情况，见表 4-9。表中用数字 100 表示变压器的额定容量，50 表示额定容量的

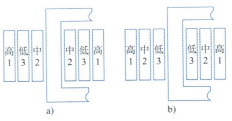

图 4-44　三绕组变压器的绕组排列

a）升压变压器　b）降压变压器

表 4-9　三绕组额定容量配合关系

高压绕组	中压绕组	低压绕组
100	100	100
100	50	100
100	100	50

50%。因此，第一种配合说明三个绕组的容量均为额定容量，这种配合主要用于升压变压器。第二种配合说明高、低压绕组的容量为额定容量，中压绕组容量为额定容量的 50%。第三种配合说明高、中压绕组的容量为额定容量，低压绕组容量为额定容量的 50%。应注意，这三种配合是指三个绕组额定容量之间的关系，并不是实际运行时的功率传输关系。实际运行时，一个绕组的输入功率等于两个绕组的输出功率之和，或两个绕组的输入功率之和等于一个绕组的输出功率。

　　在实际应用中，选择哪种容量配合的三绕组变压器，要根据各绕组负载大小决定。例如，当中压侧负载为额定容量的 80%，低压侧负载为额定容量的 40%时，应选择表4-9 中的第三种配合。

　　（3）电压比　设三绕组变压器的高压绕组接电源，中压绕组和低压绕组接负载，其原理示意图如图 4-45 所示。三绕组变压器有三个电压比，分别为：高、中压绕组电压比 k_{12}；高、低压绕组电压比 k_{13}；中、低压绕组电压比 k_{23}，即

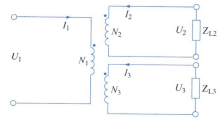

$$\begin{cases} k_{12} = \dfrac{N_1}{N_2} = \dfrac{U_{1N}}{U_{2N}} \\[2mm] k_{13} = \dfrac{N_1}{N_3} = \dfrac{U_{1N}}{U_{3N}} \\[2mm] k_{23} = \dfrac{N_2}{N_3} = \dfrac{U_{2N}}{U_{3N}} \end{cases} \qquad (4\text{-}24)$$

图 4-45　三绕组变压器原理示意图

　　三绕组变压器的磁通分为主磁通和漏磁通。主磁通是指与三个绕组同时交链的磁通，由三个绕组磁动势共同建立，经铁心磁路闭合，相应的励磁阻抗随铁心饱和程度而变化。漏磁通是指只交链一个或两个绕组的磁通，前者叫自漏磁通，后者叫互漏磁通。自漏磁通由一个绕组本身的磁动势产生，互漏磁通由它所交链的两个绕组的合成磁动势产生。漏磁通主要通过空气或油闭合，相应的漏抗为常值。主磁通和漏磁通在三个绕组中分别产生主电动势和漏电动势，其中漏电动势以漏抗压降来处理。

　　（4）磁动势平衡方程式与等效电路　三绕组变压器负载运行时的磁动势平衡方程式为

$$\dot{I}_1 N_1 + \dot{I}_2 N_2 + \dot{I}_3 N_3 = \dot{I}_0 N_1 \qquad (4\text{-}25)$$

　　当把中压绕组和低压绕组折算到高压绕组后，可得

$$\dot{I}_1 + \dot{I}'_2 + \dot{I}'_3 = \dot{I}_0 \qquad (4\text{-}26)$$

式中，$\dot{I}'_2 = \dot{I}_2 / k_{12}$ 为中压绕组的电流折算值；$\dot{I}'_3 = \dot{I}_3 / k_{13}$ 为低压绕组的电流折算值。

　　由于空载电流 $\dot{I}_0$ 很小，可忽略不计，则

$$\dot{I}_1 + \dot{I}'_2 + \dot{I}'_3 = 0 \qquad (4\text{-}27)$$

　　或

$$\dot{I}_1 = -(\dot{I}'_2 + \dot{I}'_3) \qquad (4\text{-}28)$$

　　将中、低压绕组折算到高压绕组后，可得到三绕组变压器的等效电路，如图 4-46所示，若忽略励磁电流（励磁支路开路），可得到简化等效电路。需要注意的是：三绕

组变压器等效电路中的 X_1、X_2'、X_3' 是等效漏电抗，它与自漏磁通和互漏磁通相对应。而双绕组变压器等效电路中的 X_1、X_2' 是漏电抗，它只与自漏磁通相对应。

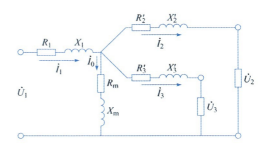

图 4-46 三绕组变压器的等效电路

式（4-28）表明，一次绕组电流为二、三次绕组电流的相量和。由于二、三次绕组电流不一定同相，而且不会同时达到满载，所以一次绕组容量总是小于二、三次绕组容量的代数和。因此，用一台三绕组变压器来代替两台双绕组变压器，一次绕组的用铜量减少。

由等效电路可知，一次漏阻抗压降会直接影响二、三次主电动势，进而影响二、三次端电压。故当二次负载发生变化时（使一次漏阻抗压降发生变化），不仅影响本侧端电压，而且还会影响三次端电压。同理，三次负载发生变化时，也会影响二次端电压。

（5）参数测定　三绕组变压器的短路参数可以通过短路试验获取。不过由于三绕组变压器有三个绕组，短路试验必须分三次进行。

第一次短路试验，如图 4-47a 所示，绕组 1 加电压，绕组 2 短路，绕组 3 开路，可测得

$$\begin{cases} R_{s12} = R_1 + R_2' \\ X_{s12} = X_1 + X_2' \end{cases} \tag{4-29}$$

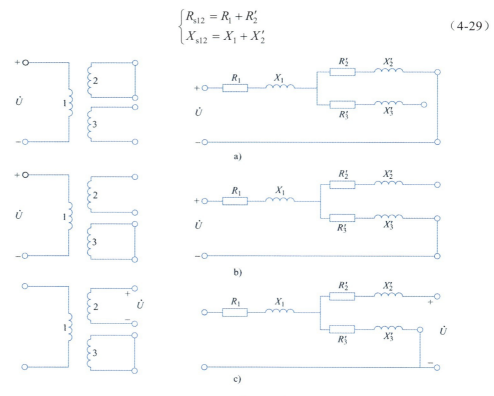

图 4-47　三绕组变压器的短路试验

第二次短路试验，如图 4-47b 所示，绕组 1 加电压，绕组 3 短路，绕组 2 开路，

可测得

$$\begin{cases} R_{s13} = R_1 + R_3' \\ X_{s13} = X_1 + X_3' \end{cases}$$ （4-30）

第三次短路试验，如图 4-47c 所示，绕组 2 加电压，绕组 3 短路，绕组 1 开路，可测得

$$\begin{cases} R_{s23}' = R_2' + R_3' \\ X_{s23}' = X_2' + X_3' \end{cases}$$ （4-31）

在第一次和第二次试验中，电压加在绕组 1 上，所测量到的是折算到绕组 1 的短路阻抗。但在第三次试验中，电压加在绕组 2 上，测量到的电阻 R_{s23} 及电抗 X_{s23} 是折算到绕组 2 的数值。因此必须乘以 k_{12}^2，把它折算到绕组 1，即 $R_{s23}' = k_{12}^2 R_{s23}$，$X_{s23}' = k_{12}^2 X_{s23}$。将式（4-29）～式（4-31）联立求解，可得

$$\begin{cases} R_1 = \dfrac{1}{2}(R_{s12} + R_{s13} - R_{s23}') \\ R_2' = \dfrac{1}{2}(R_{s12} + R_{s23}' - R_{s13}) \\ R_3' = \dfrac{1}{2}(R_{s13} + R_{s23}' - R_{s12}) \end{cases} \begin{cases} X_1 = \dfrac{1}{2}(X_{s12} + X_{s13} - X_{s23}') \\ X_2' = \dfrac{1}{2}(X_{s12} + X_{s23}' - X_{s13}) \\ X_3' = \dfrac{1}{2}(X_{s13} + X_{s23}' - X_{s12}) \end{cases}$$ （4-32）

三个绕组在铁心上的排列方式将影响彼此间漏磁通大小，从而影响彼此间漏电抗的大小。对于降压变压器，中压绕组放在中间，高、低压绕组距离最大，漏磁通最多，因此 X_{s13} 最大，约为 X_{s12} 与 X_{s23}' 之和。由式（4-32）可以看出，二次绕组的等效漏电抗 X_2' 最小。对于升压变压器，低压绕组放在中间，高、中压绕组距离最大，漏磁通最多，因此 X_{s12} 最大，约为 X_{s13} 与 X_{s23}' 之和。由式（4-32）可以看出，第三绕组的等效漏电抗 X_3' 最小。也就是说，位于中间层的绕组等效漏电抗最小。

2. 自耦变压器

(1) 结构特点与用途　普通双绕组变压器一、二次绕组是两个分离的电路，二者之间只有磁的耦合，没有电的直接联系。而自耦变压器的结构特点是低压绕组为高压绕组的一部分，因此自耦变压器一、二次绕组之间既有磁的耦合，又有电的联系。图 4-48 为单相降压自耦变压器，U_1U_2 为一次绕组，匝数为 N_1；u_1u_2 为二次绕组，匝数为

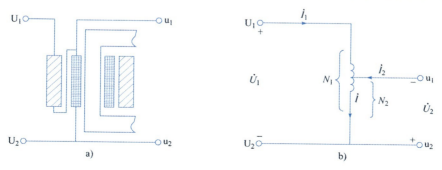

图 4-48　降压自耦变压器

a）结构示意图　b）原理接线

N_2。因为 u_1u_2 绕组既是二次绕组又是一次绕组的一部分，故又称为公共绕组；U_1u_1 绕组匝数为 $N_1 - N_2$，称为串联绕组。自耦变压器也可看作是从双绕组变压器演变而来的，将双绕组变压器的一、二次绕组顺向串联作为高压绕组，其二次绕组作为低压绕组，就成为一台自耦变压器了。

在电力系统中，自耦变压器主要用来连接两个电压等级相近的电力网，作为两个电网的联络变压器。在实验室中，常采用二次侧有滑动触头的自耦变压器作为调压器。另外，当异步电动机或同步电动机需降压起动时，也常采用自耦变压器。

（2）基本电磁关系

1）电压关系。自耦变压器也是利用电磁感应原理工作的。当一次绕组施加交变电压 $\dot{U}_1$ 时，铁心中产生交变磁通，分别在一、二次绕组中产生感应电动势，若忽略一、二次绕组的漏阻抗压降，则有

$$\begin{cases} U_1 \approx E_1 = 4.44 f N_1 \Phi_m \\ U_2 \approx E_2 = 4.44 f N_2 \Phi_m \end{cases} \tag{4-33}$$

自耦变压器的电压比为

$$k_a = \frac{E_1}{E_2} = \frac{N_1}{N_2} \approx \frac{U_1}{U_2} \tag{4-34}$$

自耦变压器的电压比一般在 1.5～2 之间。

2）电流关系。与双绕组变压器一样，自耦变压器负载时的合成磁动势等于空载时的磁动势。负载时串联绕组 U_1u_1 的磁动势为 $\dot{I}_1(N_1 - N_2)$，公共绕组 u_1u_2 的磁动势为 $(\dot{I}_1 + \dot{I}_2)N_2$；而空载磁动势为 $\dot{I}_0N_1$。因此，自耦变压器的磁动势平衡关系为

$$\dot{I}_1(N_1 - N_2) + (\dot{I}_1 + \dot{I}_2)N_2 = \dot{I}_0N_1 \tag{4-35}$$

即

$$\dot{I}_1N_1 + \dot{I}_2N_2 = \dot{I}_0N_1 \tag{4-36}$$

若忽略空载电流，则

$$\dot{I}_1N_1 + \dot{I}_2N_2 \approx 0 \tag{4-37}$$

或

$$\dot{I}_1 \approx -\frac{N_2}{N_1}\dot{I}_2 = -\frac{1}{k_a}\dot{I}_2 \tag{4-38}$$

二次绕组（公共绕组）中的电流为

$$\dot{I} = \dot{I}_1 + \dot{I}_2 = -\frac{1}{k_a}\dot{I}_2 + \dot{I}_2 = (1 - \frac{1}{k_a})\dot{I}_2 \tag{4-39}$$

式（4-38）和式（4-39）说明 $\dot{I}_1$ 与 $\dot{I}_2$ 反相位，$\dot{I}$ 与 $\dot{I}_2$ 同相位。因此，在图 4-48b 所示参考方向下，$\dot{I}_1$、$\dot{I}_2$、$\dot{I}$ 之间的大小关系为

$$I_2 = I + I_1 \tag{4-40}$$

可见，自耦变压器的输出电流 I_2 由两部分组成：其中公共绕组电流 I 是通过电磁感应作用在低压侧产生的，称为感应电流；串联绕组电流 I_1 是由于高、低压绕组之间有电的连接，从高压侧直接流入低压侧的，称为传导电流。

3）**容量关系**。变压器的额定容量（铭牌容量）是由绕组容量（又称电磁容量或设计容量）决定的。普通双绕组变压器的一、二次绕组之间只有磁的联系，功率的传递全靠电磁感应，所以普通双绕组变压器的额定容量等于一次绕组或二次绕组的容量。

自耦变压器则不同，一、二次绕组之间既有磁的联系，又有电的联系。从一次侧到二次侧的功率传递，一部分是通过电磁感应，一部分是直接传导，二者之和是铭牌上标注的额定容量。

自耦变压器的额定容量（铭牌容量）是指输入容量或输出容量，二者相等，即

$$S_N = U_{1N}I_{1N} = U_{2N}I_{2N} \tag{4-41}$$

自耦变压器的绕组容量（电磁容量）是指串联绕组或公共绕组的容量。

串联绕组 U_1u_1 的容量为

$$S_{U1u1} = U_{U1u1}I_{1N} = \frac{N_1 - N_2}{N_1}U_{1N}I_{1N} = \left(1 - \frac{1}{k_a}\right)S_N \tag{4-42}$$

公共绕组 u_1u_2 的容量为

$$S_{u1u2} = U_{u1u2}I = U_{2N}I_{2N}\left(1 - \frac{1}{k_a}\right) = \left(1 - \frac{1}{k_a}\right)S_N \tag{4-43}$$

由此可见，自耦变压器的绕组容量（电磁容量）是额定容量的 $\left(1 - \dfrac{1}{k_a}\right)$ 倍。由于 $k_a > 1$，$\left(1 - \dfrac{1}{k_a}\right) < 1$，因此自耦变压器的绕组容量小于额定容量。

自耦变压器输出容量可表示为

$$S_2 = U_2I_2 = U_2(I + I_1) = U_2I + U_2I_1 = \left(1 - \frac{1}{k_a}\right)S_2 + \frac{1}{k_a}S_2 \tag{4-44}$$

可见，自耦变压器的输出容量由两部分组成：其中，$U_2I = \left(1 - \dfrac{1}{k_a}\right)S_2$ 为电磁容量，通过电磁感应作用从一次侧传递给二次侧负载，这与双绕组变压器传递方式相同；$U_2I_1 = \dfrac{1}{k_a}S_2$ 为传导容量，是由电源经串联绕组直接传导给二次侧负载，这是双绕组变压器所没有的。

3. 分裂变压器

（1）结构特点与用途

1）**结构特点**。分裂变压器的结构特殊，种类较多，本节仅介绍大型发电厂常用的双分裂绕组变压器。

双分裂绕组变压器（简称分裂变压器），通常是把低压绕组分裂成在电路上彼此分离，在磁路上具有松散磁耦合的两个绕组。这两个分裂绕组结构相同、容量相等，而且两个绕组容量之和等于高压绕组（不分裂绕组）的额定容量，即分裂变压器的额定容量。这两个分裂绕组的额定电压可以相等，也可以不等（但必须相近）。它们可以单独运行，也可以同时运行，当电压相等时还可以并联运行。

图 4-49 为单相双分裂绕组变压器,高压绕组 1 由两个并联绕组而成,但并非是分裂绕组,出线端为 U_1、U_2;低压绕组 2、3 为分裂成的两个分裂绕组,出线端分别为 u_{11}、u_{21} 和 u_{12}、u_{22}。套在不同铁心柱上的两个绕组磁耦合较松散,漏磁通较多,其短路阻抗较大。同心套在同一铁心柱上的两个绕组磁耦合较紧密,漏磁通较少,其短路阻抗较小。分裂变压器要求绕组之间具有以下特点:①两个分裂绕组之间要有较大的短路阻抗;②分裂绕组与不分裂绕组之间要有较小的短路阻抗,且相等。因此,将两个分裂绕组分别套在两个铁心柱上,使其具有较大的短路阻抗;将高压绕组的两个并联绕组分别与两个低压分裂绕组套在同一铁心柱上,使它们的短路阻抗较小,且相等。

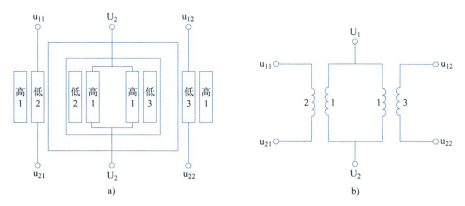

图 4-49　单相双分裂绕组变压器

a)结构示意图　b)原理接线

2)用途。分裂变压器主要应用在大型发电厂,其应用分两种情况:一是作为厂用变压器,向两段独立的厂用电母线供电,如图 4-50a 所示;二是作为输电变压器,即两台发电机共用一台分裂变压器向电网输送电能,如图 4-50b 所示。

分裂变压器具有一个主要特点,就是各绕组之间具有较大的短路阻抗,当发生短路故障时,它可以有效地限制短路电流。而且当一个分裂绕组出线端发生短路时,另

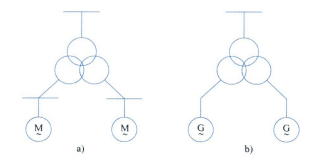

图 4-50　分裂变压器的应用示意图

a)一台分裂变压器向　　b)两台发电机共用一台
两段厂用电母线供电　　分裂变压器向电网输电

一个分裂绕组出线端仍能维持较高的电压,从而可以保证供电的可靠性。

(2)运行方式与特殊参数

1)穿越运行及穿越阻抗。当低压的两个分裂绕组并联成一个绕组对高压绕组运行时,称为穿越运行。此时高、低压绕组之间的短路阻抗称为穿越阻抗,用 Z_s 表示,它就是普通双绕组变压器的短路阻抗。

2)半穿越运行及半穿越阻抗。当低压的一个分裂绕组对高压绕组运行(另一个分

裂绕组开路）时，称为半穿越运行。此时高、低压绕组之间的短路阻抗称为半穿越阻抗，用 Z_b 表示。

　　3）分裂运行及分裂阻抗。高压绕组开路，低压的一个分裂绕组对另一个分裂绕组运行时，称为分裂运行。此时两个分裂绕组之间的短路阻抗（折算到高压侧）称为分裂阻抗，用 Z_f 表示。

　　4）分裂系数。分裂阻抗 Z_f 与穿越阻抗 Z_s 之比称为分裂系数 k_f，即

$$k_f = \frac{Z_f}{Z_s} \qquad (4\text{-}45)$$

　　k_f 是分裂变压器的基本参数之一，既用来定性分析分裂变压器的特性，又作为设计指标，在很大程度上决定着变压器的结构和性能。我国生产的三相分裂变压器，取 $k_f = 3\sim4$。

　　（3）等效电路　双分裂绕组变压器实质上是三绕组变压器，因此与普通三绕组变压器有相同的等效电路，只是对其有特殊要求，采用了特殊的绕组布置方式，有不同的阻抗参数而已。图 4-51 为其简化等效电路，其中，Z_1 为高压绕组 1 的等效漏阻抗，Z_2'、Z_3' 分别为分裂绕组 2、3 折算到高压侧的等效漏阻抗。

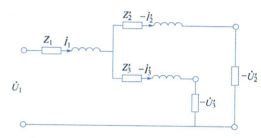

图 4-51　双分裂变压器的简化等效电路

　　参考式（4-44），可得

$$\begin{cases} Z_1 = \dfrac{1}{2}(Z_{s12} + Z_{s13} - Z_{s23}') \\[2mm] Z_2' = \dfrac{1}{2}(Z_{s12} + Z_{s23}' - Z_{s13}) \\[2mm] Z_3' = \dfrac{1}{2}(Z_{s13} + Z_{s23}' - Z_{s12}) \end{cases} \qquad (4\text{-}46)$$

式中，Z_{s12} 为绕组 3 开路，绕组 1 对 2 的短路阻抗；Z_{s13} 为绕组 2 开路，绕组 1 对 3 的短路阻抗；Z_{s23}' 为绕组 1 开路，绕组 2 对 3 的短路阻抗折算到绕组 1 的值。

　　以上参数形式上与三绕组变压器相同，但数值上却不同，分裂变压器参数大小由运行方式决定。

　　根据分裂变压器的结构特点可知：$Z_{s12} = Z_{s13}$，$Z_2' = Z_3'$；根据阻抗定义可知：$Z_{s23}' = Z_f = k_f Z_s$。于是，由式（4-44）可得

$$Z_2' = Z_3' = \frac{1}{2}Z_{s23}' = \frac{1}{2}Z_f = \frac{k_f}{2}Z_s \qquad (4\text{-}47)$$

　　由于 $Z_2' = Z_3'$，并联值 $Z_2' \mathbin{/\mkern-4mu/} Z_3' = \frac{1}{2}Z_2'$，故穿越阻抗为

$$Z_s = Z_1 + \frac{1}{2}Z_2' = Z_1 + \frac{k_f}{4}Z_s \qquad (4\text{-}48)$$

即
$$Z_1 = Z_s - \frac{k_f}{4}Z_s = \left(1 - \frac{k_f}{4}\right)Z_s \tag{4-49}$$

式（4-45）、式（4-48）给出了等效电路中的参数与 k_f、Z_s 的关系，即

$$\begin{cases} Z_1 = \left(1 - \dfrac{k_f}{4}\right)Z_s \\ Z_2' = Z_3' = \dfrac{k_f}{2}Z_s \end{cases} \tag{4-50}$$

由此可见，分裂变压器等效电路各参数可由分裂系数 k_f 和穿越阻抗求得。其中，Z_s 可通过短路试验测得；k_f 在设计时可在 $0 \sim 4$ 之间取值，其大小与两个分裂绕组的相互位置有关，反映了两个分裂绕组的磁耦合程度。

若 $k_f = 0$，$Z_1 = Z_s$，$Z_2' = Z_3' = 0$，等效电路如图 4-52a 所示。此时，$Z_f = Z_{23}' = 0$，表明两个分裂绕组 2、3 之间的磁耦合最紧密，这种情况下，$U_2' = U_3'$，如果分裂变压器的任何一个二次侧发生短路，则另一个二次侧端电压也将降为零，这就违背了采用分裂变压器的目的，因此是不可取的。

当 $k_f = 4$ 时，$Z_1 = 0$，$Z_2' = Z_3' = 2Z_s$，等效电路如图 4-52b 所示。此时分裂阻抗 $Z_f = Z_{23}' = Z_2' + Z_3' = 4Z_s$（最大），表明两个分裂绕组 2、3 之间的磁耦合最弱。这时分裂变压器的运行特性最为理想，犹如两台互不影响的独立变压器在运行。绕组 2 的负载变化只会引起本身的端电压变化，而对绕组 3 的端电压没有影响；反之亦然（这是普通三绕组变压器所不具备的）。而且限制短路电流的效果很理想。但是要使 $Z_1 = 0$，制造上是不可能实现的，因此设计时取 k_f 接近于理想情况，如取 $k_f = 3.5$ 左右。

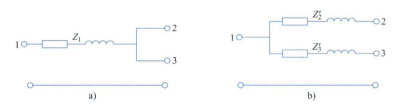

图 4-52　同 k_f 值时分裂变压器的简化等效电路

a）$k_f = 0$　b）$k_f = 4$

（4）**主要优点**　为了简便，以 $k_f = 3.5$ 为例来说明分裂变压器的优点。

当 $k_f = 3.5$ 时，由式（4-50）可求得，$Z_1 = 0.125Z_s$，$Z_2' = Z_3' = 1.75Z_s$；而 $Z_f = k_f Z_s = 3.5Z_s$，$Z_b = Z_1 + Z_2' = 1.875Z_s$。可见，分裂阻抗 Z_f 和半穿越阻抗 Z_b 均比一般用途变压器的短路阻抗 Z_s 大，因此分裂变压器具有以下主要优点。

1）**可以降低短路电流**。分裂变压器作为厂用电变压器对两段母线供电（见图 4-50a），当一个分裂绕组的出线端发生短路故障时，由电网供给的短路电流经过半穿越阻抗 $Z_b = 1.875Z_s$，比普通变压器短路阻抗 Z_s 大，所以电网供给的短路电流会得到有效限制。而由未发生故障的另一分裂绕组供给短路点的反馈电流经过的阻抗比分裂阻抗 $Z_f = 3.5Z_s$ 更大，所以两个分裂绕组之间的短路电流也得到了有效限制。短路电流的减小，也降低了对母线、断路器等电气设备的要求。

2）可以提高供电可靠性。当一个分裂绕组发生短路故障时，另一个分裂绕组仍能保持有较高的电压（又称残余电压），可以保证非故障母线上的电气设备能够正常运行，从而提高了厂用电的供电可靠性。例如，当绕组 3 发生短路时，如图 4-53 所示，$\dot{U}_3' = 0$，$\dot{I}_2' \ll \dot{I}_3'$，如果略去 $\dot{I}_2'$，并略去各阻抗的相角差，则可计算出残余电压的大小为

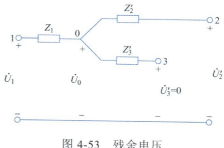

图 4-53　残余电压

$$U_2' \approx U_0 = \frac{Z_3'}{Z_1 + Z_3'} U_1 = \frac{1.75Z_s}{(0.125+1.75)Z_s} U_1 = 0.93U_1 \tag{4-51}$$

即使分裂系数取较小值 $k_f = 3$，未短路绕组 2 的残余电压也能达到额定电压的 86%。通常发电厂要求残余电压不低于 65% 额定电压，因此，分裂变压器可以大大提高厂用电的可靠性。

4. 仪用互感器

仪用互感器是电力系统中用来测量大电流、高电压的特殊变压器。使用互感器有两个目的：一是使测量回路与被测回路隔离，从而保证操作人员和设备的安全；二是可以使用小量程的电流表和电压表测量大电流和高电压。仪用互感器分为电流互感器和电压互感器两大类。

（1）电流互感器　电流互感器是用来测量大电流的仪用互感器，其原理接线如图 4-54 所示。电流互感器均制成单相，一次绕组由一匝或几匝粗导线组成，串联在被测回路中；二次绕组由匝数较多的细导线组成，与阻抗很小的仪表（电流表、功率表的电流线圈或继电器的线圈）串联组成闭合回路。因此，电流互感器相当于短路运行的升压（降流）变压器。

a)

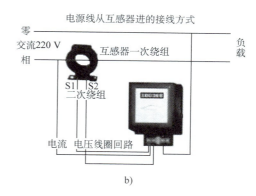

b)

图 4-54　电流互感器的原理接线

a）实物　b）电流互感器接线原理

忽略励磁电流，则有

$$I_1 = N_2/N_1 I_2 = k_i I_2 \tag{4-52}$$

式中，$k_i = N_2/N_1 = I_1/I_2$ 是电流互感器的电流比，为常数。

　　电流互感器利用一、二次绕组匝数不同，将线路的大电流转换成小电流进行测量。电流互感器一次绕组的额定电流范围为 10～2 500 A，二次绕组的额定电流为 5 A。与测量仪表配套使用时，电流表按一次绕组的电流值标出刻度，可从电流表上直接读出被测电流值。另外，二次绕组有很多抽头，可根据被测电流的大小适当选择。

　　电流互感器内总有一定的励磁电流，所以测量电流总有一定的电流比误差和相位误差。电流互感器根据误差的大小分为 0.2、0.5、1.0、3.0 和 10.0 五个等级，级数越大，误差越大。

　　使用电流互感器时，应注意以下几点：

　　1）运行时，二次绕组绝对不允许开路。如果二次绕组开路，则电流互感器空载运行，被测回路的大电流就成为互感器的励磁电流，它能使铁心中的磁通密度猛增，从而使磁路严重饱和造成铁心过热而损坏绕组绝缘；在二次绕组将感应出很高的过电压，并可能击穿绝缘，危及操作人员和仪表的安全。因此，电流互感器二次绕组中绝对不允许装熔断器；运行中如果需要拆下测量仪表，应先将二次绕组短接；铁心和二次绕组的一端必须可靠接地，以避免绝缘损坏时，一次侧的高电压传到二次侧，危及操作人员和仪表的安全。

　　2）二次绕组串联的仪表阻抗值应不超过有关技术标准的规定，以避免降低测量准确度。另外，工程上常用来检测带电线路电流的一种钳形电流表的工作原理与电流互感器相同，其结构如图 4-55 所示。铁心像一把钳子一样可以张合，在测量带电线路时，可将被测线路夹于其中，此时被测线路为一次绕组，利用电磁感应原理，可在与二次绕组串联的电流表上直接读出被测线路的电流值。一般钳形电流表有几个量程，可根据被测电流值适当选择。

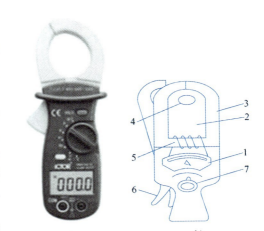

图 4-55　钳形电流表的结构
a）实物　b）结构示意图
1—电流表　2—电流互感器　3—铁心　4—被测导线
5—二次绕组　6—手柄　7—量程选择开关

　　（2）电压互感器　电压互感器是用来测量高电压的仪用互感器，其原理接线如图 4-56 所示。与电流互感器相反，电压互感器的一次绕组匝数很多，而且并联在被测线路上；二次绕组匝数较少，与阻抗很大的仪表（电压表或功率表的电压

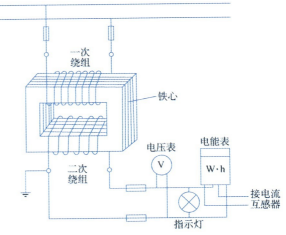

图 4-56　电压互感器的原理接线

线圈）组成闭合回路，二次电流很小。因此，电压互感器相当于空载运行的降压变压器。

忽略漏阻抗压降，则有

$$k_u = E_1/E_2 = N_1/N_2 = U_1/U_2 \qquad (4\text{-}53)$$

或

$$U_1 = k_u U_2 \qquad (4\text{-}54)$$

式中，k_u 是电压互感器的电压比，为常数。

电压互感器利用一、二次绕组匝数不同，将线路的高电压转换成低电压测量，电压互感器二次绕组的额定电压设计为 100 V。与测量仪表配套使用时，电压表也按一次绕组的电压值标出刻度，可从电压表上直接读出被测电压值。另外，与电流互感器不同，电压互感器在一次绕组有很多抽头，并根据被测线路电压的大小适当选择。

由于空载电流和一、二次绕组漏阻抗的存在，电压互感器测量的电压值总有一定的电压比误差和相位误差。为了减少误差，电压互感器的铁心一般采用性能较好的硅钢片制成，还应尽量减小磁路中的气隙，使铁心不饱和，以减小空载电流。在绕组的绕制上也设法减少两绕组之间的漏磁通，以减少漏阻抗。电压互感器根据误差的大小分为 0.2、0.5、1.0 和 3.0 四个等级。

使用电压互感器时，应注意以下几点：

1）运行时，二次绕组绝对不允许短路。如果二次绕组发生短路，就会产生很大的短路电流而烧坏电压互感器。因此，与电流互感器不同，电压互感器使用时在二次绕组中应串联熔断器作为短路保护。

2）铁心和二次绕组的一端必须可靠接地，以防止高压绕组绝缘损坏。当高压绕组绝缘损坏时，铁心和二次绕组会带上高电压，将危及操作人员和仪表的安全。

3）二次绕组连接的仪表阻抗值应不超过有关技术标准的规定，以避免降低测量准确度。

4.3　电动机

4.3.1　交流异步电动机

交流异步电动机又叫感应电动机，是交流电动机的一种。据统计，在国家电网总的负载中，动力负载占 59%，而异步电动机的容量则占动力负载的 85%，这就可以看到它的重要性。异步电动机应用如此广泛，主要是它具有结构简单、使用方便、坚固耐用、价格便宜和维修方便等一系列优点，另外，异步电动机也有一些缺点，主要是功率因数较低，调速性能较差，在一定程度上限制了它的应用。

1. 异步电动机的工作原理

如图 4-57 所示，当定子绕组中通入对称的三相电流时，便产生旋转磁场。由于转子绕组与旋转磁场之间存在着相对运动，磁场的磁感线切割转子绕组，在转子的绕组中产生感应电动势。由于转子绕组是闭合回路，所以转子绕组中有电流，此电流的方向由右手定则确定。转子绕组中的

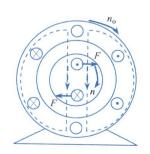

图 4-57　工作原理

电流在旋转磁场中受到电磁力的作用，其作用方向由左手定则决定，电磁力对转子转轴形成一个转矩，称为电磁转矩。电磁转矩的方向与旋转磁场的方向一致，所以转子就顺着旋转磁场的方向旋转起来。转子的转速总是低于旋转磁场的转速，所以这种电动机称为异步电动机。转子电流是通过电磁感应产生的，又称为感应电动机。

2. 三相异步电动机的分类和结构

(1) 分类

1) 按电源的相数分为三相交流电动机和单相交流电动机。

2) 按工作原理分为同步电动机和异步电动机。

3) 按转子结构分为笼式电动机和绕线式电动机。

4) 按工作环境分为封闭式、防护式和防爆式。

(2) 异步电动机的结构　异步电动机的结构主要是由定子（固定部分）和转子（转动部分）组成的，其他部分包括接线盒、端盖、吊环、风扇和安全罩（绝缘纸、竹楔）等配件。其中，定子由机座、铁心和绕组三部分组成；转子由转轴、铁心、绕组及短路环四部分组成。

1) 定子。

① 机座是用铸钢或铸铁制成的，它的作用是固定并保护铁心和绕组。

② 定子铁心是电动机磁路的一部分，用 0.35～0.5 mm 圆硅钢片（硅钢片的内圆有槽）叠压而成，可以减少涡流，提高导磁能力和感应电动势。

③ 定子绕组是电动机的电路部分，它是由铜或铝导线外包一层高强度的绝缘漆或绝缘纸制成（聚酯化包线）。

2) 转子。

① 转子铁心也是由 0.35～0.5 mm 圆硅钢片叠压而成，硅钢片的外圆有槽，铁心压装在轴上。

② 转子绕组也是电动机的电路部分，中小型的笼型转子一般用熔化的铝，浇入转子铁心槽内，并将短路环风扇翼浇铸在一起。

较大的笼型转子用裸铜条压入转子槽内，两端是用短路环把铜条连接起来，形成回路。

3. 交流电动机的绕组

(1) 极距　极距是指沿定子铁心内圆每个磁极所占的范围，长度用 τ 表示。

$$\tau = \frac{\pi D}{2p} \text{ 或 } \tau = \frac{Z}{2p} \tag{4-55}$$

式中，D 为定子铁心的内径；p 为磁极对数。

(2) 电角度　计量电磁关系的角度称为电角度（电气角度）。电动机圆周在几何上占有角度为 360°，称为机械角度。而从电磁方面看，一对磁极占有空间电角度为 360°。一般而言，对于 p 对极电动机，电角度＝p×机械角度。

(3) 线圈节距 y　整距 $y = \tau$；短距 $y < \tau$。

(4) 单层及双层绕组　交流电动机常用的绕组型式可分为单层绕组及双层绕组两大类。单层绕组在每个槽内只安放一个线圈边，而一个线圈有两个线圈边，一台电动机中的总线圈数等于总槽数的一半。双层绕组每个槽中安放两个线圈边，中间用层间绝缘隔开；每个线圈有两个有效边，一个有效边放置在某个槽的下层，而另一个有效边安放在另一个槽的上层。一台电动机的线圈数等于其总槽数。

1）三相单层绕组。

① 特点。

a. 每个槽内只有一个线圈边，其极距 τ 一般为整距绕组；

b. 线圈个数=$Q_1/2$（Q_1 为槽数）；

c. 线圈组个数=$Q_1/2q$；

d. 每相线圈组的个数=p（60°相带时）；

e. 每个线圈匝数 N_C=每槽导体数；

f. 每个线圈组的匝数 qN_C；

g. 每相串联匝数 N=每相总的串联匝数 $a=pqN_C/a$=定子总导体数/$2ma$（即每条支路的匝数）；

h. 一般用于 10 kW 以下的小型交流电动机。

② 优点。

a. 嵌线方便；

b. 槽的利用率高。

③ 分类。

a. 同心式绕组是由不同节距的同心线圈组成；

b. 链式绕组是由相同节距的同心线圈组成；

c. 采用不等距的线圈组成，节省铜线。

④ 三相单层绕组展开图。根据绕组展开图（见图 4-58），当选定并联支路数 $a=1$ 时，A、B、C 三相绕组连接顺序如下：

A－1，10－2，11－2，12－19，28－20，29－21，30－X

B－7，16－8，17－9，18－25，34－26，35－27，36－Y

C－13，22－14，23－15，24－31，4－32，5－33，6－Z

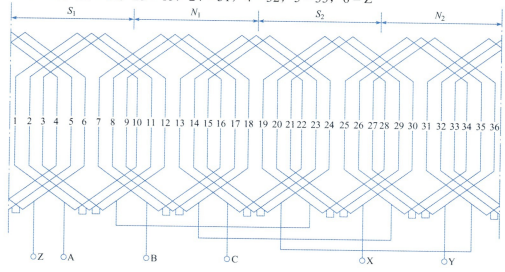

图 4-58　三相单层绕组展开图

2）三相双层绕组

① 特点。

a．每个槽内放置上下两个线圈边，线圈的一个边放在一个槽的上层，另一个边则放在相隔 y_1 槽的下层；

b．线圈个数等于槽数 Q_1（定子）；

c．线圈组个数=Q_1/q；

d．每相线圈组数=$Q_1/(mp)$；

e．每个线圈匝数为 N_C=每槽导体数/2；

f．每个线圈组的匝数为 $N_C q$；

g．每相串联匝数 N（即每极每条支路的匝数）

$$N = \frac{\text{每相串联总匝数}}{a} = \frac{2pqN_C}{a} \tag{4-56}$$

② 优点。

a．可采用短距，改善电动势、磁动势的波形；

b．线圈尺寸相同，便于绕制；

c．端部排列整齐，利于散热，机械强度高。

③ 分类。

a．叠绕组是由相邻两个串联绕组中，后一个绕组叠加在前一个线圈上；

b．波绕组是由两个相连接的线圈成波浪式前进。

④ **三相双层叠绕组的 A 相绕组展开图**。根据 A 相绕组的展开图（见图 4-59），可画出相应的 A 相连接表如下：

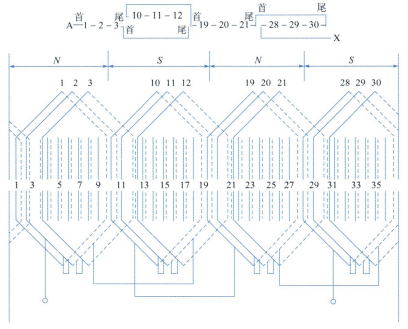

图 4-59　三相双层叠绕组的 A 相绕组的展开图

（Z=36，$2p$=4，a=1）

4. 异步电动机的铭牌

每台异步电动机的机座上都装有一块铭牌（见图 4-60），标明电动机的型号、额定值和有关数据。按铭牌所规定的额定值和工作条件运行，称为额定运行方式。

三相异步电动机			
型号：Y112M-4		编号	
4.0　　kW		8.8　　A	
380 V	1 440 r/min	LW	80 dB
接法　△	防护等级 IP44	50 Hz	45 kg
标准编号	工件制 SI	B级绝缘	2000年8月
中原电机厂			

图 4-60　异步电动机的铭牌

（1）**型号**　型号说明举例如图 4-61所示。

（2）**联结方式**　指定子三相绕组的联结。一般笼式电动机的接线盒中有六根引出线，标有 U_1、V_1、W_1 和 U_2、V_2、W_2。U_1、U_2 是第一相绕组的首末端，V_1、V_2 是第二相绕组的首末端，W_1、W_2 是第三相绕组的首末端。这六

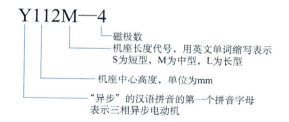

图 4-61　电动机型号命名

个引出线端在接电源之前，相互间必须正确联结。联结方法有星形（Y）联结和三角形（△）联结两种。3 kW 以下的三相异步电动机一般联结成星形；4 kW 以上的三相异步电动机联结成三角形。

（3）**额定功率 P_N**　额定功率是指电动机在制造厂所规定的额定情况下运行时，其输出端的机械功率，单位为千瓦（kW）。对三相异步电动机，其额定功率为

$$P_N = \sqrt{3}U_N I_N \eta_N \cos\varphi_N \tag{4-57}$$

式中，η_N 和 $\cos\varphi_N$ 分别为额定情况下的效率和功率因数。

（4）**额定电压 U_N**　额定电压是指电动机额定运行时，外加于定子绕组上的线电压，单位为伏（V）。

（5）**额定电流 I_N**　额定电流是指电动机在额定电压和额定输出功率运行时，定子绕组的线电流，单位为安（A）。

（6）**额定频率 f_N**　我国电力网的频率为 50 Hz，因此除外销产品外，国内用的异步电动机的额定频率为 50 Hz。

（7）**额定转速 n_N**　额定转速是指电动机在额定电压和额定频率下，额定功率输出时转子的转速，单位为转/分（r/min）。由于生产机械对转速的要求不同，需要生产不同磁极数的异步电动机，因此有不同的转速等级。最常用的是四极异步电动机（n_0=1 500 r/min）。

（8）**额定效率 η_N**　额定效率是指电动机在额定运行时的效率，是额定输出功率 P_N

与额定输入功率 P_{1N} 的比值，即 $\eta_N = P_N/P_{1N}×100\%$。

（9）额定功率因数 $\cos\varphi_N$ 因为电动机是电感性负载，定子相电流比相电压滞后一个角，$\cos\eta_N$ 就是异步电动机的功率因数。

（10）绝缘等级   绝缘等级是按电动机绕组所用的绝缘材料在使用时容许的极限温度来分级的。所谓极限温度，是指电动机绝缘结构中最热点的最高允许温度。其技术数据见表 4-10。

表 4-10   电动机绕组温度参数

绝缘等级	A	E	B	F	H
极限温度/℃	105	120	130	155	180

（11）工作方式   工作方式反映异步电动机的运行情况，可分为连续运行、短时运行和断续运行三种基本方式。

5. 定子绕组的连接和判断始、末端的方法

定子三相绕组既可以接成星形，也可以接成三角形。)

万用表判断法：先用万用表电阻档判断哪两个线端属于同一相绕组。再将万用表旋转开关转到毫安档，将干电池和开关串联起来接于任何一相绕组，另两相绕组按图 4-62 所示的电路连接起来。当开关 S 闭合瞬间，若万用表的指针向一个方向大幅度摆动，则说明被测的两相绕组是头尾串联的；若万用表的指针微动或不动，则说明被测的两相绕组是线头和线头或线尾和线尾连接的。

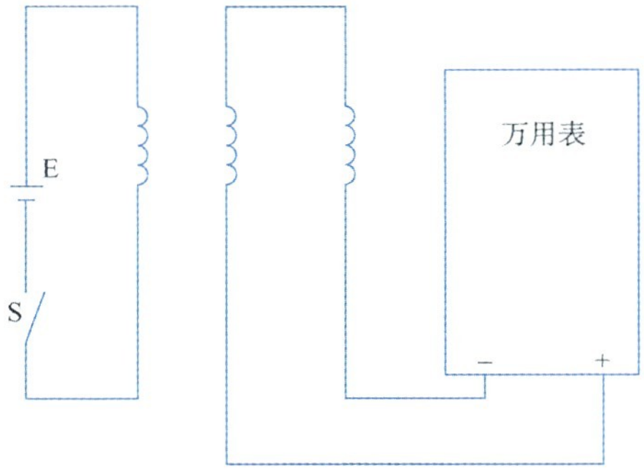

6. 异步电动机和变压器的比较

在电磁关系方面，异步电动机和变压器有许多相似的地方：

图 4-62   绕组万用表判断法

（1）它们都是"单边励磁"的电气设备，即一边接电源，而另一边中的电动势和电流都是靠电磁感应产生的。

（2）正是由于具有相类似的工作原理，因此，它们在电路中的电压平衡方程式和磁路中的磁动势平衡方程式也是类似的。

异步电动机和变压器具有质的区别，它们的主要区别是：

（1）变压器是静止的电气设备，它的主磁场是脉动磁场，一、二次绕组中的电动势和电流具有相同的频率。而异步电动机则是旋转的电气设备，它的主磁场是旋转磁场，转子旋转时，定、转子绕组中的电动势和电流具有不同的频率。

（2）变压器只有能量传递，通过主磁场将一次侧的电能传送到二次侧。异步电动机中除了能量的传递之外，还有能量的转换，即定子绕组中的电能通过主磁场传送到转子绕组以后，有相当大的一部分要转换成机械能，从转子轴上输出给机械负载。

（3）由于异步电动机中有气隙存在，所以空载电流要比变压器大得多。

（4）异步电动机是一种低功率因数的设备。

7. 异步电动机的空载试验和短路试验

三相异步电动机的参数测定试验是通过短路（堵转）试验和空载试验来进行的。在短路试验中主要是确定短路参数，在空载试验中主要是确定励磁参数。

（1）短路（堵转）试验　图 4-63 为在三相异步电动机短路时的等效电路。因短路试验时电压低，铁损耗可以忽略，又因为 $Z_m > Z_2'$，故图 4-63 中的励磁支路视为开路。试验时，转速 $n=0$，机械损耗 $P_m=0$，定子全部的输入功率 P_{1K} 都损耗在定、转子的电阻上，即

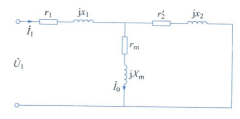

图 4-63　短路时的等效电路

$$P_{1K} = 3I_{1K}^2 (r_1 + r_2') \tag{4-58}$$

根据短路试验测得的数据 U_{1K}、I_{1K}、P_{1K}，可以算出短路阻抗 Z_K、短路电阻 r_K 和短路电抗 x_K，即

$$Z_K = \frac{U_{1K}}{I_{1K}} \tag{4-59}$$

$$r_K = \frac{P_{1K}}{3I_{1K}^2} \tag{4-60}$$

式中

$$r_K = \sqrt{Z_K^2 - r_K^2} \tag{4-61}$$

$$r_K = r_1 + r_2' \tag{4-62}$$

$$x_K = x_1 + x_2' \tag{4-63}$$

（2）空载试验　在三相异步电动机的空载试验中，由于电动机处于空载状态，转子电流很小，转子的铜损耗可以忽略不计。若杂散损耗忽略，则此时定子的输入功率 P_0 消耗在定子铜损耗、铁损耗 P_{Fe} 和机械损耗 P_m 中，即

$$P_0 = 3I_0^2 r_1 + P_{Fe} + P_m \tag{4-64}$$

设定子加额定电压，根据空载试验测得的数据空载电流 I_0 和空载输入功率 P_0 可以算出

$$z_0 = \frac{U_N}{I_0} \tag{4-65}$$

$$r_0 = \frac{P_0 - P_m}{3I_0^2} \tag{4-66}$$

$$x_0 = \sqrt{z_0^2 - r_0^2} \tag{4-67}$$

电动机空载时，转差率 $s \approx 0$，由等效电路可知

$$\frac{(1-s)}{s} r_2' \approx \infty \tag{4-68}$$

可见

$$x_0 = x_m + x_1 \tag{4-69}$$

则励磁电抗为

$$x_m = x_0 - x_1 \tag{4-70}$$

励磁电阻为

$$r_m = r_0 - r_1 \tag{4-71}$$

式（4-62）、式（4-63）、式（4-70）和式（4-71）是三相异步电动机参数分离的依据。

8．异步电动机的起动和调速

（1）笼式异步电动机的起动

1）直接起动。电动机正常起动时，$T_{st} \leqslant (1.1 \sim 1.2) T_L$。如果异步电动机轻载和空载起动，则直接起动时的起动转矩大；如果是重载起动，例如 $T_L = T_N$，且要求起动过程快时，直接起动的起动转矩则不够大。

下面两种情况下直接起动不可行：①变压器与电动机容量之比不够大；②起动转矩不能满足要求。

不能直接起动的第①种情况下需要减小起动电流，第②种情况下需要加大起动转矩。

起动必须满足的条件是：起动电流要足够小，起动转矩要足够大。

① 直接起动的优点：设备简单，操作方便；

② 直接起动的缺点：起动电流大，需足够大的电源；

③ 直接起动适用条件：小容量电动机轻载的情况起动。

2）降压起动。如果电源容量不够大，则应采用降压起动。起动时，降低加在电动机定子绕组的电压，起动时电压小于额定电压，可限制起动电流。待电动机转速上升到一定数值后，再使电动机承受额定电压。

降压起动适用于容量大于 20 kW 的电动机轻载起动。降压起动有以下方法：

① 定子回路串电抗器起动。三相异步电动机定子串电抗器起动，起动时电抗器接入定子电路；起动后，切除电抗器，进入正常运行，电抗器起分压作用。串电抗器起动时的电流和转矩分别为

$$I'_{st} = \frac{1}{k} I_{st} \tag{4-72}$$

$$T'_{st} = \frac{1}{k^2} T_{st} \tag{4-73}$$

式中，k 为电动机端电压之比，且 $k>1$；T'_{st}、I'_{st} 为串电抗器起动时的起动转矩和起动电流；T_{st}、I_{st} 为直接起动时的起动转矩和起动电流。

定子回路串电阻起动，可降低起动电流，但外接电阻有较大的有功功率损耗。

② 丫-△联结起动。定子绕组为△形连接的电动机，起动时接成丫形联结，当速度接近额定转速时转换为△形联结运行，采用这种方式起动时的电流和转矩分别为

$$I'_{st} = \frac{1}{3} I_{st} \tag{4-74}$$

$$T'_{st} = \frac{1}{3} T_{st} \tag{4-75}$$

式中，T'_{st}、I'_{st} 为丫形联结起动时的起动转矩和起动电流；T_{st}、I_{st} 为△形联结起动时

的起动转矩和起动电流。

Y－△联结起动的优点是不需要添置起动设备，用起动开关或交流接触器等控制设备就可以实现；缺点是只能用于△形联结的电动机。

③ 自耦补偿器（自耦变压器）起动。采用自耦变压器降压起动时，电动机的起动电流和起动转矩与定子端电压的二次方成比例降低，相同起动电流的情况下能获得较大的起动转矩。自耦降压起动时的电流和转矩分别为

$$I'_{st} = \frac{1}{k^2} I_{st} \tag{4-76}$$

$$T'_{st} = \frac{1}{k^2} T_{st} \tag{4-77}$$

式中，k 为自耦变压器的电压比，且 $k>1$；T'_{st}、I'_{st} 为自耦降压起动时的起动转矩和起动电流；T_{st}、I_{st} 为直接起动时的起动转矩和起动电流。

自耦变压器降压起动的优点是可以人工操作控制，也可以用交流接触器等自动控制，维护成本低，适合于所有异步电动机的空载和轻载起动。缺点是人工操作要配置比较贵的自耦变压器，自动控制要配置自耦变压器、交流接触器等起动设备和元件。

自耦变压器降压起动电流小，起动转矩较小，但只允许连续起动二三次，设备价格较高。

④ 软起动器。软起动器是一种集电动机软起动、软停车、轻载节能和多种保护功能于一体的新颖电动机控制装置，国外称为 Soft Starter。它的主要构成是串接于电源与被控电动机之间的三相反并联晶闸管交流调压器。改变晶闸管的触发角，就可调节晶闸管调压电路的输出电压。在整个起动过程中，软起动器的输出是一个平滑的升压过程，直到晶闸管全导通，电动机在额定电压下运行。

软起动器的优点是能降低起动电流，适合于所有异步电动机的空载、轻载起动。缺点是起动转矩小，不适用于重载起动的大功率电动机。

⑤ 变频器。将电压和频率固定不变的交流电变换为电压或频率可变的交流电的装置称为变频器。该设备首先要将三相或单相交流电（AC）变换为直流电（DC），然后再将直流电（DC）变换为三相或单相交流电（AC）。变频器同时改变输出频率与电压，也就是改变了电动机运行曲线上的 n_0，使电动机运行曲线平行下移。因此变频器可以使电动机以较小的起动电流获得较大的起动转矩，变频器可用于电动机重载起动。

变频器具有调压、调频、稳压和调速等基本功能，应用了现代的电力电子等科学技术，价格昂贵但性能良好，内部结构复杂但使用简单，不只是用于电动机，且广泛应用到各个领域。随着技术的发展，成本的降低，变频器一定还会得到更广泛的应用。

(2) 绕线式异步电动机的起动 绕线式异步电动机的转子绕组一般接成Y形联结，三相转子绕组通过集电环短接，若转子绕组直接短接情况下起动，与笼型一样，I_{st} 大，T_{st} 小。

1) 在转子回路串变阻器起动。在转子回路中串入多级对称电阻，起动时，随着转速的升高，逐级切除起动电阻。一般取最大加速转矩 $T_1 = (0.7 \sim 0.85) T_m$，切换转矩 $T_2 = (1.1 \sim 1.2) T_N$。

① 优点：只要在转子回路串入适当的电阻，既可减少起动电流，又可增加起动转矩。

② 适用条件：电动机在重载情况下的起动场合。

2）在转子回路串联频敏变阻器起动。对于单纯为了限制起动电流、增大起动转矩的绕线式异步电动机，可以采用转子串联频敏变阻器起动。

频敏变阻器是一种铁损耗很大的三相电抗器，在起动过程中，能自动、无级地减小电阻，保持转矩近似不变，使起动过程平稳、迅速。

（3）异步电动机的调速

1）转速公式如下

$$n = n_1(1-s) = \frac{60f_1}{p}(1-s) \qquad (4\text{-}78)$$

2）调速方法：由式（4-78）可知，调节磁极对数 p、频率 f_1 和转差率 s 都可以调节电动机转速。因此，调速方法有变极调速、变频调速和变转差率调速。

3）调速性能。

① 变极调速。变极调速可以采用两套绕组，为了提高材料的利用率，一般采用单绕组变极，即通过改变一套绕组的连接方式而得到不同极对数，以实现变极调速。

变极调速方法简单，运行可靠，机械特性较硬，但只能实现有级调速。单绕组三速电动机绕组接法已经相当复杂，故变极调速不适宜超过三种速度的调速。

② 变频调速。由式（4-78）可知，当转差率 s 变化不大时，n 近似正比于频率 f_1，改变电源频率就可改变异步电动机的转速。对于单一调频，U_1 不变，$f_1\uparrow \rightarrow \Phi_m\downarrow \rightarrow$ 电动机得不到充分利用；$f_1\downarrow \rightarrow \Phi_m\uparrow \rightarrow$ 磁路过饱和，励磁电流 $\uparrow \rightarrow P_{Fe}\uparrow$。如果保持 Φ_m 不变，调 f_1 同时调 U_1，可保持二者比值不变。变频调速分为恒转矩调速和恒功率调速两种。

a. 恒转矩调速。电动机变频调速前后额定电磁转矩相等，主磁通不变，电动机饱和程度不变，电动机过载能力也不变。电动机在恒转矩变频调速前后性能都保持不变。

b. 恒功率调速。电动机变频调速前后的电磁功率相等。

变频调速的优点：调速范围广，平滑性好。

变频调速的缺点：价格比较贵。

③ 转子回路串电阻调速。串电阻前后保持转子电流不变，电磁转矩 $T_m = C_M\Phi_m I_2\cos\varphi_2$ 保持不变，属于恒转矩调速。

优点：简单，可靠，价格便宜。

缺点：效率低。

④ 改变定子端电压调速。适应于泵与风机类负载；缺点是电动机效率低，温升高。

9. 电动机的节能方法及正确选用

（1）电动机节能措施

1）新购电动机应首先考虑选用高效节能电动机，然后再按需要考虑其他性能指标。

2）提高电动机本身的效率，如将电动机自冷风扇改为它冷风扇，在负载很小、户外和冬天时停用冷却风扇，有利于降低能耗。

3）将定子绕组改接成丫-△混合联结绕组，按负载轻重转换丫联结或△联结，有利于改善绕组产生的磁动势波形，降低绕组工作电流，达到高效节能的目的。

4）采用其他连续调速运行方式。如使用调压调速器、变极电动机、电磁耦合调速器和变频调速装置等。

5）更换"大马拉小车"电动机，"大马拉小车"除了浪费电能外，极易造成设备损坏。

6）合理安装并联低压电容进行无功补偿，有效地提高功率因数，减少无功损耗，节约电能。

7）从接头处通往电能表及电动机的导线截面积应满足载流量，且导线应尽量缩短，减小导线电阻，降低损耗。

（2）电动机的选用　在选用电动机之前，一般应首先了解以下几个问题：

负载的工作类型、负载的转速、负载的工作转速以及是否需要调速，起动频率、驱动负载所需功率，起动方式、制动方式以及是否要反转，工作环境条件等方面的情况。

根据对负载的了解，应考虑电动机以下几个技术要求：

电动机的转速/转矩特性，电动机的转速是否能调速，工作定频，电动机的起动转矩、最大转矩，电动机的类型，电动机的额定输出功率、效率和功率因素，电源容量、电压和相数，绝缘等级，外壳防护型式。

4.3.2　交流同步电机

1. 同步发电机的工作原理

同步发电机和其他类型的旋转电机一样，由固定的定子和可旋转的转子两大部分组成。一般分为转场式同步发电机和转枢式同步发电机。

最常用的是转场式同步发电机，其定子铁心的内圆均匀分布着定子槽，槽内嵌放着按规律排列的三相对称绕组。这种同步发电机的定子又称为电枢，定子铁心和绕组又称为电枢铁心和电枢绕组。

转子铁心上装有定形的成对磁极，磁极上绕有励磁绕组，通以直流电流时，将会在电机的气隙中形成极性相间的分布磁场，称为励磁磁场（也称主磁场、转子磁场）。

原动机拖动转子旋转，极性相间的励磁磁场随轴一起旋转并顺次切割定子各相绕组（相当于绕组的导体反向切割励磁磁场）。

由于电枢绕组与主磁场之间的相对切割运动，电枢绕组中将会感应出大小和方向按周期性变化的三相对称交变电动势。通过引出线即可提供交流电源。

所谓的同步就是转子的转速等于定子旋转磁场的转速。

2. 同步电机的主要类型及发电机基本结构

（1）同步电机的主要类型　按运行方式和功率转换方向的不同，同步电机可分为发电机、电动机和调相机三类。发电机将机械能转换为电能；电动机将电能转换为机械能；调相机用来调节电网的无功功率，改善电网的功率因数，基本上没有功率转换。

从原理上讲，同步电机既可做成旋转磁极式，也可做成旋转电枢式。无论电枢旋转或磁极旋转，电枢与磁场之间都有着相对运动，这一点则是电机结构的基本要求。但实际应用的同步电机，为制造方便，运行可靠，基本结构形式多采用旋转磁极式。

按转子磁极的形状，旋转磁极式同步电机又可分为隐极式和凸极式两种类型。隐极式电机的转子做成圆柱形，气隙均匀；凸极式电机的转子气隙不均匀，极掌部分气隙较小，极间部分气隙较大。

按原动机的不同，同步发电机可分为汽轮发电机和水轮发电机两种主要类型。汽轮机是一种高速原动机，汽轮发电机要考虑转子的机械强度和励磁绕组的固定，多采用隐极式结构，所以汽轮发电机的转子直径较小，轴向尺寸比径向尺寸大得多，通常为卧式，水轮机是低转速转旋转机械，水轮发电机的转子圆周速度较低，多采用凸极式结构，所以水轮发电机的转子极数较多，直径大，轴向尺寸比径向尺寸小得多，通常为立式。

（2）水轮发电机的基本结构　水轮发电机的结构形式有立式和卧式两种。大容量水轮发电机广泛采用立式结构，立式结构又分为悬式和伞式两种。悬式的推力轴承装在转子上部，整个转子悬挂在上机架上，这种结构运转时机械稳定性较好，通常用于转速较高的发电机（150 r/min 以上）。伞式的推力轴承装在转子下部，整个转子形同被撑的伞，这种结构运转时机械稳定性差，通常用于转速较低的发电机（125 r/min 以下）。

（3）同步发电机励磁方式　目前，国内外同步发电机的励磁方式基本上有三种，即直流励磁机励磁、静止半导体励磁和旋转半导体励磁。

1）直流励磁机励磁系统。直流励磁机励磁系统是采用直流发电机作为励磁电源，供给发电机转子回路的励磁电流。其中直流发电机称为直流励磁机。直流励磁机一般与发电机同轴，励磁电流通过换向器和电刷供给发电机转子励磁电流，形成有电刷励磁。直流励磁机励磁系统又可分为自励式和他励式。自励与他励的区别是对主励磁机的励磁方式而言的，他励直流励磁机励磁系统比自励励磁机系统多用了一台副励磁机，因此所用设备增多，占用空间大，投资大，但可提高了励磁机的电压增长速度，因而减小了励磁机的时间常数。他励直流励磁机励磁系统一般只用在水轮发电机组上。

2）静止式半导体励磁系统。静止式半导体励磁系统又分为自励式和他励式两种。

① 自励式半导体励磁系统。自励式半导体励磁系统中发电机的励磁电源直接由发电机端电压获得，经过整流后，送至发电机转子回路，作为发电机的励磁电流，以维持发电机端电压恒定的励磁系统，是无励磁机的发电机自励系统。最简单的发电机自励系统是直接使用发电机的端电压作励磁电流的电源，由自动励磁调节器控制励磁电流的大小，称为自并励晶闸管励磁系统，简称自并励系统。自并励系统中，除去转子本体及其集电环属于发电机的部件外，没有因供应励磁电流而采用的机械转动或机械接触类元件，所以又称为全静止式励磁系统。

② 他励式半导体励磁系统。他励式半导体励磁系统包括一台交流主励磁机 JL、一台交流副励磁机 FL 以及三套整流装置。两台交流励磁机都和同步发电机同轴，主励磁机为 100 Hz 中频三相交流发电机，其输出电压经过硅整流装置向同步发电机供给励磁电流。副励磁机为 500 Hz 中频三相交流发电机，其输出一方面经晶闸管整流后作为主励磁机的励磁电流，另一方面又经过硅整流装置供给自己所需要的励磁电流。自动调励的装置也是根据发电机的电压和电流来改变晶闸管的控制角，以改变励磁机的励磁电流进行自动调压。

3）旋转式半导体励磁系统。在他励和自励半导体励磁系统中，发电机的励磁电流全部由晶闸管（或二极管）供给，而晶闸管（或二极管）是静止的故称为静止励磁。在静止励磁系统中要经过集电环才能向旋转的发电机转子提供励磁电流。集电环是一种转动接触元件，随着发电机容量的快速增大，巨型机组的出现，转子电流大大增加，转子集电环中通过很大的电流，集电环的数量就要增加很多。为了防止机组运行中个别集电环过热，每个集电环必须分担同样大小的电流。为了提高励磁系统的可靠性，取消集电环这一薄弱环节，使整个励磁系统都无转动接触的元件，因此就产生了无刷励磁系统。

（4）同步发电机的铭牌

1）同步发电机的型号。例如，一台水轮发电机的型号为 SF20-40/6 400，型号中 SF 表示水轮发电机；20 为 20 MW 装机容量；6 400 为定子铁心外径，单位为 mm；40 表示磁极个数。

2）额定电压 U_N。额定电压是指额定运行时，定子三相绕组上的额定线电压，单位为 V 或 kV。

3）额定电流 I_N。额定电流是指额定运行时，流过定子绕组的线电流，单位为 A。

4）额定功率 P_N。额定功率是指额定运行时，电机的输出功率，单位为 kW 或 MW。

5）额定功率因数 $\cos\varphi_N$。额定功率因数是指额定运行时，发电机的功率因数。

$$S_N = \sqrt{3}U_N I_N \tag{4-79}$$

$$P_N = \sqrt{3}U_N I_N \cos\varphi_N \tag{4-80}$$

6）额定转速 n_N。额定转速是指同步发电机的同步转速，单位为 r/min。

7）额定频率 f_N。我国标准工业频率为 50 Hz，故 f_N=50 Hz。

此外，发电机铭牌上还常列出绝缘等级、额定励磁电压和额定励磁电流。

（5）同步发电机并联运行的条件和投入方法

1）投入并联的条件。

① 发电机频率与电网频率相同，$f_2 = f_1$。否则，发电机输出电压与电网电压之间有相位差存在，并联运行时将产生环流。

② 发电机相电动势与电网电压波形要相同。否则，并联时将在发电机与电网之间产生高次谐波环流，使运行损耗和温升增高。

③ 发电机相电动势与电网电压幅值相等、相位相同。否则，产生环流高达 20～30 倍额定值。

④ 二者相序相同。否则，将产生环流。

上述条件中，②和④可以在设计、制造上来保证；①和③为在并网运行时满足的条件。

2）投入并联的方法。

① 准同步法。同步发电机与电网并联时，调节电压、频率和相位角，使待并联发电机的电状态尽可能与对方一致，即完全符合并联投入的条件，这样的同步过程称为准同步或理想同步。为了判断是否满足投入条件，常采用同步指示器。

准同步法的优点是投入瞬间电网和发电机之间基本上没有冲击电流，缺点是操作比较复杂，尤其是当电网已出现故障，电压和频率均处于变化的情况下，用此法就难以将发电机投入。为了迅速将发电机投入电网，可采用自同步法。

② 自同步法。用原动机将发电机拖动到接近同步转速，并网后，立即投入励磁，此时可由定、转子间的电磁力将电机自动牵入同步。但冲击电流比较大。

电网上经常接有异步电动机、变压器等电力设备，它们都属于电网的感性负载，从电网吸收滞后的电流，造成电网的功率因数滞后。如果接在电网上的同步电动机工作在过励状态，就可以从电网吸收超前的容性电流，补偿电网的功率因数，提高电网的功率因数。

（6）同步补偿机   不带机械负载，专门吸收超前的无功电流，用以改善（补偿）电网功率因数的同步电机称为同步补偿机，又称同步调相机。除自身的损耗外，补偿机既不从电网吸收更多的有功功率，也不产生更多的功率转换，故同步补偿机总是在接近于零电磁功率和零功率因数的情况下运行。

（7）同步电机的起动   同步电机是不能自起动的，这是它的一大缺点。因为如把同步电机的定子直接投入电网，则定子旋转磁场为同步转速，而转子不动，定子、转子磁场间具有相对运动，不能产生平均的同步电磁转矩，从而电机将不能转动。

起动同步电机的方法有辅助电机起动法、调频起动法和异步起动法。

（8）柴油发电机组   柴油发电机组由柴油机和发电机两部分组成。柴油机作为动力，驱动三相交流发电机提供电能。

4.3.3　直流电机

输出或输入为直流电能的旋转电机，称为直流电机，如图4-64所示。直流发电机作为直流电源，向负载输出电能；直流电动机则是作为原动机带动各种生产机械工作，向负载输出机械能。

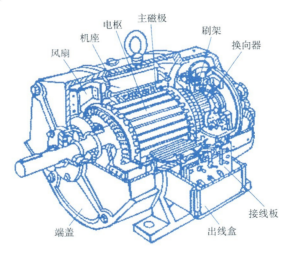

图 4-64　直流电机结构

直流电机和所有旋转电机一样，都是依据"导线切割磁通产生感应电动势和载流导体在磁场中受到电磁力的作用"基本原理制造的。因此，从结构上讲，任何电机都包括磁场部分和电路部分。

1. 直流电机的基本结构

直流电机由固定的定子和转动的转子两大部分组成。

（1）定子   定子由主磁极、换向磁极、机座以及电刷装置等组成。

1）主磁极。主磁极用来产生磁场，使电枢绕组产生感应电动势。它由铁心和励磁绕组组成，铁心用厚 0.5～1.5 mm 的低碳钢板冲压、叠装后用铆钉铆紧。靠近气隙的扩大部分称为极靴，极靴对励磁绕组起支撑作用，且使气隙磁通有较好的波形分布。励磁绕组用绝缘铜线绕制而成，经绝缘浸渍处理后套在磁极铁心上。主磁极交替布置，均匀分布并用螺钉固定在机座的内圆。

2）换向极。换向极用来改善直流电机的换向性能，又称附加极。它由铁心和套在铁心上的换向极绕组组成。铁心常用整块钢或厚钢板制成，匝数不多的换向极绕组与电枢绕组串联。换向极的极数一般与主磁极的极数相同。换向极与电枢之间的气隙可以调整。

3）机座。机座既是电机的外壳，又是电机磁路的一部分，用低碳钢铸成或用钢板焊接而成。机座的两端有端盖。中小型电机前后端盖都装有轴承，用于支撑转轴。大型电机则采用座式滑动轴承。

4）电刷装置。电刷装置的作用是使转动部分的电枢绕组与外电路接通，将直流电压、电流引出或引入电枢绕组。电枢装置由电刷刷握、刷杆座和汇流条等组成，电刷一般采用石墨和铜粉压制焙烧而成。它放置在刷握中，由弹簧将其压在换向器的表面上，电刷杆数量一般等于主磁极的数目。

（2）转子　转子由电枢铁心、电枢绕组和换向器等部件组成。

1）电枢铁心。电枢铁心作为电机磁路的一部分，用 0.35 mm 或 0.5 mm 厚冲有齿和槽的两面漆有绝缘漆的硅钢片叠装而成。电枢绕组放置在铁心的槽内。小容量电机的电枢铁心上有轴向通风孔，而大容量电机的还有径向通风沟。

2）电枢绕组。电枢绕组的作用是产生感应电动势和电磁转矩，从而实现机电能量的转换。电枢绕组是用绝缘铜线制成，然后嵌放在电枢铁心槽内，电枢绕组的引线端头按一定的规律与换向片连接。电枢绕组的槽部用绝缘的槽楔压紧，其端部用钢丝或无纬玻璃丝带帮扎。

3）换向器。换向器是直流电机的关键部件，它将电枢绕组内部的交流电动势转换为电刷间的直流电动势。换向器由彼此绝缘的换向片构成，外表呈圆形。换向片用硬质电解铜（铜镉合金）制作。换向片垫以 0.4～1.0 mm 厚的云母绝缘，整个圆筒的端部用 V 形压环夹紧，换向片与 V 形压环之间用云母绝缘。每片换向片的端部有凸出的升高片，用来与绕组引线端头连接。

2. 直流电机的基本工作原理

（1）直流电动机的工作原理　带电导体在磁场中受到电磁力的作用并形成电磁转矩，驱动转子转动起来。如图 4-65a 所示，把电刷 A、B 接到直流电源上，电刷 A 接正极，电刷 B 接负极。此时电枢线圈中将有电流流过。在磁场作用下，N 极下导体 ab 受力方向从右向左，S 极下导体 cd 受力方向从左向右。该电磁力形成逆时针方向的电磁转矩。当电磁转矩大于负载转矩时，电动机转子顺着电磁转矩的方向旋转。

当电枢旋转到图 4-65b 所示位置时，原 N 极下导体 ab 转到 S 极下，受力方向从左向右，原 S 极下导体 cd 转到 N 极下，受力方向从右向左。该电磁力形成逆时针方向的电磁转矩，转子继续原方向旋转。

（2）直流发电机的工作原理　如图 4-66a 所示，原动机驱动发电机转子逆时针旋转。

转过 180°后如图 4-66b 所示。导体 ab 在 S 极下，a 点低电位，b 点高电位；导体 cd 在 N 极下，c 点低电位，d 点高电位；电刷 A 极性仍为正，电刷 B 极性仍为负。和电刷 A 接触的导体总是位于 N 极下，和电刷 B 接触的导体总是位于 S 极下。电刷 A 的极性总是正的，电刷 B 的极性总是负的，在电刷 A、B 两端可获得直流电动势。

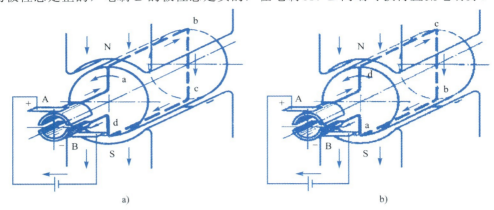

图 4-65　直流电动机工作原理

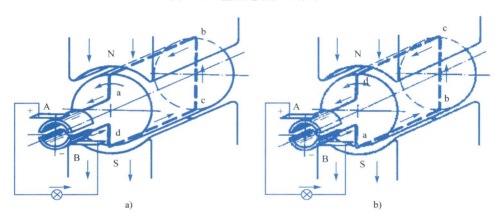

图 4-66　直流发电机工作原理

线圈中的电动势及电流的方向是交变的，只是经过电刷和换向片的整流作用，才使外电路得到方向不变的直流电。直流发电机实质上是带有换向器的交流发电机。

（3）直流电机的可逆性　一台直流电机原则上既可以作为电动机运行，也可以作为发电机运行，只是外界条件不同而已。如果用原动机拖动电枢恒速旋转，就可以从电刷端引出直流电动势而作为直流电源对负载供电；如果在电刷端外加直流电源，则电机就可以带动轴上的机械负载旋转，从而把电能转变成机械能。这种同一台电机能作电动机或作发电机运行的原理，在电机理论中称为可逆原理。

3. 直流电机的电枢电动势

电枢电动势是指直流电机正负电刷之间的感应电动势，也就是电枢绕组里每条并联支路的感应电动势。所以，可以先求出一根导体在一个极距范围内所产生的平均电动势，再求一条支路的。

一个磁极极距范围内，平均磁密用 B_{av} 表示，极距为 τ，电枢的轴向有效长度为 l，每极磁通为 $\varPhi$，则 $B_{av} = \dfrac{\varPhi}{\tau l}$。

一根导体的平均电动势为

$$e_{av} = B_{av}lv \tag{4-81}$$

又因为

$$v = 2p\tau\frac{n}{60} \tag{4-82}$$

所以

$$e_{av} = 2p\Phi\frac{n}{60} \tag{4-83}$$

因为一条支路里的串联总导体数为 $N/2a$（N 为电枢总导体数，$N = 2SN_y$），于是，电枢电动势为

$$E_a = \frac{N}{2a}e_{av} = \frac{N}{2a}\times 2p\Phi\frac{n}{60} = \frac{pN}{60a}\Phi n = C_e\Phi n \tag{4-84}$$

式中，$C_e = \dfrac{pN}{60a}$ 是一个常数，称为电动势常数。

4. 直流电机的电磁转矩

如果电动势和发电机相关，那么，电磁转矩和电动机可以联系在一起，求解电磁转矩的过程和求解电动势类似。

1）一个导体的平均电磁力为

$$f_{av} = B_{av}li_a \tag{4-85}$$

2）平均电磁力乘以电枢的半径，即得到一根导体所受的平均转矩为

$$T_x = f_{av}\frac{D}{2} \tag{4-86}$$

3）电机总的电磁转矩为

$$T = B_{av}l\frac{I_a}{2a}N\frac{D}{2} = \frac{\Phi}{l\tau}l\frac{I_a}{2a}N\frac{2p\tau}{2\pi} = \frac{pN}{2\pi a}\Phi I_a = C_T\Phi I_a \tag{4-87}$$

式中，C_T 是一个常数，称为转矩常数，$C_T = \dfrac{pN}{2\pi a}$；I_a 是电枢总电流，$I_a = 2ai_a$。

电磁转矩正比于每极磁通和电枢电流。

C_e、C_T 对于一个具体的电机而言，是一个常数，通过换算，两者之间有一固定的关系：$\dfrac{C_T}{C_e} = \dfrac{60}{2\pi} = 9.55$ 或 $C_T = 9.55C_e$。

5. 电动机的机械特性与生产机械的负载特性

要使生产机械有效而经济地工作，必须正确地选择电动机。在选择电动机时，要使电动机输出的力学性能充分满足生产机械提出的要求，这就需要了解电动机的机械特性和生产机械的负载转矩特性。

（1）电动机的机械特性　电动机的机械特性是指电动机的转速 n 与电磁转矩 T 的关系，即 $n=f（T）$。机械特性决定电动机的稳定运行、起动、制动以及转速调节的工作

情况。

电动机机械特性的一个重要指标是机械特性的硬度，它表示转速随转矩改变而变化的程度，通常用硬度系数 β 来表示。特性曲线上任一点硬度系数的定义是该点的转矩变化百分数与转速变化百分数之比。

从硬度的观点看，可把电动机的机械特性分成三种类型：绝对硬的机械特性、硬的机械特性和软的机械特性。

（2）生产机械的负载特性　生产机械的负载转矩特性是指生产机械的转速 n 与所相应的负载转矩 T_L 的关系，即 $n= f(T_L)$。把生产机械负载转矩特性简称为负载转矩特性或负载特性。

生产机械的负载特性可分为三种情况：负载转矩与转速无关；负载转矩与转速成比例变化；负载转矩与转速的二次方成比例变化。

负载转矩还可以分为反抗转矩与位能转矩两类。

6. 直流电机的换向

当电机旋转时，电枢绕组元件从一条支路经过电刷短路进入另一条支路。元件中电流改变方向的过程称为换向。

换向的不良现象是电刷下出现火花。火花在电刷下范围很小，亮度很弱，呈现蓝色，对电机并无危害。若火花范围较大，比较明亮，呈白色或红色，对电机则有危害。

换向过程受到电磁、机械、电热和化学等各种因素的影响。在影响换向的诸因素中，电磁是最重要的因素。而附加换向电流是造成换向不良的电磁原因。因此，为了改善换向，即减小电刷与换向片间的火花，必须限制附加电流。增加电刷与换向片间的接触电阻和减小换向元件中的感应电动势，都可以达到限制附加电流的目的。其方法有：

（1）选择适当电刷，增加电刷与换向片间的接触电阻　电刷与换向片间的接触电阻是短路回路最主要的电阻。直流电机一般采用炭石墨电刷。

（2）移动电刷改善换向　附加换向电流与电抗电动势及旋转电动势之和成正比。当位于几何中性线上的元件换向时，该元件产生的电抗电动势与旋转电动势方向相同，都对换向电流的变化起阻碍作用。而其中的电抗电动势是由换向电流变化而引起的，因而它总对电流换向起阻碍作用。而旋转电动势则是换向元件切割磁场而产生的，它的方向随所切割的磁场极性而定。

（3）装置换向极　为了解决移动电刷改善换向的困难，直流电机一般都装置换向极。换向极装置在相邻的两个主磁极之间。电刷固定在换向器上的位置是在主磁极轴线上。因此，几何中性线上的元件便可平滑地进行换向。

（4）补偿绕组　换向极的磁场可抵消换向区域的交轴电枢磁场，并在换向元件中产生所需的换向电动势，但不能限制由电枢反应引起的主磁极下的磁场畸变。当电机遇到急剧的过载冲击时，仅靠换向极往往不能达到满意的换向。所以，还要采取补偿绕组来改变换向。

7. 直流电机的励磁方式

直流电机的励磁方式是指对励磁绕组如何供电、产生励磁磁动势而建立主磁场的问题。根据励磁方式的不同，直流电机可分为下列几种励磁类型。

（1）**他励式直流电机**　励磁绕组与电枢绕组无连接关系，由其他直流电源对励磁绕组供电的直流电机称为他励直流电机，接线如图 4-67a 所示。图中 M 表示电动机，若为发电机，则用 G 表示。永磁直流电机也可看作他励直流电机。

（2）**并励直流电机**　并励直流电机的励磁绕组与电枢绕组相并联，接线如图 4-67b 所示。作为并励发电机来说，是电机本身发出来的端电压为励磁绕组供电；作为并励电动机来说，励磁绕组与电枢共用同一电源，从性能上讲与他励直流电机相同。

（3）**串励直流电机**　串励直流电机的励磁绕组与电枢绕组串联后接于直流电源，接线如图 4-67c 所示。这种直流电机的励磁电流就是电枢电流。

（4）**复励直流电机**　复励直流电机有并励和串励两个励磁绕组，接线如图 4-67d 所示。若串励绕组产生的磁动势与并励绕组产生的磁动势方向相同称为积复励。若两个磁动势方向相反，则称为差复励。不同励磁方式的直流电机有着不同的特性。

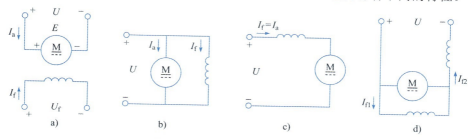

图 4-67　直流电机的励磁方式

a）他励电机　b）并励电机　c）串励电机　d）复励电机

8. 并励直流电机的机械特性

在电源电压 U 和励磁电路的电阻 R_f 为常数的条件下，电机的转速 n 与电磁转矩 T 之间关系 $n=f（T）$，称为机械特性。

并励电机的励磁电流是不受负载影响的，即当外加电压一定时，Φ 为一常数。由 $n=(U_a-I_aR_a)/C_E\Phi=U_a/C_E\Phi-R_a/C_EC_T\Phi^2T$ 可得 $n=n_0-CT$。

式中，$n_0=U_a/C_E\Phi$ 称为理想空载（$T=0$）转速，$C=R_a/C_EC_T\Phi^2$ 是一个很小的常数，它代表电机随负载增加而转速下降的斜率。

并励电机的机械特性曲线是一条稍微向下倾斜的直线，如图 4-68 所示。并励电机常用于转速不受负载影响又便于在大范围内调速的生产机械，如大型车床、龙门刨床等。

9. 直流电机的起动和正反转

（1）**起动概述**　同交流电机一样，直流电机起动时也应符合两个基本要求：第一，要有足够大的起动转矩；第二，起动电流不要超过安全范围。

（2）**起动方法**

1）**电枢回路串电阻起动。**

起动电流：$I_{st}=U/(R_a+R_{st})$

起动转矩：$T_{st}=C_T\Phi I_{st}$

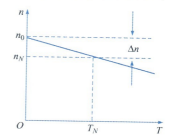

图 4-68　并励电机的机械特性

为了在限定的电流 I_{st} 下获得较大的起动转矩 T_{st}，应该使磁通 Φ 尽可能大些，因此起动时串联在励磁回路的电阻应全部切除。

有了一定的转速 n 后，电动势 E_a 不再为 0，电流 I_{st} 会逐步减小，转矩 T_{st} 也会逐步减小。

为了在起动过程中始终保持足够大的起动转矩，一般将起动器设计为多级，随着转速 n 的增大，串在电枢回路的起动电阻 R_{st} 逐级切除，进入稳态后全部切除。

起动电阻 R_{st} 一般设计为短时运行方式，不允许长时间通过较大的电流。

2）降低电枢电压起动。这种起动方法需有一个可改变电压的直流电源。由于励磁绕组与电枢绕组并联，电枢电压降低，励磁电压也降低，从而主磁通减小，这就影响到反电动势的建立和起动转矩的减小。所以并励电机如用降压起动，励磁绕组需采用他励，使励磁电流不受电枢电压的影响。

（3）改变电机转向的方法   要改变电机转向，就必须改变电磁转矩的方向。

单独改变磁通方向（通过改变励磁电流的方向）或者单独改变电枢电流的方向，均可以改变电磁转矩的方向。

改变转向的方法：

1）对于并励电机，可单独将励磁绕组引出端对调。

2）单独将电枢绕组引出端对调。对于复励电机，应将电枢引出端对调或者同时将并励绕组和串励绕组引出端分别对调（以维持复励状态）。

10. 直流电机的调速

（1）改变电枢回路电阻调速   各种直流电机都可以通过改变电枢回路电阻来调速，如图 4-69a 所示。转速特性公式为

$$n = \frac{U_a - I_a(R_a + R_w)}{C_F \Phi} \qquad (4\text{-}88)$$

式中，R_w 为电枢回路中的外接电阻，Ω。

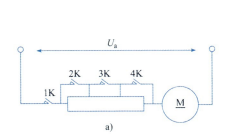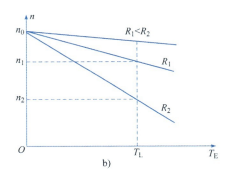

图 4-69   改变电枢回路电阻调速

a）改变电枢电阻调速电路   b）改变电枢电阻调速时的机械特性

当负载一定时，随着串入的外接电阻 R_w 的增大，电枢回路总电阻 $R = (R_a + R_w)$ 增大，电机转速降低。其机械特性如图 4-69b 所示。R_w 的改变可用接触器或主令开关来控制。

这种调速方法为有级调速，调速比一般约为 2：1，转速变化率大，轻载下很难得到低速，效率低，故现在已极少采用。

（2）改变励磁电流调速   当电枢电压恒定时，改变电机的励磁电流也能实现调速。

由式（4-88）可看出，电机的转速与磁通 Φ（也就是励磁电流）成反比，即当磁通减小时，转速 n 升高；反之，则 n 降低。由于电机的转矩 T_e 是磁通 Φ 和电枢电流 I_a 的乘积（即 $T_e=CT\Phi I_a$），电枢电流不变时，随着磁通 Φ 的减小，转速升高，转矩也会相应地减小。所以，在这种调速方法中，随着电机磁通 Φ 的减小，转速升高，转矩也会相应地降低。在额定电压和额定电流下，不同转速时，电机始终可以输出额定功率，因此这种调速方法称为恒功率调速。

为了使电机的容量能得到充分利用，通常只在电机基速以上调速时才采用这种调速方法。采用弱磁调速时的范围一般为 1.5∶1～3∶1，特殊电机可达到 5∶1。

这种调速电路的实现很简单，只要在励磁绕组上加一个独立可调的电源供电即可实现。

（3）改变电枢电压调速　连续改变电枢电压，可以使直流电机在很宽的范围内实现无级调速。

如前所述，改变电枢供电电压的方法有两种：一种是采用发电机-电动机组供电的调速系统；另一种是采用晶闸管变流器供电的调速系统。

4.3.4　其他电机

1. 伺服电动机

在自动控制系统中，伺服电动机用作执行元件，其任务是把所接收到的电信号转变为电机的一定转速或机轴位移。伺服电动机分为交流和直流两种。其容量一般在 0.1～100 W，常用的是 30 W 以下。交流伺服电动机为获得良好的性能，所用电源频率除工频外，有时也用较高的频率。

国产交流伺服电动机电源频率为 50 Hz 时，电压为 36 V、110 V、220 V 和 380 V；频率为 400 Hz 时，电压为 20 V、26 V、36 V 和 115 V。

交流伺服电动机的基本结构、工作原理和分析方法与一般的单相异步电动机基本相同，但由于系统的要求和运行条件不同，在性能指标、参数大小以及具体结构上，交流伺服电动机又有其特殊要求。

对交流伺服电动机的特殊要求是：

（1）要无"自转"现象。即当信号电压为零时，电动机应迅速自动停转。

（2）要稳定。即在控制电压改变时，电动机能在宽广的转速范围内稳定地运行。

（3）要灵敏。即对信号的反应要迅速。

前两点合在一起，称为交流伺服电动机的可控性。

此外还要求伺服电动机具有近于线性的机械特性和调节特性、大的起动转矩、小的控制功率以及较小的体积和重量。

2. 异步测速发电机

在自动控制系统中，目前应用的交流测速发电机主要是空心杯转子异步测速发电机。

空心杯转子异步测速发电机的结构原理如图 4-70 所示，主要由内定子、外定子及在它们之间的气隙中转动的杯形转子所组成。励磁绕组、输出绕组嵌在定子上，彼此在空间上相差 90°电角度。杯形转子是由非磁性材料制成，当转子不转时，励磁后由杯形转子电流产生的磁场与输出绕组轴线垂直，输出绕组不感应电动势；当转子转动时，由杯形转子产生的磁场与输出绕组轴线重合，在输出绕组中感应的电动势大小正比于杯形转子的转速，而频率和励磁电压频率相同，与转速无关。反转时输出电压相位也相反。杯形转子是传递信号的关键部件，其质量好坏对性能起很大作用。由于它的技术性能比其他类型交流测速发电机优越，结构不复杂，噪声低，无干扰且体积小，是目前应用最为广泛的一种交流测速发电机。

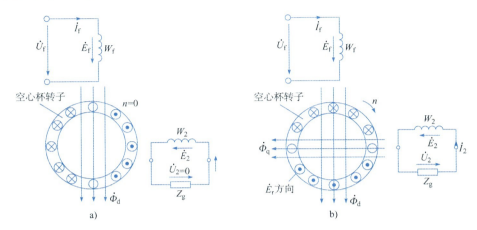

图 4-70　空心杯转子异步测速发电机原理

a）转子静止时　a）转子旋转时

3．步进电动机

步进电动机是一种将电脉冲信号转换成角位移或线位移的机电元件。步进电动机的输入量是脉冲序列，输出量则为相应的增量位移或步进运动。正常运动情况下，它每转一周具有固定的步数。做连续步进运动时，其旋转转速与输入脉冲的频率保持严格的对应关系，不受电压波动和负载变化的影响。由于步进电动机能直接接受数字量的控制，所以特别适宜微机控制。

（1）步进电动机的种类　目前常用的有三种步进电动机：

1）反应式步进电动机（VR）。反应式步进电动机结构简单，生产成本低，步距角小，但动态性能差。

2）永磁式步进电动机（PM）。永磁式步进电动机出力大，动态性能好，但步距角大。

3）混合式步进电动机（HB）。混合式步进电动机综合了反应式、永磁式步进电动机两者的优点，它的步距角小，出力大，动态性能好，是目前性能最高的步进电动机。它有时也称作永磁感应式步进电动机。

（2）步进电动机的工作原理　图 4-71 为最常见的三相反应式步进电动机的剖

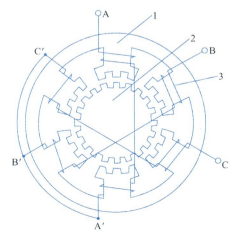

图 4-71　三相反应式步进电动机的结构示意

1—定子　2—转子　3—定子绕组

面示意图。电动机的定子上有 6 个均匀分布的磁极，其夹角是 60°。各磁极上套有线圈，连接成 A、B、C 三相绕组。转子上均匀分布 40 个小齿，每个齿的齿距为 $\theta_E=360°/40=9°$，而定子每个磁极的极弧上也有 5 个小齿，且定子和转子的齿距和齿宽均相同。由于定子和转子的小齿数目分别是 30 和 40，其比值是一分数，这就产生了所谓的齿错位的情况。若以 A 相磁极小齿和转子的小齿对齐，那么 B 相和 C 相磁极的齿就会分别和转子齿相错 1/3 的齿距，即 3°。因此，B、C 极下的磁阻比 A 磁极下的磁阻大。若给 B 相通电，B 相绕组产生定子磁场，其磁力线穿越 B 相磁极，并力图按磁阻最小的路径闭合，这就使转子受到反应转矩（磁阻转矩）的作用而转动，直到 B 磁极上的齿与转子齿对齐，恰好转子转过 3°，此时 A、C 磁极下的齿又分别与转子齿错开 1/3 齿距。停止对 B 绕组通电，而改为 C 相绕组通电，同理受反应转矩的作用，转子按顺时针方向再转过 3°。依次类推，当三相绕组按 A→B→C→A 顺序循环通电时，转子会按顺时针方向，以每个通电脉冲转动 3°的规律步进式转动起来。若改变通电顺序，按 A→C→B→A 顺序循环通电，则转子就按逆时针方向以每个通电脉冲转动 3°的规律转动。因为每一瞬间只有一相绕组通电，并且按三种通电状态循环通电，故称为单三拍运行方式。单三拍运行时的步矩角 θ_b 为 30°。三相步进电动机还有两种通电方式：双三拍运行，即按 AB→BC→CA→AB 顺序循环通电的方式；单、双六拍运行，即按 A→AB→B→BC→C→CA→A 顺序循环通电的方式。六拍运行时的步矩角将减小一半。反应式步进电动机的步距角可按下式计算

$$\theta_b=360°/NE_r \tag{4-89}$$

式中，E_r 为转子齿数；N 为运行拍数，$N=km$，m 为步进电动机的绕组相数，$k=1$ 或 2。

（3）步进电动机的驱动方法 步进电动机不能直接接到工频交流或直流电源上工作，而必须使用专用的步进电动机驱动器，如图 4-72 所示，它由脉冲发生控制单元、功率驱动单元和保护单元等组成。图中点画线所包围的两个单元可以用微机控制来实现。驱动单元与步进电动机直接耦合，也可理解成步进电动机微机控制器的功率接口。

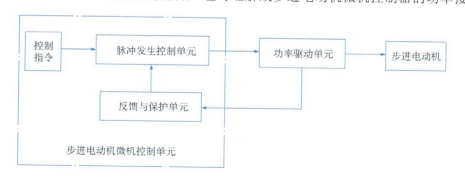

图 4-72　步进电动机驱动控制器

4.3.5　电动机的运行和维护

1. 电动机起动前的检查

（1）新安装或长期停用的电动机，起动前应做好以下检查：

1）电动机基础是否稳固，螺栓是否拧紧，轴承是否缺油，油是否合格，电动机接线是否符合要求，绝缘电阻是否合格等。

2）起动设备接线是否正确，起动装置是否灵活，有没有卡住现象，油浸自耦降压起动设备的油是否变质，油量是否合适，触头接触是否良好。

3）电动机和起动设备的金属外壳是否可靠接地或接零。

（2）正常运行的电动机，起动前应做如下检查：

1）检查三相电源是否有电，电压是否过低，熔丝有无损坏，安装是否可靠。

2）连接器的螺栓和销子是否紧固，传动带连接是否良好，松紧程度是否合适，机组转动是否灵活，有无摩擦、卡住、串动和不正常声响。

3）电动机周围是否有妨碍运行的杂物和易燃品等。

（3）起动电动机时应注意的事项：

1）起动电动机时近旁不应有人，拉合刀开关时操作人员应站在一侧，防止电弧烧伤，使用双刀开关起动、丫/△起动或自耦降压起动必须遵守操作顺序。

2）几台电动机共用一台变压器时，应由大到小逐台起动。一台电动机连续多次起动时，应按有关规定保留适当间隔时间，防止过热，连续起动不宜超过3～5次。

3）合闸后，如电动机不转或转速很慢或声音不正常时，应迅速拉闸检查，找出原因后再行起动。

　　2．电动机的日常检查

①监视电动机的发热现象；②监督电动机的电流额定值；③注意电源电压的变化；④注意三相电压和三相电流的不平衡程度；⑤注意电动机的振动；⑥注意电动机的声音和气味。

　　3．电动机的事故停机

运行中电动机有下列情况之一时，应立即切断电源，停机检查：①运行中发生人身事故；②电动机发热的同时，转速急速下降；③电动机起动设备冒烟起火，电动机所拖动的机械发生故障，所带机械的传动装置机构折断；④电动机轴承超过有关规定的高热，电流超过铭牌规定或运行中电流猛增；⑤电动机发生强大振动。

　　4．电动机的定期维护

电动机除了做好运行中的维护监视外，经过一定时间运行后，还应进行定期检查和维护保养，这样才能保证电动机的安全运行并延长使用寿命。在日常维护保养中，一般规定电动机的检修有：大修每1～2年1次；中修每年进行2次；小修是对主要电动机或在环境不良情况下运行的电动机，每年4次，其他电动机可酌减，每年2次。

第 5 章　电气图的绘制与设计

5.1　电气图的绘制与阅读

5.1.1　电气图分类

1. 按表达形式分类

电气图的种类较多，按表达形式的不同，可以分成以下四种。

（1）图样　图样是利用投影关系绘制的图形，如各种印制板图等。

（2）简图　简图是用规定的图形符号、带注释的围框或简化外形表示电气系统或设备中各组成部分之间相互关系或元器件连接关系的一种图，如框图、电路原理图和接线图等。简图并非指电气图的简化图，而仅是对这类电气图表达形式的一种称呼。

（3）表图　表图是反映两个或两个以上变量之间关系的一种图，如表示电气系统内部相关各电量之间关系的波形图等，它是以波形曲线来描述电气系统的特征。

（4）表格　电气图中的表格是指把电气系统的有关数据或编号按纵横排列的一种表达形式，用以说明电气系统或设备中各组成部分的相互联系或连接关系，也可用以提供电气工作参数，如电气接线表等。

2. 按功能和用途分类

根据功能和用途的不同，电气图可以分成以下几种。

（1）系统图　系统图或系统框图是用符号或带注释的框图来表明系统或子系统的组成、各组成部分的相互关系及主要特征。系统图或系统框图往往是一种简化图。电动机转速负反馈自动调速系统的系统框图，如图 5-1 所示。

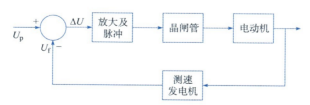

图 5-1　具有转速反馈自动调速系统框图

（2）功能图　功能图可以作两方面解释：一种是反映电气系统各组成部分（按功能模块划分）的功能和信号流向框图，形式上类似于系统框图；另一种是以理论的或理想的电路来反映电气系统特征功能的电气图，电子技术中使用的放大电路和微变等效电路如图 5-2 所示。

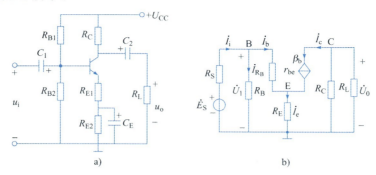

图 5-2　具有发射极电阻的共射放大器

a）电路图　b）微变等效电路

（3）逻辑图　逻辑图又称功能逻辑图或逻辑原理图，是以二进制逻辑单元的图形符号绘制的一种电气图。边沿触发型 JK 触发器内部结构的逻辑如图 5-3 所示。

（4）电路图　电路图又称电路原理图或电气原理图，是根据工作原理，用图形符号详细反映电气系统全部组成和连接关系，而不考虑元器件实际位置的一种电气图。电路图的作用在于能全面反映系统的功能和工作原理，可用于分析和计算系统有关特性和参数，与框图、接线图和印制板图等配合使用，可作为装配接线、调试和维修的依据。

（5）流程图　流程图又称程序框图，是用系统的要素或模块及带工作流向的线段绘制的图。流程图中的系统要素和模块应具有相对独立性，而带工作流向线段应反映系统的实际工作流程。流程图在绘制电气图、计算机编程及其他许多场合都可使用。求解一元二次方程的流程如图 5-4 所示。

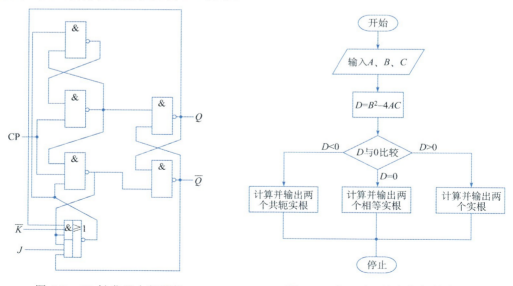

图 5-3　JK 触发器内部逻辑　　　　图 5-4　求一元二次方程根的流程

（6）接线图和接线表　接线图或接线表是反映电气系统或设备中各部分的连接关

系的图或表，用以安装接线或检查维修之用。

（7）印制板图　印制板图是用元器件正投影和符号相结合的方法，把用图形符号绘制的电气原理图转变成实际元器件之间的电气连接图。印制板图和接线图、接线表一样，是电气系统或设备装配、维修的主要技术性图样。印制板图除手工绘制外，更多地采用计算机软件辅助绘制。

（8）设备元件表　设备元件表是电气系统中各部件的汇总表，一般包括各部件的名称、型号、规格和数量等，是一种辅助性技术资料。

5.1.2　电气图的绘制

电气图的种类较多，相应的也有许多制图的国标，限于读者对象和篇幅有限，本书只对制图国标作简要介绍，目的是更好地对电气图进行阅读。

1. 电气图格式

（1）图样幅面格式　正规的电气图应绘制在标准幅面的图样上，常用的图样幅面有六种，见表 5-1。如基本幅面不够，可选择规定的加长幅面，见表 5-2。

表 5-1　图样幅面尺寸　　　　　　　　　　　　　　　　（单位：mm）

幅面代号	A0	A1	A2	A3	A4	A5
$B×L$	841×1 189	594×841	420×594	297×420	210×297	148×210
a	25					
c	10			5		
e	20		10			

表 5-2　加长图样的幅面

代号	幅面尺寸/mm
A3×3	420×891
A3×4	420×1 189
A4×3	297×630
A4×4	297×841
A4×5	297×1051

图样幅面格式主要包括图框及标题栏，如图 5-5 所示。

（2）图上位置的表示方法　为了方便清晰地表示图形符号或元件在图中的位置，对于图幅较大、内容较多的电气图，一般采用以下三种表示方法。

1）图幅分区法。图幅分区法如图 5-6 所示。它是在图样横竖两地分别从左到右及从上到下标以数字和字母编号，要求编号个数为偶数，每一分区的图样尺寸一般在 25～75 mm 之间。

利用图幅分区的方法可以方便地将图中符号或元件的位置表示出来，例如图 5-6 中 x 区域可用 B3（横向用 B、纵向用 3）表示。

2）电路编号法。电路编号法是对电路或分支电路用数字编号来表示其位置，数字编号应按自左到右或自上到下的顺序排列，如图 5-7 所示。其中 KA_1、KA_2、KA_3 与 KT_1、KT_2 为五个中间继电器与时间继电器，图下方分别为它们的触头及所在支路编号，

X 表示未使用的触头，最下面数字即为各支路的位置编号。例如 KA_1 继电器在 2 号位置上使用了一个常开触点，在 5 号位置上使用了一个常闭触点。

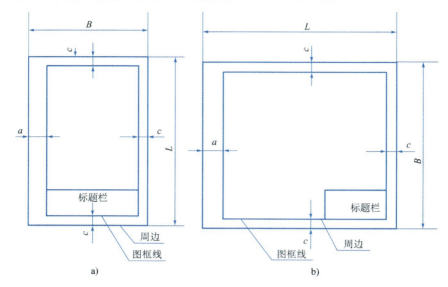

图 5-5   图框格式及标题栏方位

a）竖框   b）横框

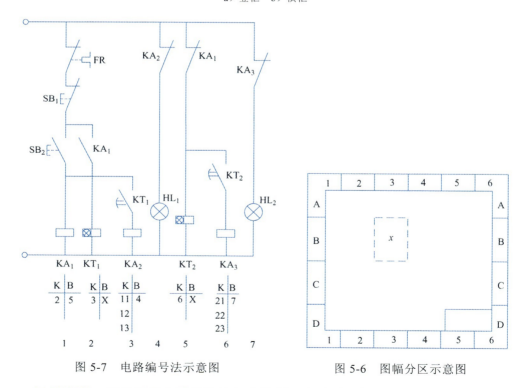

图 5-7   电路编号法示意图

图 5-6   图幅分区示意图

3）表格法。表格法是在图的边缘部分绘制一个以项目代号分类的表格。表格中的项目代号和图中相应的图形符号在垂直或水平方向对齐，图形符号旁仍需标注项目代号。表格法示例如图 5-8 所示。

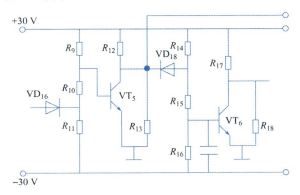

图 5-8　表格法示例

（3）图线的绘制方法

1）线型。在电气图中，不同的线型代表了不同的含义，见表 5-3。

表 5-3　电气图图线的型式及用途

图线型式名称	用　　途
实线	基本线、简图主要内容用线、可见轮廓线、可见导线
虚线	辅助线、屏蔽线、机械连接线、不可见轮廓线、不可见导线、计划扩展内容用线
点画线	分界线、结构图框线、功能图框线、分组图框线
双点画线	辅助图框线

2）连接线。连接线用实线，计划扩展的内容用虚线，特殊场合也可以采用中断线或粗实线表示，如远程电源和负载等。

电气系统图可用中断线表示长距离线，用粗线表示电源线，用细线表示负载部分连接导线。

对于同一定向含有多根导线的情况，在图中可作如下特殊处理，如图 5-9 所示。

① 多线表示法。当有多条平行连接线时，为便于读图，应尽可能按功能进行分组，不能按功能分组时，可以任意分组，但每组应不多于三条，组间距离应大于线间距离，如图 5-9 所示。

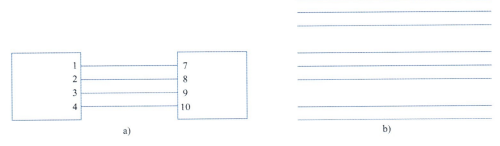

图 5-9　多线表示法

a）多条平行连接线表示　b）按功能分组表示

② 单线表示法。为了避免平行线过多，可采用单线表示法表示多根导线，如图 5-10 所示。

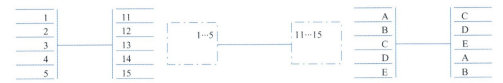

图 5-10　单线表示法

当单根导线汇入用单线表示的一组连接线时，应采用图 5-11 所示的表示方法。这时每根导线的端注上应标记编号；汇接处用斜线表示，其倾斜方向应使读者易于识别连接线进入或离开汇总线的方向。

在电气图中，有时可采用单线表示多根导线或多个元件的简化画法，如图 5-12 所示。

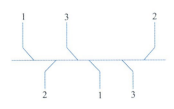

图 5-11　汇线的单线表示

（4）箭头和指引线　在电气图中，凡是画在连接线上的箭头应画成开口的，表示信号流向或能量流向。画在指引线上的箭头是实心的，表示运动方向或指向。

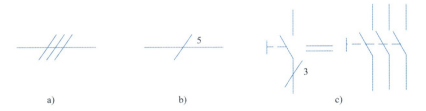

图 5-12　单线表示的简化画法

a）三芯电缆的简化型式　b）五芯电缆的简化型式　c）手动三极开关的简化型式

指引线采用细的实线，指向注释处，并且要在其末端加注不同的标注。指引线的末端在轮廓线内用一圆点；在轮廓线上用一实心箭头；在电路线上用一短线。电气图使用的箭头和指引线示意图如图 5-13 所示。

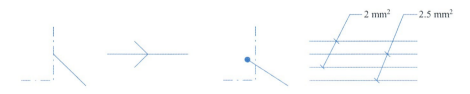

图 5-13　箭头及指引线

2. 电气图用图形符号与项目代号

（1）图形符号　电气图用图形符号是指用于电气图中的元器件或设备的图形标记，它是电气图组成的基本要素之一。熟悉图形符号是制图和读图的基础。图形符号有四种基本形式：符号要素、一般符号、限定符号和方框符号。在电气图中，一般符号和限定符号用得较多。

一般符号是表示同一类元器件或设备特征的一种简易符号，它是各类元器件或设备的基本符号。图例如图 5-14a 所示。

限定符号是用以提供附加信息的一种加在其他符号上的符号，不能单独使用，而必须与其他符号组合使用。图例如图 5-14b 所示。

详细的电气图用图形符号，可参阅国标 GB 4728—2005《电气简图用图形符号》。

有关电气图中图形的绘制和阅读应注意以下几点：

图 5-14　图形符号举例

a）一般符号　b）限定符号

1）图形符号的方位不是强制性的。在不改变符号含义的前提下，图形符号可根据图面布置的需要旋转或镜像布置，但文字和指示方向应不改变。

2）图形符号仅表示元器件或设备的非工作状态，所以均按无电压、无外力作用的正常状态表示。

3）图形符号旁应有标注，即用以指明该图形符号代表的元器件或设备的文字符号（严格讲应为项目代号）及有关的性能参数。

（2）项目代号　在电气图中，图形符号只表示一类元器件或设备，而不能反映某个元器件或设备的具体意义，也不能提供其在整个系统中的层次关系及实际位置。为了能明确地说明某一元器件或设备在系统中的具体位置和意义，可以用项目代号表示。

1）项目。在电气图中，通常把一个用图形符号表示的基本元件、部件、组件、功能单元、设备和系统等统称为项目。如一个稳压电源为一个项目，该电源中的整流桥为一个项目，整流桥中的某一个二极管也为一个项目。

2）项目代号。用来识别图、图表和表格中的项目种类，并提供项目的层次关系、实际位置等信息的一种特定的文字符号。项目代号的使用，可以为读图、装配及维护提供方便。

完整的项目代号由带前缀符号的四个代号段组成，形式为：=（高层代号），+（位置代号），–（种类代号），；（端子代号）。各代号段含义及前缀符号见表 5-4。

表 5-4　代号段及前缀符号

代号段	名称及含义	前缀代号	示例
第一段	高层代号系统或设备中任何较高层次（对给予代号的项目而言）项目的代号	=	$=S_5P_2$
第二段	位置代号项目的组件、设备、系统或建筑物中的实际位置的代号	+	+106+C+3
第三段	种类代号：用于识别项目种类的代号	–	$-K_3$
第四段	端子代号：用于同外电路进行电气连接的电器导电件的代号	；	；8

该表中所示例的项目代号形式为：$=S_5P_2+106+C+3-K_3$；8，其含义为某系统第 5 部分中 2 号泵装置中的 K_3 继电器的 8 号端子，位于代号为 106 室的 C 号开关柜的 3 号机柜中。

在实际使用中，每个项目并不一定都编制出四个代号段。在不引起混淆的前提下，前面符号可以省略，而图形符号附近的项目代号应当简化，只要能识别这些项目即可。

对一般的电路原理图、逻辑图和接线图，常采用项目种类代号（即文字符号）后加注数字的形式表示其中的具体项目。详细的电气图用项目种类代号可参阅国标 GB/T 20939—2007。

使用项目代号还应注意：应靠近图形符号标注，当图形符号的连接线是水平布置时，项目代号一般标注在图形符号上方；当图形符号的连接线垂直布置时，项目代号应标注在图形符号左边；也可在项目代号旁加注该项目的主要性能参数和型号等。

5.1.3　电气图的阅读

1. 识读电工用图的基本要求

（1）结合电工基础理论识图　无论变配电所、电力拖动，还是照明供电和各种控制电路的设计，都离不开电工基础理论。因此，要想看懂电路图的结构、元器件的动作程序和基本工作原理，必须首先懂得电工原理的有关知识，才能运用这些知识分析电路，理解图样所含内容。

（2）结合电气的结构和工作原理识图　电路由各种电气元件组合而成，例如，在高压供电电路中，由高压隔离开关、断路器、熔断器和互感器等组成；在低压电路中，由各种继电器、接触器和控制开关等组成。因此，在阅读电路图时，首先应该搞清这些电气元件的基本结构、性能、工作原理和元件间的相互制约关系，以及在整个电路中的地位和作用，才能识读并理解电路图。

（3）结合典型电路识图　所谓典型电路，就是常见的基本电路。例如电动机的起动和正反转控制电路、继电保护电路、联锁电路、时间和行程控制电路以及整流和放大电路等，细分起来不外乎是由若干典型电路所组成。熟悉各种典型电路，对看懂复杂的电路图有很大帮助。

（4）结合电路图的绘制特点识图　电路图的绘制是有规律的。如电源电路一般画在图面的上方或左方，三相交流电源按相序由上而下依次排列，中性线和保护线画在相线下面。直流电源则以"上正、下负"画出；电源开关水平方向设置；主电路垂直电源电路画在电气图的左侧；控制电路、信号电路及照明电路跨接在两相电源之间，依次画在主电路的右侧。电气图中的触头都是按电路未通电并且未受外力作用时画的。

2. 识读电工用图的基本步骤

（1）阅读图样的有关说明　图样的有关说明包括图样目录、技术说明、元件明细表及施工说明书等。识图时，先看图样说明，以便了解工程的整体轮廓、设计内容及施工的基本要求，有助于了解图样的大体情况，抓住识图重点。

（2）识读电气原理图　根据电工基本原理，在图样上首先分出主回路与辅助回路、交流回路与直流回路。然后先看主回路，后看辅助回路。阅读主回路可按如下四步进行：①先看本电路及设备的供电电源，实际上生产机械多用 380 V 50 Hz 三相交流电源，应看懂电源引自何处；②分析主回路使用了几台电动机并了解各台电动机的功能；③分析各台电动机的动作状况，特别要注意它们的起动方式，是否有可逆、调速和制动等控制，各台电动机之间是否存在制约关系；④了解主电路中所用的控制电器及保护电器，控制电器多为刀开关和接触器主触头，保护电器多用熔断器、热继电器和断路器中的脱扣器等。

分析辅助电路时，首先弄清辅助电路的电源电压。如电力拖动系统中，电动机台数少，控制电路不复杂，为减少电源种类，控制电路常采用 380 V 交流电压；对于拖动多台电动机，且较复杂的控制电路，继电器线圈总数达 5 个或以上时，控制电压常采用 110 V、127 V 和 220 V 等电压等级，其中又以 110 V 用得最多，这些控制电压由专用的控制变压器提供。然后了解控制电路中常用的继电器、接触器、行程开关和按钮等的用途及动作原理。再结合主电路有关元器件对控制电路的要求，即可分析出控制电路的动作过程。

控制电路均按其动作程序画在两条水平（或垂直）线之间，阅读时可以从上到下（或从左到右）进行。对于复杂电路，还可将它分成几个功能（如起动、制动和循环等）。在分析控制电路时，要紧扣主电路动作与控制电路的联动关系进行，不能孤立地分析控制电路。

（3）识读安装接线图　识读安装接线图仍然先看主回路，后看辅助回路。分析主回路时，可以从电源引入处开始，根据电流流向，依次经控制元件和线路到用电设备。看辅助回路时，仍从一相电源出发，根据假定电流方向经控制元件巡行到另一相电源或电源的中性线。在读图时还应注意施工中所用器材（元件）的型号、规格、数量、布线方式和安装高度等重要资料。

安装接线图是根据电气原理图绘制的，看安装接线图时若能对照电气原理图，则效果更好。但在读图中应注意分清线路标号。安装时，凡是标有相同符号的导线都是等电位导线，可以连接在一起。因此，识读安装接线图时，应注意配电盘及其他整机的内外线路往往经过端子板连接。盘（机）内线头编号与端子板接线桩编号是对应的，外电路上的线头只需按编号对应就位即可。在识读这种电路图时，弄清了盘内外电路走向，就可以搞清端子板上的接线情况。

3. 读图举例

（1）C620-1 型卧式车床电气原理图　图 5-15 为机械加工中常用的 C620-1 型卧式车床的电气控制线路图，它由主电路、控制电路和照明电路三部分组成。

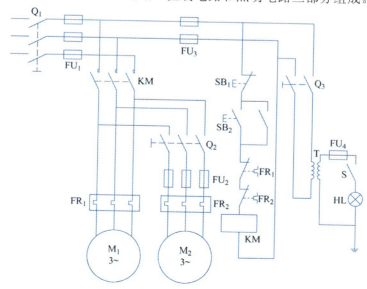

图 5-15　C620-1 型卧式车床的电气原理图

1）阅读主电路。从主电路看，C620-1 型卧式车床由两台笼型异步电动机驱动，即主轴电动机 M_1 和冷却泵电动机 M_2。它们都由接触器 KM 直接控制起停，如果不需要冷却泵工作，则可用组合开关 Q_2 将电路关断。

电动机电源为交流 380 V，由组合开关 Q_1 引入。主轴电动机由熔断器 FU_1 作短路保护，由热继电器 FR_1 作过载保护。冷却泵电动机由熔断器 FU_2 作短路保护，由热继电器 FR_2 作过载保护。这两台电动机的失电压和欠电压保护同时由接触器 KM 完成。

2）阅读控制电路。该车床的控制电路是一个单方向起停的典型电路。两个热继电器 FR_1 和 FR_2 的常闭触头串联在控制电路中，无论主轴电动机或冷却泵电动机是否发生过载，都会切断控制电路，使两台电动机同时停转。FU_3 是控制电路的熔断器。

3）阅读照明电路。照明电路由变压器 T 将 380 V 电压变为 36 V 安全电压，供照明灯 HL 使用。Q_3 是照明电路的电源开关，S 是照明灯具开关，FU_4 是照明灯的熔断器。

（2）抽水机的电气原理图   图 5-16 为农村中常用的抽水机电气原理图，它由主电路和控制电路两部分组成。

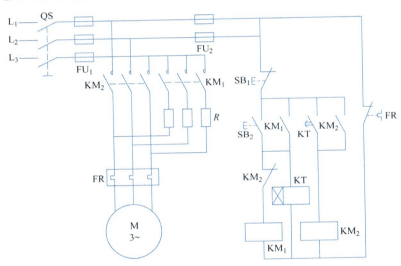

图 5-16   抽水机的电气原理图

1）阅读主电路。主电路上有一台笼型异步电动机，用来驱动水泵，由接触器 KM_1、KM_2 的主触头控制。当 KM_1 的主触头闭合时，通过电阻 R 将电动机与电源接通；当 KM_2 主触头闭合时，电动机直接与电源接通。至于 KM_1 和 KM_2 究竟在什么条件下动作，则应看控制电路。

电动机的短路保护由熔断器 FU_1 完成，过载保护由热继电器 FR 完成，失电压和欠电压保护由接触器 KM_1 或 KM_2 完成。

2）阅读控制电路。控制电路有接触器 KM_1 线圈、KM_2 线圈和时间继电器 KT 线圈三条回路。接触器 KM_1 和时间继电器 KT 是由按钮 SB_2 控制的，接触器 KM_2 则由时间继电器 KT 的延时闭合常开触头控制。

当合上电源开关 QS，按下起动按钮 SB_2 时，接触器 KM_1 线圈通电，其主触头闭合，电流经电阻 R 流向电动机，使电动机降压起动，KM_1 的辅助触头自锁，同时时间继电器的线圈通电，经一定时间延时后，其常开触头 KT 闭合，使接触器 KM₂ 线圈通电并自锁，KM₂ 主触头闭合把电阻 R 短接，使电动机全压运行。同时 KM₂ 的常闭触头切断 KM₁ 的线圈回路，使 KM₁ 的主触头和自锁触头断开，于是时间继电器 KT 断电释放。

5.2　电子原理图和印制板图的设计

印制电路板的设计是以电路原理图为蓝本，实现电路使用者所需要的功能。印制电路板的设计主要指版图设计，需要考虑内部电子元件、金属连线、通孔和外部连接的布局、电磁保护、热耗散和串音等各种因素。优化线路设计可以节约生产成本，达到良好的电路性能和散热性能。简单的版图设计可以用手工实现，但复杂的线路设计需要借助计算机辅助设计（CAD）实现，著名的设计软件有 OrCAD、Altium Designer、PowerPCB、FreePCB、CAM350 和 PROTEL 等。本节介绍 Altium Designer 印制板图设计方法。

1. 软件总体介绍

Altium Designer 是由澳大利亚敖腾有限公司出品的一款电子系统设计软件，该公司的前身 Protel 国际有限公司于 1985 年成立，并发布了 Protel PCB 电子线路设计软件。Protel 系列软件曾经是国内各大专院校进行电子线路、微机原理和单片机技术教学的重要支撑软件。从 2001 年起，Protel 国际有限公司更名为 Altium 有限公司，其产品也由单一的电子线路设计软件发展成为了同一的电子产品开发系统。

Altium Designer 设计环境就是将电子设计中所涉及的大部分工具都集成在一起，包括 HDL（硬件描述语言）设计、版图设计、电路仿真、信号完整性分析、PCB 设计和 FPGA 设计及嵌入式系统开发等功能，如图 5-17 所示。除此之外，它还可以根据个人的喜好，更改设计环境中所涉及的内容，从而满足各种用户的需要。

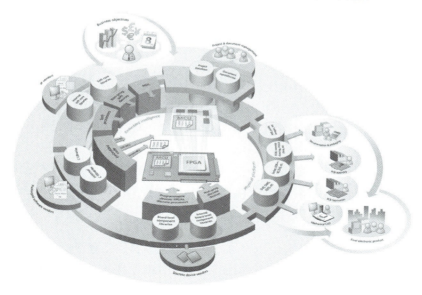

图 5-17　Altium Desinger 的软件结构

2. 设计环境

Altium Designer 设计环境包括两个主要的部分：

（1）主文档编辑区域，如图 5-18 所示。

（2）工作空间面板。在 Altium Designer 中有很多个面板，在默认的情况下，这些面板隐藏于左侧、右侧以及下方的标签之中。

图 5-18　Altium Designer 主设计界面

当你第一次打开 Altium Designer 时，将会在首页中显示出最常用的快捷按键和任务栏。

要移动某个面板时，单击面板名并按住鼠标左键，然后拖拽即可。面板具有自动弹出模式和固定模式。所谓自动弹出模式是当鼠标靠近面板名时，面板自动弹出；固定模式是指将面板固定地显露出来，不再隐藏。这两种模式可以通过单击面板顶部的按钮标签进行切换。

不推荐随意更改面板的位置，由于 Altium Designer 的灵活性，经常会让初学者找不到所需要的面板。如果出现这种情况，则单击【view】→【Desktop Layouts】→【Default】将所有的面板放置到默认位置。

3. Altium Designer 项目

Altium Designer 中，所有的电子设计都是基于项目或工程（Project）进行的（本书中称之为项目），项目将位于其下的所有资源，包括原理图、库、PCB 版图、网标或者是其他模型都集成在一起进行管理。项目也会存储一些顶层设计的设置选项，如错误等级检查选线、多页设计图连接模式等。对于 Altium Designer 来说，一共可以建立六种项目，分别是：PCB 项目、FPGA 项目、内核项目、嵌入式项目、脚本项目以及库、包项目（集成库的源文件）。

　　当向一个项目中添加文件时，并不需要将源文件放置于该项目所在目录下，无论所添加的文件在哪里都是可以的。

练习 1：打开现有项目

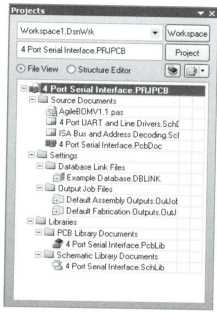

　　（1）选择【File】→【Open Project】打开一个对话框。

　　（2）在对话框中选择 Altium Desinger 安装目录\Examples\Reference Designs\4 Port Serial Interface，选择 4 Port Serial Interface.PRJPCB，并双击打开，其中后缀为 PRJPCB 代表 PCB 项目。

　　（3）与这个项目相关联的设计文件将会在"项目"菜单中呈树状排列。

　　（4）单击"-"或者"+"可以实现文件夹的收缩或展开。

　　（5）观察项目内所包含的各个文档。

　　4. 编辑视图

　　每种不同的文档有着独有的"文档编辑工具"。例如，PCB 文档有 PCB 编辑工具，原理图文档有原理图编辑工具。

图 5-19　项目管理对话框

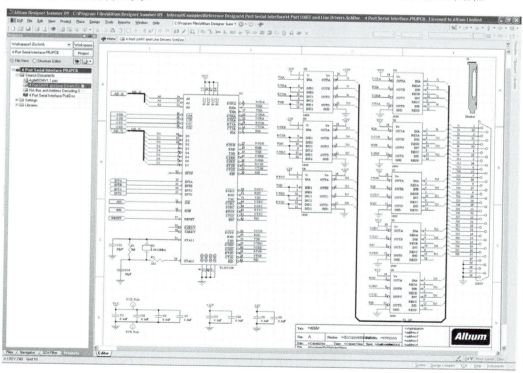

图 5-20　串行接口设计图

5．文档标签

每打开一个文档都会在文档栏中出现一个对应的标签，通过单击标签就可以实现在文档之间互相切换。也可以通过"Ctrl"＋"Tab"组合的方式在多个文档中进行切换。

图 5-21 文档标签

当然，也可以将多个文档同时显示，如可以在任意一个标签上单击鼠标右键，在跳出的菜单中选择"Tile All"，则会将整个工作区分成若干个部分，同时显示文档。如果想恢复到以前的状态，则同样在任何一个标签上单击鼠标右键，在跳出的菜单中选择"Merge All"即可。下面通过五个实例完成本章训练内容。

训练一：绘制模拟电路原理图

1．训练目的

（1）了解 Altium Designer 主窗口的组成和各个部分的作用，掌握 Altium Designer 项目和文件的新建保存及打开。

（2）熟悉添加原理图的各种基本实体，各元器件的应用技巧，掌握原理图元器件的属性设置。

（3）学会绘制电路原理图的基本步骤以及方法。

2．训练内容

（1）熟悉 Altium Designer 的工作界面，在 Altium Designer 系统中，进行工程文件的新建、保存与打开。

（2）绘制如图 5-22 所示的模拟电路原理图。

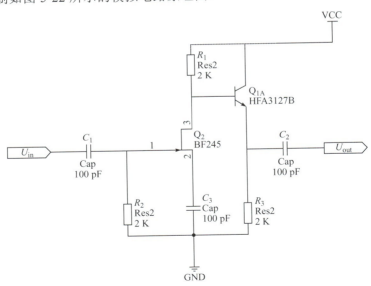

图 5-22 模拟电路原理图

3．训练步骤

熟悉 Altium Designer 工作界面

1）打开 Altium Designer 电子设计软件，熟悉 Altium Designer 的界面组成。

2）新建一个项目，如图 5-23 所示，并保存在某一新建文件夹内，命名为"本人姓名-实验 1.PrjPCB"。

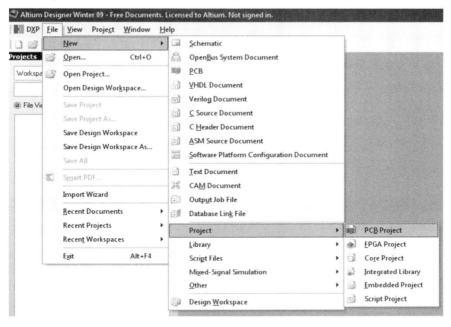

图 5-23　新建项目

3）在该项目中新建一个原理图文件，如图 5-24 所示，命名为"模拟电路原理图 1.SCHDOC"。

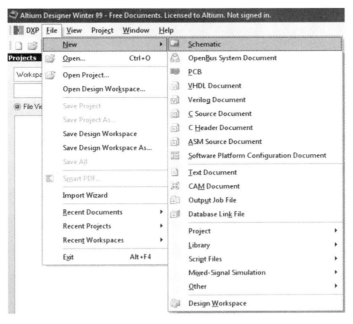

图 5-24　新建原理图文档

4．绘制电路原理图步骤

（1）打开刚刚新建的工程"本人姓名-实验 1.PrjPCB"中的"模拟电路原理图 1.SCHDOC"，如图 5-25 所示。

图 5-25　文档命名

（2）设置图样大小，如图 5-26 所示，图样大小设置为 A4。

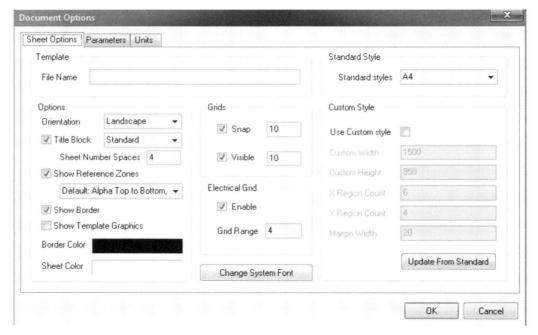

图 5-26　文档命名

（3）放置元器件：从元件库中选取所需要的元器件，如图 5-27 所示，放在工作区。电阻和电容可以在 Miscellaneous Devices. IntLib 中选取，也可以在工具栏原理图绘制工具中选取，如图 5-28 所示。

其中，在集成库中选取时，电阻的简称是"RES"，电容的简称是"CAP"。三极管 HFA3127B 无法从默认的库中查到，因此需要安装新的元件库：Intersil Discrete BJT. IntLib。这个元件库位于 Intersil 文件夹中，添加新库的方法如下：

1）单击 Libraries 中的"Libraries …"按钮，如图 5-29 所示，此时跳出的对话框中显示了所有当前所选中的库。

2）其中大部分是 FPGA 库，这些库对于本次训练是无用的，因此，为了方便查找元件，将这些库删除，删除的方法是选中该库，然后单击"Remove"按钮，只要剩下 Miscellaneous Devices.IntLib 和 Miscellaneous Connectors.IntLib 即可。然后单击 "Install…"增加新的库。

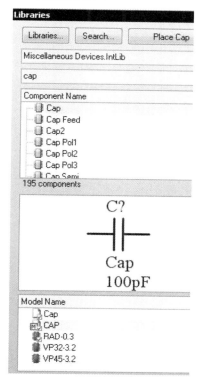

图 5-27　从元件库中选择电容

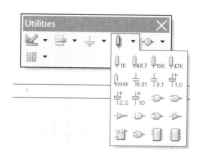

图 5-28　从原理图工具栏中选择元件

3）找到 Intersil 文件夹，选取 IntersilDiscreteBJT.IntLib，此时，这个元件库就被添加到当前使用元件库之中，然后关闭选取库的对话框即可。下面就可以在 IntersilDiscreteBJT.IntLib 中找到元件 HFA3127B，通过双击该元件名称就可以将其放置于原理图上。

4）下一步添加场效应管 BJ245。在绘制原理图时，有时无法确定一些元件在哪个具体的库中，因此需要进行查找。Altium Designer 提供了两种查找功能：一种简单查找功能；一种是高级查找功能。例如，现在要寻找场效应管 BJ245，需要做以下步骤：

图 5-29　重新设定工作库

单击 Libraries 中的"Search"按钮，此时跳出的就是简单查找界面，如图 5-30 所示，界面中上面的三行就是可以添加的查找匹配符。第一行默认为查找元件名（Name），在 Value 中填写要查找的元件名 BJ245。确定查找路径，选中"Libraries on path"，并在"Path"中选取"Altium\Library"。

作为寻找路径，单击"Search"进行寻找，此时，系统进行自动寻找，寻找的结果将会在 Libraries 中列出，如图 5-31 所示。其中，Model Name 中显示出了封装的型号和外观。

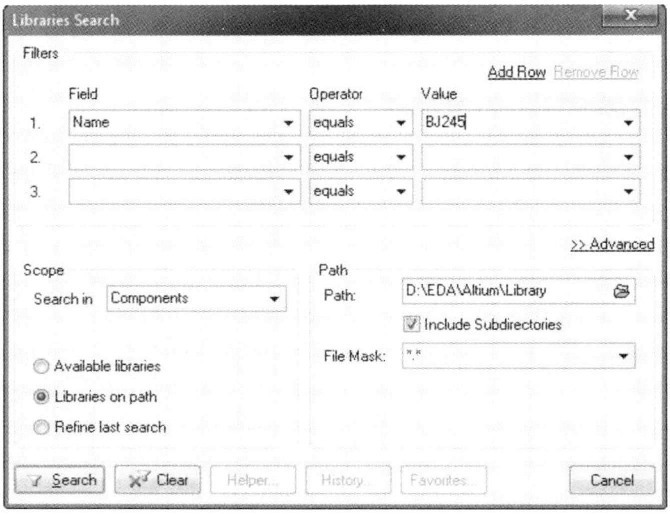

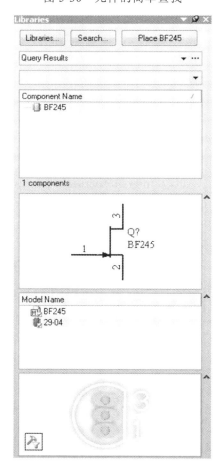

图 5-30　元件的简单查找

图 5-31　查找界面

除了使用简单搜索之外还可以使用高级搜索：单击简单寻找页面右侧的"Advanced"按钮，可以进入高级搜索功能，在高级搜索中可以使用通配符以及一些逻辑符号，如图 5-32 所示。

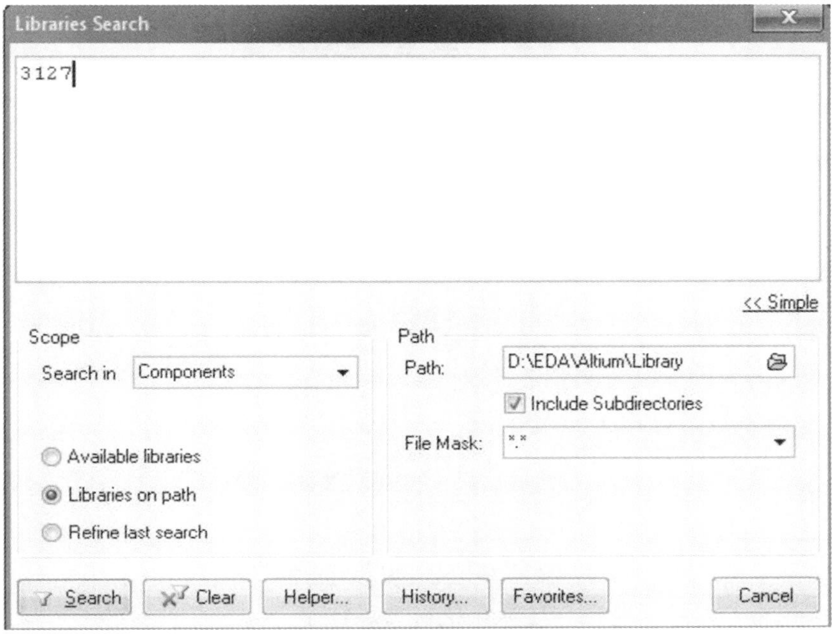

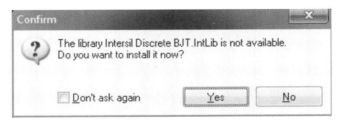

图 5-32　高级查找界面

通过双击元件名将其放入原理图中，此时会跳出对话框，询问是否需要将元件库添加到当前使用元件库中，请确保单击"Yes"，这样才能保证后续的操作能够正常的进行，如图 5-33 所示。

图 5-33　增加元件库对话框

按照要求摆放元件位置。在摆放过程中，如遇到需要翻转元件时，可以通过选中元件后，单击键盘空格键的方式进行，每单击一次，逆时针旋转 90°。

更改元件属性：由于从原理图工具栏中选取或从 Libraries 中选取的电阻、电容的阻值和容值未必满足本设计的需求，因此需要调整元件的属性。调整元件属性的方式是双击该元件，然后再跳出对话框中左侧的栏目中将"Comment"右侧方框中的勾去掉，并且将右侧参数（Parameter）中的"Value"改为适当的大小，如图 5-34 所示。

增加 VCC、GND 及端口，当增加端口时，应该确定输入输出关系，如图 5-35 所示。

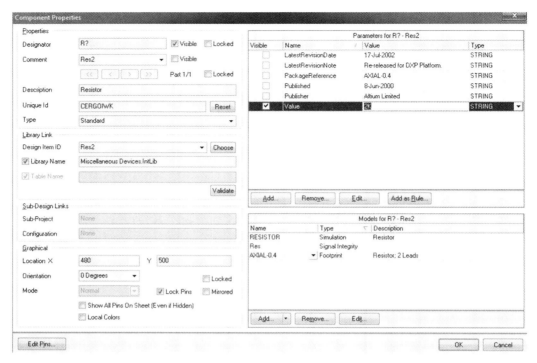

图 5-34 元件属性对话框

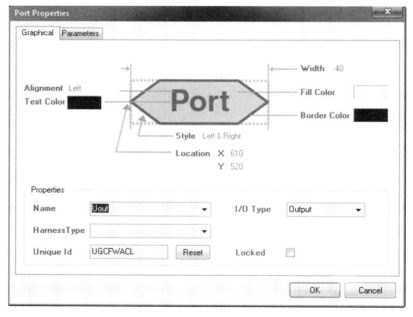

图 5-35 端口属性对话框

通过连线工具及端口工具将各个元件连接起来，如图 5-36 所示。

下面要进行元件的标注，所谓标注，就是为每个元件配一个名字，而且这个名字在一张电路图中是唯一的。标注的方法是：单击【Tools】→【Annotate Schemetics】，此时会跳出标注对话框，如图 5-37 所示。

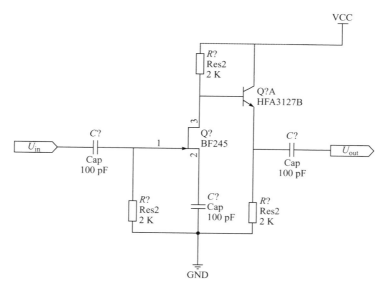

图 5-36　连好线路的模拟电路

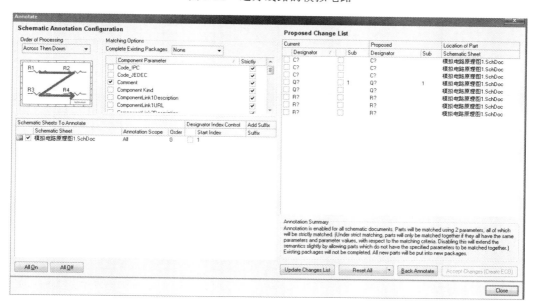

图 5-37　标注对话框

　　其中，左上角的"Z"字形代表了标注的顺序是由上至下、由左至右，可根据具体情况选择合适的标注顺序。左侧的栏目中列出了未被标注的元器件。单击"Update Change List"，会跳出对话框，表明有多少个标注需要更新，然后单击右侧的"Accept Changes（Create ECO），在跳出的对话框中单击"Validtae Changes"，再单击"Excute Changes"，如图 5-38 所示，最后单击"Close"完成标注过程。标注后，则完成了本节训练的内容。

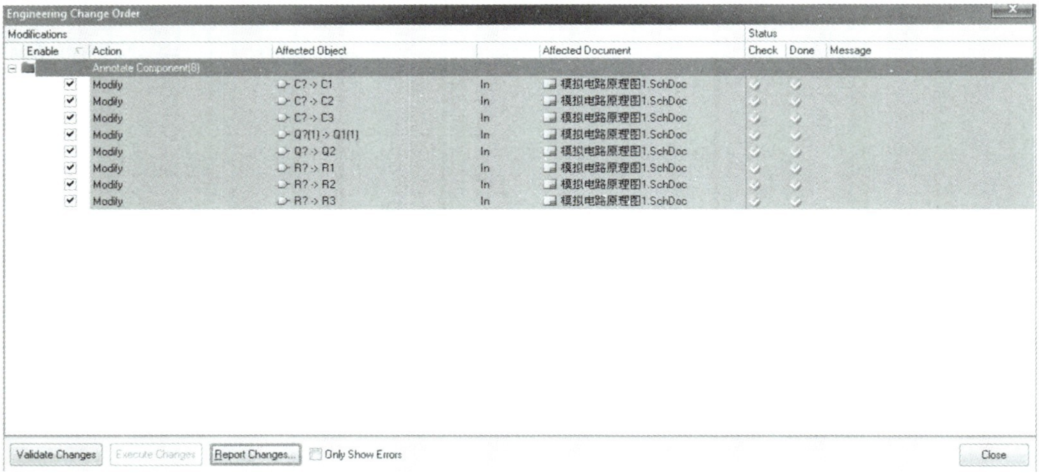

图 5-38　执行标注

训练二：设计原理图元件库

1. 训练目的

（1）掌握原理图元件库的建立方法。

（2）掌握绘制原理图元件库中元件的方法。

2. 训练内容

（1）完成传感器原理图的构建，如图 5-39 所示。

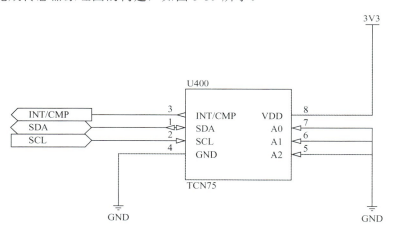

图 5-39　温度传感器原理图

（2）完成 LCD 原理图的构建，如图 5-40 所示。

3. 训练步骤

（1）新建一个项目，命名为"本人姓名-训练 2.PrjPCB"。

（2）在项目中新增原理图文件，并命名为"Sensor.SCHDOC"。

（3）建立原理图元件库：在"Project"中选定刚刚建立的项目，右键单击项目名，在出现的菜单中选择"Add New to Project"，并选择"Schematic Library"，如图 5-41 所示。

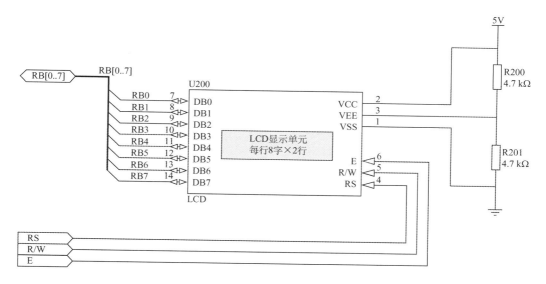

图 5-40　LCD 原理图

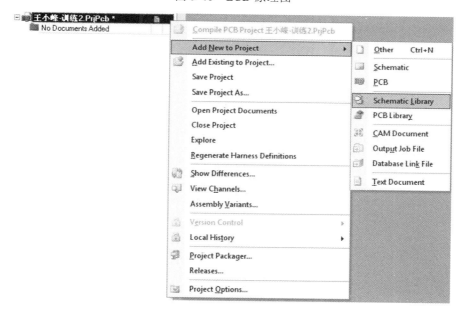

图 5-41　新增原理图元件库

　　并将新建立的原理图元件库命名为"SchematicLib.SchLib"，此时，在左侧的标签栏中，出现原理图元件库管理工具"SCH Library"，将显示出设计的原理图元件库。下面在这一元件库中绘制 TCN75 的元件图。

　　（1）绘制原理图元件库，所使用的工具是"元件库绘制工具"，如图 5-42 所示。

　　在这一工具中，包含了绘制元件图外框的工具、引脚工具以及其他一些工具。

　　（2）选择"Place Rectangle"，在工作区的"十"字旁绘制矩形。

　　（3）选择"Place Pin"，在矩形中增加引脚，需要注意引脚上会有两个数字，确保引脚旁边的数字位于矩形内部，如图 5-43 所示。

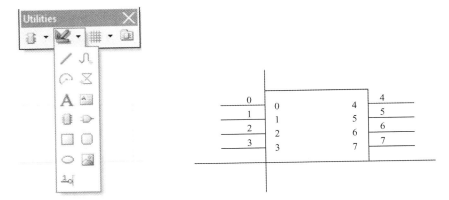

图 5-42   原理图元件库绘制工具   图 5-43   元件图绘制——增加引脚

（4）更改引脚属性：双击"引脚 0"，按照训练要求，在跳出的对话框中填写"引脚 0"的属性，如图 5-44 所示。其中"Display Name"为引脚名，"Designator"为引脚号，"Electrical Type"为输入输出属性，也就是决定了引脚与矩形接口处的形状。更改后，应如图 5-45 所示。

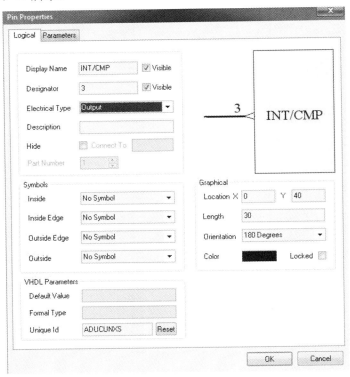

图 5-44   更改元件引脚属性

（5）更改元件属性：虽然完成了元件的设置，但在"SCH Library"中所显示的仍然是"Compoent1"，需要更改元件属性才可以完成这个元件的构建。双击"Component1"，在跳出的对话框中，将"Default Designator"中填写"U?"，在 Comment中填写"TCN75"，在"Symbol Reference"中填写"TCN75"，然后单击"OK"，从而完成属性的改写。

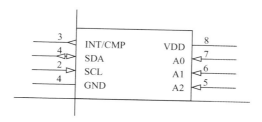

图 5-45 更改引脚属性之后的 TCN75 元件图

（6）切换到原理图"Sensor.SCHDOC"，在"Libraries"中选择"SchematicLib.Schlib"，此时，TCN75 已经出现在备选元件之中，可以将其拖到原理图上，增加相应连线和接口，完成训练内容一中的要求。

下面将绘制训练内容二中的 LCD 的元件图。

切换回刚刚绘制 TCN75 的原理图元件库"SchematicLib.Schlib"，在"SCH Library"中通过在"Component"栏目中单击"Add"，增加一个新的元件，在跳出的对话框中填写新元件的元件名"LCD"，此时，在 TCN75 下面将会出现一个名为"LCD"的新元件。

根据刚刚绘制过的 TCN75 的方法绘制好 LCD 后，增加文字单击元件库工具栏中的"Place Text Frame"，在 LCD 中间绘制文本框双击该文本框，编辑文本属性及内容，如图 5-46 所示。

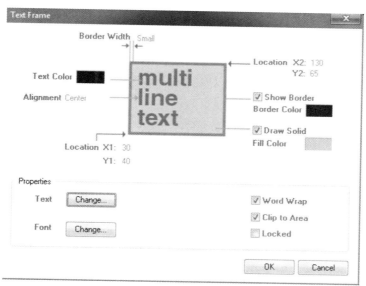

图 5-46 文本编辑界面

1）保存元件图。在项目中新增一张原理图，命名为"LCD.SCHDOC"，并在"Libraries"中的"SchematicLib.Schlib"选择刚刚绘制好的 LCD，同时按照要求增加以下单元。

2）增加普通连线。

3）添加总线接口：在工具栏中选择"Place Bus Entry"，　　为每个 DB 端口增加总线接口。

4）通过总线绘制工具（"Place Bus"）绘制总线。

5）增加网标标识，单击"Place Net Label"图标，并在相关位置增加网标标识，双击网表标识更改为对应的名字。网表标识是除连线之外实现电路系统连接的一种方式，常用于总线连接以及元件很多、原理图非常复杂的情况。

6）增加端口、GND 和 VCC 完成本节设计。

图 5-47 为编辑好的 LCD 元件图。

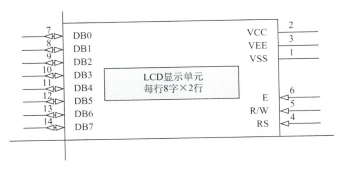

图 5-47　编辑好的 LCD 元件图

训练三：绘制层次原理图

1. 训练目的

（1）了解自顶向下的设计方法。

（2）掌握绘制层次原理图的方法和流程。

2. 训练内容

（1）根据图 5-48 所示，构建 MCU 电路原理图。

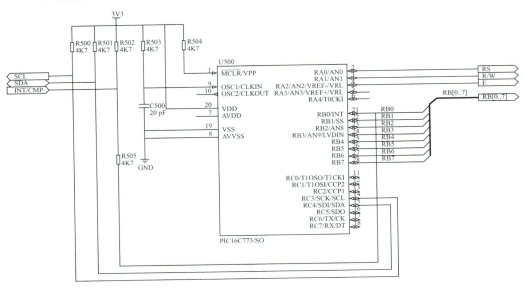

图 5-48　MCU 原理图

（2）绘制如图 5-49 所示的层次电路图。

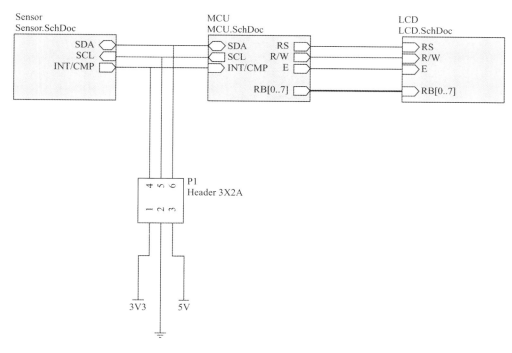

图 5-49 顶层原理图

3. 训练步骤

（1）建立一个新的项目，命名为"本人名字-训练 3.PrjPCB"。

（2）添加设计文档：将训练 2 中已绘制好的电路原理图"LCD.SCHDOC"、"Sensor.SCHDOC"添加到项目中。

（3）建立一个新的原理图，并命名为"MCU.SCHDOC"，添加元件库"Microchip Microcontroller 8-Bit PIC16.IntLib"（位于 Microchip 文件夹中），训练内容要求绘制好原理图。

（4）建立一个新的原理图，并命名为"Top_Layer.SCHDOC"作为顶层原理图。

（5）在工具栏中选中"Place Sheet Symbol"在顶层原理图中添加图样标识，绘制出 3 个大小适度的图样标识。

（6）更改图样标识属性：双击刚刚画好的图样标识，出现如图 5-50 所示的属性窗口，在"Designator"栏目中填写"Sensor"，代表这张图样位于顶层图样内的名字；在"Filename"中输入"Sensor.SCHDOC"，或者通过右侧的"…"来选择"Sensor.SCHDOC"。从而实现图样表示与图样的连接。将其他的图样标识与文档"LCD.SCHDOC"、"MCU.SCHDOC"连接，并分别命名为"LCD"和"MCU"，如图 5-51 所示。

（7）放置电路端口：执行 Place/Sheet Entry 命令或单击工具栏中的 ，此时，光标变成十字形状并带有虚线形式的电路端口号，将鼠标移动到左侧的图样标识中单击 Tab 键，修改端口属性，在 Name 中输入"SDA"，I/O Type 中选择"Input"。更改后单击"OK"完成，并放置于 Sensor 图样标识的适当位置，接着再次按下 Tab 键，增加下一个端口。按照每张原理图的端口属性，将所有的电路端口配置好，如图 5-52 所示。

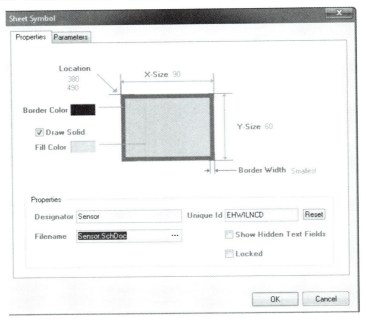

图 5-50　顶层模块属性

图 5-51　构建 3 个顶层模块

图 5-52　顶层端口属性设置

以上步骤 5～步骤 7 也可以由软件自动完成：单击"Desing"→"Creat Sheet Symbol from Sheet or HDL"，然后选择已经设计好的模块即可。但由于是软件自定义生成的，端口位置还需要手工进行调整。图 5-53 为设置好端口的顶层模块。

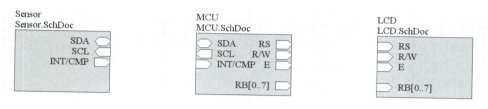

图 5-53　设置好端口的顶层模块

（8）增加电源插线接口：从"Miscellaneous Connectors.IntLib"中选取"Header 3×2A"作为电源插口。

（9）按照训练内容，连接电路模块及电源插口，编译项目，完成本节层次原理图设计。

训练四：封装库的构建

1. 训练目的

（1）掌握元件封装设计的基本方法和步骤。

（2）学会创建封装库及进行参数设置。

2. 训练内容

（1）建立一个新的元件封装库。

（2）在封装库中建立传感器 TCN75 和 LCD 的封装。

3. 训练步骤

（1）建立一个新的项目，命名为"本人名字-训练 4.PrjPCB"。

（2）从训练内容二中添加原理图"LCD.SchDoc"、"Sensor.SchDoc"及原理图元件库"SchematicLib.SchLib"至新建的项目中。

（3）单击菜单【File】→【New】→【Library】→【PCB Library】，创建新的元件封装库。

（4）为了保证尺寸的一致性，将图样尺寸单位设置为国际单位制：右键单击工作区，在跳出的菜单中选择"Options"，然后选择"Library Options"，在跳出的对话框"Measurement Unit"选项中选择"Metric"，单击"OK"完成设置。

（5）利用"IPC Component Wizard"工具构建 TCN75 的封装（元件的封装应该严格依照元件厂商所提供的数据文档经计算得出，为了节省时间，这里省略了查阅相关数据文档的步骤）。

1）单击菜单栏中的【Tools】→【IPC Footprint Wizard】，此时会跳出欢迎界面，单击"Next"到封装选择界面。

2）在封装选择界面选择 SOIC，如图 5-54 所示。

3）单击"Next"，进入 SOIC 封装设置界面，按图 5-55 填写相关的各项参数。

4）单击"Next"，跳过后面的"Thermal Pad Dimension"、"Heel Space"、"Solder Files"、"Component Tolerance"以及"IPC Tolerance"。

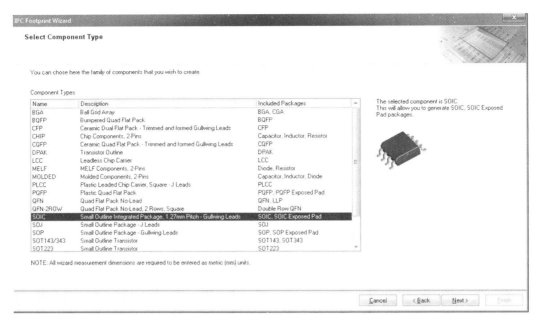

图 5-54　IPC 封装向导-选择封装类型

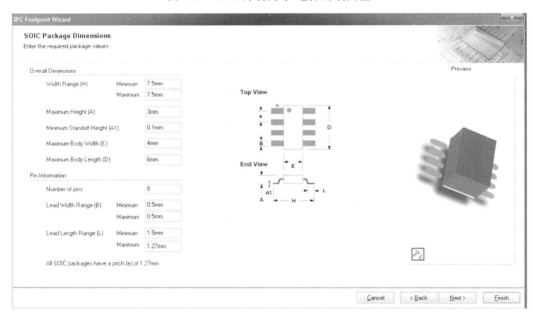

图 5-55　IPC 封装向导-设置封装参数

5）在"SOIC Footprint Dimension"界面中将"Pad Shape"也就是焊盘形状改成矩形"Rectangular"。

6）在"SOIC Silkscreen"界面中，将丝网线宽（Silkscreen Line Width）改为"0.1 mm"。

7）跳过后面的设置，直到"Footprint Description Page"，将封装名（"Name"）改为"SOIC8"，其他保持不变，单击"OK"，完成封装建立，建立后的封装如图 5-56 所示。

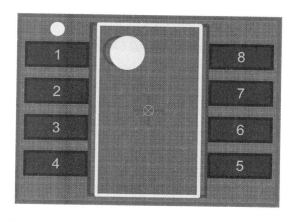

图 5-56　根据 IPC 封装向导制作的 TCN75 封装图

对于非规则的元件封装，构造起来就要复杂一些。例如 LCD 的封装就是非规则封装，无法利用 "IPC Component Wizard"，必须逐步画出来。

1. LCD 的封装

（1）选定原点。一般来说，原点的选择有两种方法：一种是以第一个焊盘为原点；另一种是以几何图形的一个正交点作为原点。以第一个焊盘作为原点的优点在于绘制其他焊盘时，位置计算方便，但几何图形的绘制比较复杂，适合焊盘较多；而对于元件封装简单的情况，以封装某一正交节点作为原点的优势在于方便绘制元件的封装几何图形，而焊盘位置需要经过计算，比较适合几何图形比较复杂而焊盘比较少且有规律的元件。这里采用后者。即以 LCD 元件封装的两条边交汇处作为原点，原点处位置将会以一个带有原型的 "×" 为标志。

（2）在元件封装图的底部有各层的标志，如图 5-57 所示。

$\big\backslash$ ■ Top Layer $\big/\!\big\backslash$ ■ Bottom Layer $\big/$ ■ Mechanical 1 $\big/\!\big\backslash$ ■ Mechanical 13 $\big/\!\big\backslash$ ■ Mechanical 15 $\big/$ □ **Top Overlay** $\big/\!\big\backslash$ ■ Bottom Overlay $\big/$

图 5-57　层次标识

单击 "Top Overlay"，这是顶部丝印层的意思，代表着在未来的电路板上将会以印刷的方式将这个层所构成的几何图形印制在 PCB 上。

单击工具栏中的 "Place Line" 图标，在任意点绘制任意的一条竖线，然后双击该竖线，调出线条属性对话框，如图 5-58 所示。图中，Start 为竖线条的起点；End 为终点；Layer 为绘在哪一层；Net 为电气关联的网表；Width 为线宽。

1）按照图上进行设置。然后单击 "OK"，完成了第一条直线的绘制。然后再分别绘制两条横线，一条竖线，线宽都设置为 0.2 mm，三条线起点和终点的坐标分别是：{[0, 0], [40, 0]}、{[0, 30], [40, 30]} 和 {[40, 0], [40, 30]}，从而形成一个矩形。

2）接着再画出两条横线，两条竖线，起止点坐标是：{[5, 5], [35, 5]}、{[5, 22], [35, 22]}、{[5, 5], [5, 22]} 以及 {[5, 22], [35, 22]}，形成如图 4-59 所示的图形。

3）下面绘制四条竖线，起止点的坐标分别是 {[0, −4.5], [0, 0]}、{[2, −4.5], [2, 0]}、{[38, −4.5], [38, 0]} 和 {[40, −4.5], [40, 0]}。

4）增加两个半圆：单击工具栏中的 "Place Arc By Center"，绘制任意一个弧形，然后双击该弧形，编辑属性，如图 5-60 所示。

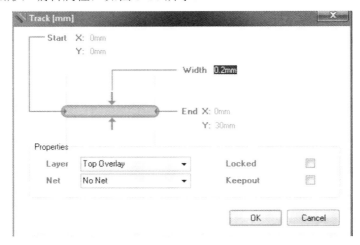

图 5-58　直线属性设置对话框

图 5-59　绘制好的 LCD 外框

图 5-60　弧形属性编辑对话框

其中表明了弧形的半径（Radius）、线宽（Width）、起始角度（Start Angle）、终止角度（End Angle）和圆心位置（Center X/Y），按照图上的数值填写好之后单击"OK"。并按照刚才的顺序再画一个圆弧，其属性见表 5-5。

表 5-5　弧形属性设置

半径/mm	线宽/mm	起始角度（°）	终止角度（°）	圆心位置 X/mm	圆心位置 Y/mm
2	0.2	180	360	38	−4.5

编辑好后，则会出现如图 5-61 所示的图形。

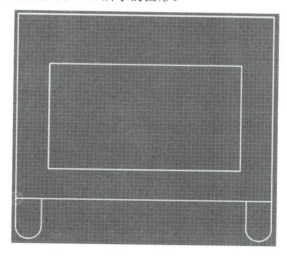

图 5-61　增加弧形后的 LCD 外框

下面构造 LCD 的焊盘，LCD 具有 14 条引线，因此也具有 14 个焊盘，单击工具栏中的"Place Pad"图标◎，在任意位置构造一个焊盘，然后双击这个焊盘，调整它的属性，如图 5-62 所示。

其中，最重要的有以下指标：Location 中的 X、Y 代表了焊盘的中心位置；Hole Information 中的 Hole Size 代表了焊盘中间用于插接线的孔的半径；其下的选项代表了焊孔的形状；Properties 中的 Designator 代表了这个焊盘是与几号引脚相连接的；Size and Shape 描述了焊盘在 X 轴方向及 Y 轴方向的尺寸和形状。按照图示填写好，单击"OK"完成，这样就构造了 7 号引脚的焊盘，所有的焊盘属性见表 5-6。

表 5-6　LCD 焊盘属性设置

Number	Location		Hole Information		Designator	Size and Shape		
	X/mm	Y/mm	Hole Size/mm	Figure		X-Size	Y-Size	Shape
1	12.38	25.4	1	Round	1	1.778	1.778	Rectangular
2	12.38	27.94	1	Round	2	1.778	1.778	Round
3	14.92	25.4	1	Round	3	1.778	1.778	Round
4	14.92	27.94	1	Round	4	1.778	1.778	Round
5	17.46	25.4	1	Round	5	1.778	1.778	Round

（续）

Number	Location		Hole Information		Designator	Size and Shape		
	X/mm	Y/mm	Hole Size/mm	Figure		X-Size	Y-Size	Shape
6	17.46	27.94	1	Round	6	1.778	1.778	Round
7	20	25.4	1	Round	7	1.778	1.778	Round
8	20	27.94	1	Round	8	1.778	1.778	Round
9	22.54	25.4	1	Round	9	1.778	1.778	Round
10	22.54	27.94	1	Round	10	1.778	1.778	Round
11	25.08	25.4	1	Round	11	1.778	1.778	Round
12	25.08	27.94	1	Round	12	1.778	1.778	Round
13	27.68	25.4	1	Round	13	1.778	1.778	Round
14	27.68	27.94	1	Round	14	1.778	1.778	Round

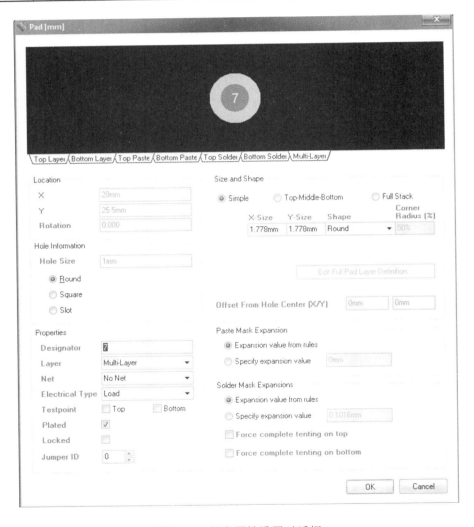

图 5-62　焊盘属性设置对话框

　　构造定位孔：定位孔的构造方式与焊盘是一样的，只是参数有所不同，表 5-7 列出了 4 个定位孔的属性参数。

表 5-7　定位孔属性设置

Number	Location		Hole Information		Designator	Size and Shape		
	X/mm	Y/mm	Hole Size/mm	Figure		X-Size	Y-Size	Shape
1	2	26.5	2	Round	0	4	4	Round
2	2	−4.5	2	Round	0	4	4	Round
3	38	26.5	2	Round	0	4	4	Round
4	38	−4.5	2	Round	0	4	4	Round

　　增加文字注释：在工具栏中选择"Place String" A，在跳出的对话框中按照如图 5-63 填写。其中，Height 代表了字的大小；Properties 属性中 Text 代表所要书写的文字；Font 代表了字体选择，其他属性请自行查看。

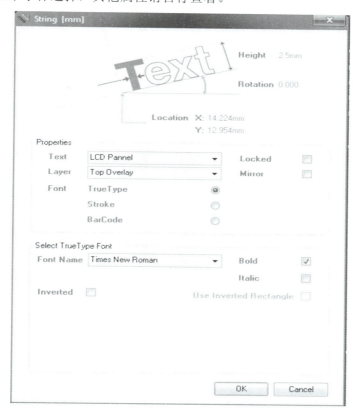

图 5-63　封装中的文字标识属性设置

　　单击"OK"后，将文字移动到相应位置，完成 LCD 的引脚、封装图的构建，构造好封装后，下面要把原理图元件库中的元件与封装库中的封装对应起来。

　　1）切换到原理图元件库中，单击"SCH Library"标签，在出现的 Component 栏目中选择元件 TCN75，在下面的 Model 栏目中单击"Add"，如图 5-64 所示，此时会跳出对话框，询问需要增加哪些模型，默认为"Footprint"即封装，单击"OK"。

图 5-64　元件图中设置封装的对话框

2）在跳出的对话框中单击"Brows"，会出现封装库选择对话框，默认的封装库为刚建立的"MyPCBLib.PCBLib"，在这个库选择刚建立好的 TCN75 封装 SOIC8，单击"OK"，继续单击"OK"，则完成了对元件 TCN75 元件图与封装图的连接。同理，将 LCD 的元件图与封装图连接起来，完成本节设计。

以上就是训练的全部内容。需要注意的是一个元件的封装，无论是利用软件提供的工具进行构造，还是利用绘图工具自行绘制，一定要遵循元件的物理属性，也就是元件的物理轮廓及引脚位置，同时一定要查阅相关数据手册，不能想当然。不同元件有不同的封装，也可能有相同的封装，而相同的元件，封装的种类有可能不止一种。

训练五：绘制 PCB 图

1．训练目的

（1）了解 PCB 设计流程、PCB 工具栏的使用。

（2）掌握自动布线相关知识。

（3）熟悉生成印制电路板的基本步骤和方法。

2．训练内容

完成温度测量仪 PCB 板图的绘制。

3．训练步骤

（1）打开完成的温度测量仪项目。

（2）检查各个元件的封装是否完全匹配。某些元件具有很多种封装，要选择一种合适的。例如，本训练中，电阻封装全部选择 J1-0603，电容封装选择 0504。

（3）编译整个项目：在项目名上按右键，单击"Compile PCB Project"。

（4）在当前项目中建立一个 PCB 版图文件，并命名为"MYPCB.PcbDoc"。

（5）在工具栏中单击【Desinge】→【Import From Project…】。

在跳出的对话框中依次选择"Validated Changes"、"Execute Changes"，如图 5-65 所示。

（6）此时，将会在刚建立的版图右侧出现各个元件的封装，如图 5-66 所示。

（7）单击元件上面的红色膜状矩形（"Room"），然后单击"Delete"键删除。

（8）排布元件，尽量使用手工排布，自动排布元件效果并不能让人满意，如图 5-67 所示。

（9）绘制禁止布线区，单击菜单中的【Place】→【Keep Out】→【Track】，在元件周围绘制出一个矩形，如图 5-68 所示。

（10）进行自动布线：单击【Auto Route】→【All】，在跳出的画框右下角单击"All"，这样就完成了自动布线，如图 5-69 所示。

（11）重新定义电路板的大小：单击菜单栏【Design】→【Board Shape】→【Redefine Board Shape】，按照禁止布线区的大小重新绘制电路板，通过单击快捷键"3"，切换到三维模式，可以看到绘制出的 PCB 版图的样子，如图 5-70 所示。

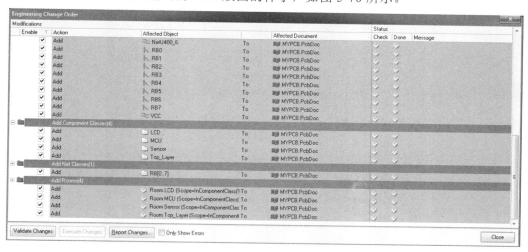

图 5-65　元件导入界面

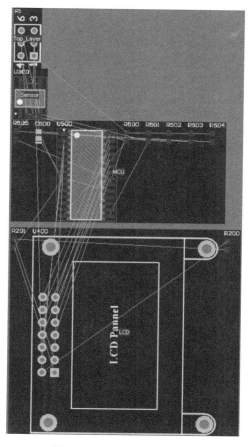

图 5-66　导入后的元件图

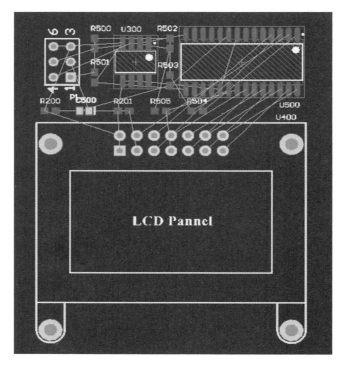

图 5-67　排布好的元件图

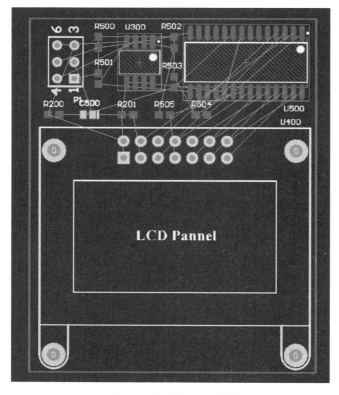

图 5-68　绘制禁止布线区

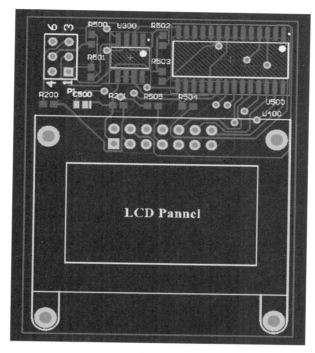

图 5-69　自动布线后的电路板图

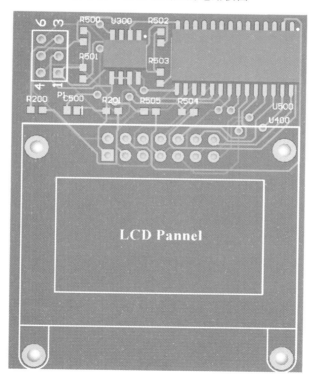

图 5-70　布线后电路板的 3D 视图

以上就完成了自动布线的过程，从而完成本节训练的内容。

第6章　电工技术技能训练

6.1　电气布线

电气布线指的是室外线路、室内线路和电缆线路等的安装、敷设和布线，也可指照明线路和动力线路的布线。要确保电气设备和电气线路的运行安全，必须正确掌握电气线路的布线和安装技术。

室外线路一般用架空线路的方式布线，与电缆线路布线相比，这种布线方式的主要优点是成本低，施工周期短，检查故障方便。

电缆线路的布线一般是将电缆直接埋入地下，其主要优点是美化环境，受气候影响小，运行可靠。其缺点是施工成本较高，电缆绝缘要求较高。

室内线路分照明线路和动力线路，其布线方式有明线和暗线敷设。线路沿墙壁、天花板、横梁和柱子敷设称为明线布线；导线穿管埋设在墙内、天花板内及地下称为暗线布线。

明线布线与暗线布线在选择导线的直径时有些区别，具体选择导线直径的规则见下面介绍或者查阅相关手册。

6.1.1　照明线路

照明线路分室外和室内照明线路。室外照明有城市路灯照明、工矿企业路灯照明及居民小区路灯照明等；室内照明指的是建筑物内的照明。本节主要介绍居民室内的照明线路布线。

1. 导线的选择

导线应采用外层绝缘的铜芯或铝芯线，尽量采用铜芯线。导线的绝缘等级（耐压）应高于线路的工作电压。

导线的截面积（导线的粗细）应按允许载量（允许流过的最大电流）来选择，明线按 5 A/mm² 选用，而暗线即穿墙线要小于 5 A/mm²，一般采用单股导线，而灯头线尽量采用多股线。铜芯线截面积不小于 1 mm²，铝芯线截面积不小于 1.5 mm²。

照明导线的颜色规定：相线（火线）用红色线，零线（中性线）用黑色或绿色线。

2. 布线要求

照明明线的布线与安装应遵循"可靠、安全、美观和方便维修"的原则进行，动力明线也一样。

照明暗线的布线与安装同样要确保安全、可靠，所以导线穿墙时，一定要将导线穿入金属管或高强度的 PVC 管。导线直径要留裕量，照明暗线最好采用 $1.5\ \mathrm{mm}^2$ 的外层绝缘的铜芯线。线管拐弯时，还要增套弯管，以增加强度。还有一点非常重要，照明或动力线路不能与信号线（有线电视线、网络线和电话线等）穿入同一金属管或 PVC 管内，以免电力信号干扰其他信号。照明暗线出墙、天花板时，导线要留大于 10 cm 的长度，以方便连接灯座和开关。

同一建筑物的照明配电不能过于集中，也就是要求照明布线不能过于集中。比如，一套民居所有房间的照明线不能用一套保护、控制开关，应尽量分开布线，要用多套保护、控制开关，这样做的好处是，当某个房间照明电器出故障后，其他房间的照明电器还能正常工作。

3. 几种室内照明电路

（1）白炽灯、节能灯照明电路

1）白炽灯照明电路。白炽灯照明电路比较简单，如图 6-1 所示。

2）节能灯照明电路。电路原理如图 6-2 所示。接通电源时，电流通过电阻 R_1、线圈 n_2 到三极管 VT 的基极，使三极管 VT_1 导通。这时线圈 n_1 中有

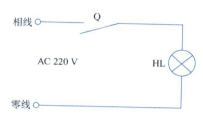

图 6-1　白炽灯照明电路

电流通过，使脉冲变压器 T 产生磁通，磁通的变化使线圈 n_2 产生感应电动势，此电动势通过 R_2 加到三极管 VT_2 的基极和发射极，产生基极电流而形成自激，使三极管迅速饱和。由于这时三极管的集电极电流继续增大，磁通也不断增大，当磁通饱和后，n_2 中的感应电动势下降为零，磁通随之减少，变压器线圈 n_1 和 n_2 感应出极性相反的电动势，使三极管迅速截止。然后三极管在电源电压的作用下又开始从截止到饱和，如此循环往复产生了振荡。这时在线圈 n_3 上就感应出脉冲高压使灯管点燃。

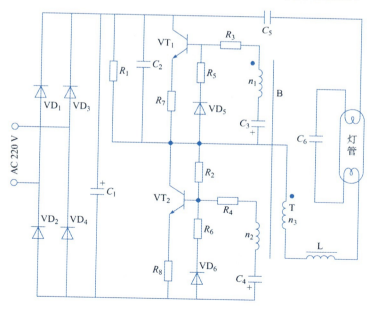

图 6-2　节能灯照明电路原理

图中，R_1 为启动电阻；R_2 为偏流电阻，向三极管 VT_2 提供一个合适的基极电流；C_1 为加速电容，用于改善加在三极管上的脉冲电压波形；C_2 的作用是减少加在三极管集-射极上的尖峰电压，防止三极管被击穿。

（2）荧光灯的照明电路　荧光灯的照明电路如图 6-3 所示。

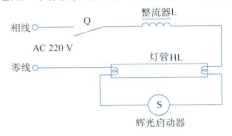

图 6-3　荧光灯照明电路

（3）照明灯的两地控（双控）电路　图 6-4 为灯的双控电路（即两地控制电路），其中 Q_1、Q_2 为双联开关。

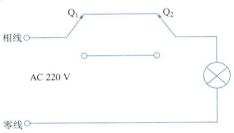

图 6-4　白炽灯双控（两地控制）电路

安装照明线路时，要注意的是开关一定要安装在相线中！

6.1.2　动力线路

动力线路分工业动力线路和民用动力线路。工业动力线路为三相线路，工业电器一般是三相负载，例如三相电动机。工业动力线路一般采用三相四线布线方式（即三根相线、一根 PE 线），很少用零线，但不能缺少保护地线（PE 线）。而民用动力线路采用单相三线布线方式，即一根相线、一个零线和一个 PE 线。本节介绍民用动力线路的布线。

1．布线原则

民用动力线路主要指的是民居内的插座线路，民用动力线路的布线应遵循以下原则：

（1）安全原则　保护地线（PE 线）布线要十分可靠，PE 线的线径不能过细（不能小于 1.5 mm^2），要用醒目的黄绿双色线，并可靠地接入大地。当家用电器发生漏电、居民触电时，民居配电箱中的保护开关能瞬间切断电源。

（2）方便原则　家用电器一般都是单相电器，使用单相电源。家用电器的功率大小不一，空调机、微波炉、电磁炉和电水壶等是大功率电器，而彩电、冰箱和洗衣机等是中小功率电器。因此，民用动力线路布线时，大功率家用电器的插座线路不能共用一套线路，要尽量分开布线。一般情况下，每台空调机单独布线和配备保护开关，其他大功率家用电器最好也采用这种布线方式。厨房、卫生间和餐厅等使用大功率家用电器的地方最好也单独布线和配备保护开关，这样做的好处在于，当某条线路因电器故障或其他原因使相应的保护开关动作时，切断该线路的电源，而不至于使整个动力线路断电。小功率家用电器线路的布线也应遵循上述原则，尽量做到因电器故障或其他原因保护开关动作时有针对性，而不至于大面积断电，给人们的生活带来不便。

2. 布线与安装

动力线路的布线方式也有明线布线和暗线布线两种。民居的动力线路由三根线组成，这三根线在明线敷设时，一般要走线槽，在暗线敷设时要穿管。在暗线敷设时，三根线的出线端要方便接插座，出墙的导线长度要大于 10 cm。

3. 导线的选择

线径的选择。民居空调机线路的导线直径要大于 4 mm^2；其他家用电器动力线路的导线直径不小于 2.5 mm^2。总而言之，动力明线的线径按载流量 5 A/mm^2 来选择，暗线的选择要留有裕量，因为暗线的散热环境比较差。

4. 插座的安装

插座是电源与用电电器的连接件，要严格按照规定选择、安装和连线。

（1）插座的分类　插座分为单相插座和三相插座。单相插座一般为民用插座，可分为双眼插座和三眼插座；三相插座为工业用插座，为四眼插座。

（2）插座与线路的连接原则　单相双眼插座按"左零右火"原则接线，即通电后，插座的左眼（左孔）接通单相电源的零线、右孔接通电源的相线。三眼插座有三个孔：左右两个孔，上面一个孔。三眼插座应按"左零右火、上地"的原则接线，即通电后，插座的左眼（左孔）接通单相电源的零线、右孔接通电源的相线，上孔与保护地线接通。具体接线方式如图 6-5 所示。

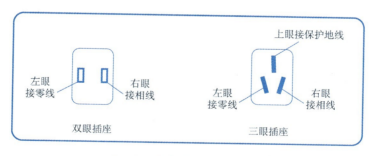

图 6-5　单相插座的接线规则

6.1.3　低压配电箱

本节介绍民用配电箱的组成、安装与连线。

1. 配电箱的组成

配电箱又称配电盘或配电盒、配电柜，它是由电能表（电度表）、断路器（自动空气开关）和进出线端子等组成。电能表用来计量负载的用电量。断路器的作用：一是控制电源的通断；二是起到过载、短路和触电等保护作用。

2. 配电箱的安装与接线

配电箱内所用元器件的安装与连线应严格按照规定进行。电源线应接在配电箱内进线接线端子上，再经进线端子连接到进线总开关（断路器），总开关的出线经电能表后再分配给各分路开关。各分路开关的出线经出线端子接通照明线路和动力线路。民用配电箱的安装和接线示意图如图 6-6 所示。

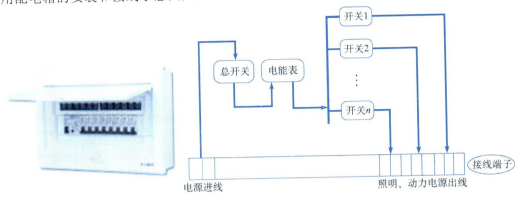

图 6-6   民用配电箱的安装和接线示意图

6.2   机床电气控制电路

机床电气控制一般指的是机床传动电动机的电气控制。机床的电气控制有三种方式：继电-接触器控制、可编程序控制器控制（PLC 控制）和计算机控制或数字控制。这里介绍继电-接触器控制电路。

6.2.1   继电-接触器控制电路

用继电器、接触器和开关按钮等常规的低压电器来对机床传动电动机进行控制，这种控制方式称为机床的继电-接触器控制。这种经典控制方式用于机床的电气控制已有相当长的历史了。电动机的继电-接触器控制的工业应用十分广泛，因此，通过实训，要做到熟练掌握几种常用的机床电气控制电路。

1. 几种常用的电动机继电-接触器控制电路

（1）单机单方向点动、连续和多点控制线路   图 6-7 为单台三相异步电动机的点动与连续运行控制线路图。当按图接线后，实现的是电动机单向连续运行控制。若将图中右点画线框中的触点去掉，可实现电动机的点动控制，因为起动按钮 SB2 为自复位按钮，当不操作时，该按钮的触点是断开的。

在图 6-7 所示的电路中增加一套起、停按钮，就可在另外一处来控制该台电动机，实现一台电动机的两地（或异地）控制。请思考：增加的按钮在图 6-7 所示线路中如何连接？

（2）三相异步电动机正反转控制线路   图 6-8 为三相异步电动机的正反转控制线路图。其工作原理主要是控制两只接触器 KM1 和 KM2 的工作状态，用两只接触器的主触点来改变电动机定子电源的相序，即可改变旋转磁场的转向。

☆实训练习时，对图 6-8 所示的控制电路部分进行修改，使之满足起重机的控制要求：电动机能正反转点动和连续运转，即起重机起吊重物时，既能连续起吊重物，又能断续起吊重物。

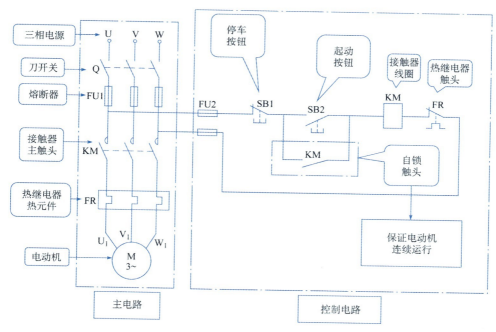

图 6-7　三相异步电动机点动与连续运行控制线路

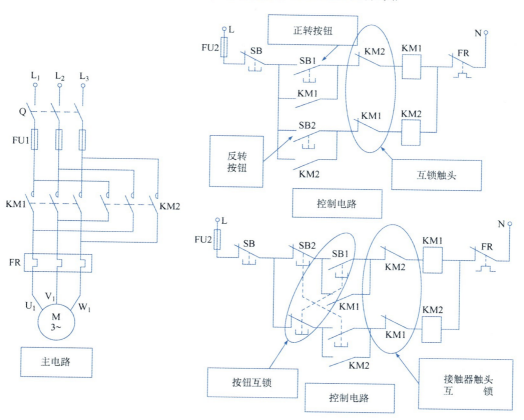

图 6-8　三相异步电动机正反转控制线路图

（3）行程（限位）控制线路   图 6-9 为单台电动机的行程控制线路图，是在正反转控制电路中增加了限位开关。这套控制电路在实际应用中，可用于行车横梁的往复控制。图 6-9 所示电路还不能实现小车的自动往复控制（即电动机的自动正反转控制），请思考，该电路如何改动来实现电动机的自动正反转控制？

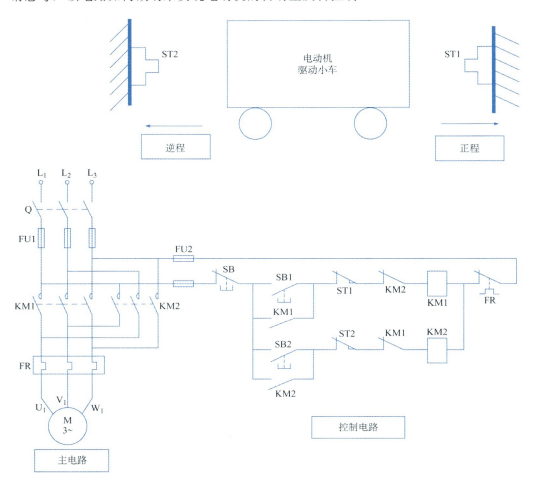

图 6-9   单台电动机的行程控制线路图

（4）车床油泵和主轴电动机的顺序联锁控制线路   有些生产机械要用多台三相异步电动机驱动，电动机的动作需按一定的顺序或逻辑关系完成。如一台车床一般要用两台电动机控制：一台电动机控制车床的主轴，用来切削工件；另一台电动机控制齿轮箱的润滑油泵。按照工艺要求，油泵电动机必须先运行，将足够的润滑油送入车床主轴后，主轴方可起动运行；否则，如果主轴箱内无润滑油长时间运行，主轴箱的齿轮系统就会损坏。因此，车床的两台电动机必须采用顺序联锁控制，即主轴电动机必须在润滑油泵电动机起动运行后方能起动运行，其控制原理图如图 6-10 所示。

图 6-10 中，只有在接触器 KM1 得电动作后，接触器 KM2 才能得电动作，即只有当润滑油泵运行后，主轴方可工作。

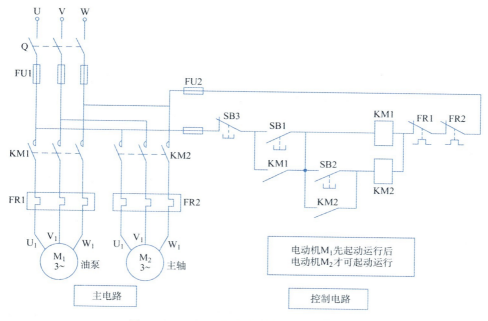

图 6-10　两台电动机顺序联锁控制原理图

6.2.2　可编程序控制器及其控制电路

6.2.2.1　西门子可编程序控制器（PLC）简介

在可编程序控制器诞生之前，继电器接触器控制系统广泛应用于工业生产的各个领域，但是，由于这种控制方式的机械触点多、接线复杂，因而可靠性低、通用性和灵活性较差，且功耗大。随着现代生产过程的复杂多变和控制要求的提高，传统的继电器控制方式已远远不能满足现代化生产的需要。

1968 年，美国通用汽车公司（GM 公司）为了满足汽车生产型号不断更新的要求，提出了新的设想：将计算机的一些优点（功能完备、通用性和灵活性强等）与继电器、接触器控制系统的优点（简单易懂、操作方便和价格便宜等）结合起来，制成一种通用控制装置，这种装置要求编程简单，可以在现场修改程序；而且维护方便，可靠性高，体积小，并具有计算机功能和一些继电器功能，还必须具备扩展功能。1969 年，美国数字设备公司（DEC 公司）研制出了第一台这种装置，称为可编程序逻辑控制器（Programmable Logic Controller，PLC）。1971 年，日本研制出第一台 PLC。1973 年，西欧第一台 PLC 研制成功。1974 年，我国开始仿制 PLC，1977 年应用于工业生产。但这一时期的 PLC 仅有逻辑运算、定时和计数等顺序控制功能，所以称为可编程序逻辑控制器。

20 世纪 70 年代末 80 年代初，随着微处理技术的发展，使得原来简单的 PLC 在功能上得以完善、发展，真正实用的、能适应现代化生产需要的可编程序控制器（Programmable　Controller）在这一时期推出，这种新颖的控制器称为 PC 机。但为了区别于个人计算机（PC 机），国际电工委员会仍将这种控制器称为 PLC，并制定了 PLC 标准，给出了如下定义，"可编程序控制器是一种数字运算操作的电子系统，专为在工业环境下应用而设计，它采用可编程序的存储器，用来在内部存储执行逻辑运算、顺序控制、定时、计数和算术运算等操作命令，并通过数字式或模拟式的输入和输出，控制各种类型的机械或生产过程。可编程序控制器及其有关设备都应按易于与工业控制系统联成一体和易于扩充其功能的原则进行设计。"

PLC 具有可靠性高、功能完善、组合灵活、通用性好、编程简单、易操作以及功耗低等许多优点，被广泛应用于国民经济的各个控制领域。它比一般的计算机具有更强的与工业过程相连接的接口，具有更适用于控制要求的编程语言，同时具有更适应于工业环境的抗干扰性能。

1. PLC 的基本组成和主要技术性能

（1）硬件组成及其作用　PLC 的类型很多，其功能和指令系统也不尽相同，但工作原理和基本组成相差无几，主要由硬件系统和软件系统组成。图 6-11 中点画线框内为其硬件结构示意图。PLC 的硬件系统由主机、输入/输出接口、电源、扩展接口、编程器和外部设备等组成。

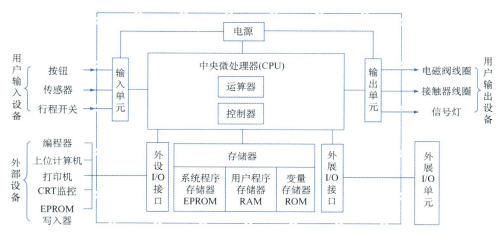

图 6-11　PLC 硬件系统结构图

1）主机。主机部分由 CPU（中央处理器）和内部存储器组成。

CPU 是 PLC 的运算控制中枢，它包括运算器和控制器两大部分。CPU 是个"总指挥"，指挥着用户程序的运行，监控输入/输出接口状态，做出逻辑判断和进行数据处理。CPU 采用循环扫描的工作方式，读取输入变量，完成用户指令规定的各种操作，将结果送到输出端，并响应外部设备的请求以及进行各种内部诊断。由于 PLC 的指令类型较少，因而 PLC 的控制器比计算机简单；PLC 的运算器具有很强的逻辑运算功能，但其他运算功能不如计算机强。

PLC 的内部存储器分两类：一类是系统程序存储器，主要存放系统管理、监控程序以及对用户程序作编译处理的程序，系统程序由厂方固化在 PLC 的只读存储器（ROM）中，用户无法更改；另一类是用户程序和数据的存储器（RAM），主要存放用户编制的应用程序、各种数据和中间结果。

2）输入/输出接口（I/O 接口）。I/O 接口是 PLC 与被控对象或外部设备连接的部件。输入接口接收现场设备（如按钮、行程开关和传感器等）的控制信号及生产过程的数据信息；输出接口是将经主机处理过的结果通过输出电路去驱动输出设备（如指示灯、接触器和电磁阀等）。为了减少电磁干扰，I/O 接口电路一般采用光耦隔离器驱动。

输入/输出接口包括数字量 DI/O 和模拟量 AI/O。下面以西门子 S7-200 系列 PLC 为例，介绍数字量 DI/O 接口电路。

① 直流输入。图 6-12 为直流输入电路。光耦合器隔离了外部电路与 PLC 内部电路的电气连接，使外部信号通过光耦合变成 PLC 内部电路能接收的"0"、"1"标准信号。当现场开关 SB1 闭合，外部直流电压经 R_1 和 R_2-C 阻容滤波后加到光耦合器的发光二极管上，光敏晶体管接收到光信号后导通，在内部电路中立刻形成"1"信号，并在 PLC 输入采样时送达输入映象寄存器。现场开关的通/断状态，对应输入映象寄存器的 1/0 状态。

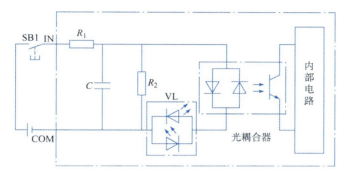

图 6-12　直流输入电路

② 交流输入。图 6-13 为交流输入电路，当现场开关 SB1 闭合后，交流信号经 C-R_2-R_3 滤波后，使光耦合器的发光二极管发光，光敏晶体管接收到光信号后导通，在内部电路中形成"1"信号，供 CPU 处理。双向发光二极管 VL 指示输入状态，R_1 为交流输入信号的取样电阻。

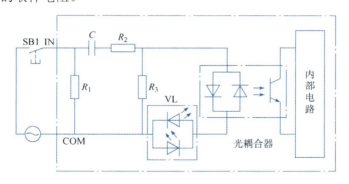

图 6-13　交流输入电路

③ 直流输出。图 6-14 为晶体管输出方式或场效应晶体管（MOSFET）输出方式。当 PLC 进入输出刷新阶段时，若输出锁存器输出"1"状态，使光耦合器的发光二极管发光，光敏晶体管受光导通后，场效应晶体管饱和导通，相应的直流负载在外部直流电源励磁下通电工作。若输出锁存器的输出状态为"0"，则场效应晶体管关断，外部负载停止工作。晶体管直流输出方式的特点是输出的响应速度快，其工作频率可达 20 kHz。

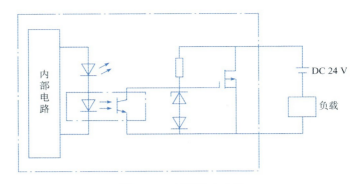

图 6-14　直流输出电路

　　④ 交流输出。图 6-15 为晶闸管交流输出方式,其特点是输出起动电流大。当 PLC 输出锁存器有"1"状态输出时,固态继电器 SSR 的发光二极管导通,光耦合又使光控双向晶闸管导通,交流负载在外部交流电源的励磁下得电工作。图 6-15 中,SSR 既是隔离器件,也是作为功率放大的开关器件。阻容 R_2-C 组成高频滤波电路,压敏电阻起过电压保护作用。

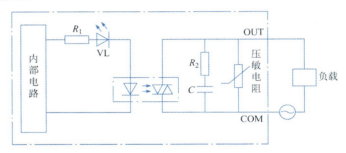

图 6-15　交流输出电路

　　⑤ 交直流输出。图 6-16 为继电器方式的交直流输出电路,当 PLC 输出锁存器有"1"状态输出时,使输出继电器线圈得电,继电器触点闭合使负载回路接通。在图 6-16 中,继电器既是隔离器件,又作为功率放大的开关器件。R_2-C 为阻容熄弧电路,压敏电阻 R 可消除继电器触点断开时瞬间电压过高的现象。继电器输出方式的特点是输出电流大,适应性强,但动作速度相对较慢。

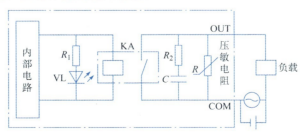

图 6-16　交直流输出电路

　　3)编程器。编程器是人机对话的工具,用来输入、编辑和调试用户程序,还可以通过编程器的键盘调用和显示 PLC 的一些内部状态和系统参数。除了手持编程器外,还可以将计算机和 PLC 连接，利用专用工具软件进行编程或监控。

4）电源。PLC 的电源分内部电源和外部电源两种：内部电源由 PLC 生产厂家配置，专给 PLC 内部电路供电，它是一种直流开关稳压电源；外部电源由用户自配，给 PLC 的输入和输出电路供电。内部电源和外部电源不共地，以减少干扰。

5）I/O 扩展接口。I/O 扩展接口用于将扩充外部输入/输出端子数的扩展单元与主机连接在一起。

6）外部设备接口。用于将编程器、打印机和计算机等外部设备与 PLC 主机相连。

以上所述是 PLC 的主要硬件组成，而 PLC 的软件系统由系统程序和应用程序组成。系统程序由 PLC 生产厂家配置，应用程序由用户根据控制要求自行编制、修改。

（2）PLC 的主要技术性能　PLC 的技术性能指标分硬件指标和软件指标两类。各 PLC 生产厂的 PLC 产品的技术性能各不相同，因此不能一一介绍。衡量某种具体型号的可编程序控制器性能优劣，主要参考以下技术性能指标：外形尺寸、基本输入输出点数、机器字长、速度、指令系统、存储器容量、可扩展性和通信能力等。

1）外形尺寸。外形尺寸包括两方面内容：一是产品的结构形式是整体式还是模块式；二是产品的实际长、宽、高的尺寸。

2）I/O（输入/输出）点数。I/O 点数是指 PLC 的外部输入和输出端子数，常用来表示 PLC 的规模大小，这是 PLC 的重要硬件指标。通常所说的点数指的是最大开关量的 I/O 点数。对于模块式或可扩展的整体式 PLC，应用时的实际点数为基本点数和扩展模块点数之和；对于不可扩展的一体机，实际点数就是可用的最大点数。

3）存储器容量。存储器容量是指存储器可能存储的二进制信息的总量。一般用单元数与单元长度的乘积来计量，人们习惯用字节为单位来计量。存储器包括用户可利用的程序存储器和数据存储器，这是一项重要指标。在 PLC 中，程序指令是按"步"存储的，一条指令有多"步"。一"步"占用一个地址单元，一个地址单元一般占两个字节。若约定 16 位二进制数为一个字，即两个 8 位字节，则一个内存容量为 1 000"步"的 PLC 其内存为 2K 字节。

4）机器字长。机器字长是 CPU 能够直接处理的二进制信息的位数，存储器的单元长度一般等于机器字长，它决定了数据处理的准确度，并影响 PLC 的速度。PLC 的字长一般是 8 位、16 位或 32 位。

5）速度。速度也是 PLC 的重要技术指标。有两种方法来计量 PLC 的速度：一种是 PLC 执行 1 000 条基本指令的时间；另一种是具体每一条指令的执行时间。

6）指令系统。PLC 的指令系统是指它的所有指令的总和，PLC 的指令系统包括基本指令和高级指令，它建立在硬件的基础上，同时又是程序设计的依据。指令系统越丰富，说明软件功能越强大。

7）编程元件。编程元件指的是 PLC 的软元件，包括输入继电器、输出继电器、辅助继电器、定时器、计数器、通用字寄存器、数据寄存器和特殊功能继电器等。编程元件的种类和数量越多，编程就越方便，PLC 的硬件功能就越强。

8）扩展性。PLC 的可扩展性包括能否扩展以及扩展模块的性能。PLC 本身的技术到目前比较成熟，近年来各国 PLC 开发商都在大力发展智能模块，智能扩展模块的多少及性能已经成为衡量 PLC 产品水平的重要标志。常用的扩展模块除了 I/O 扩展模块外，还配有模拟量模块、PID 调节模块、高速计数模块、温度传感器模块和通信模块等。

9）通信功能。联网和通信能力已成为现代 PLC 设备的重要指标。通信大致分为两类，即 PLC 之间的通信和 PLC 与计算机或其他智能设备之间的通信。通信和网络能力主要涉及通信模块、通信接口、通信协议和通信指令等。

2．PLC 的分类

PLC 一般可按控制规模和结构形式分类，按控制规模可将 PLC 分为小型机（含微型机）、中型机和大型机。表 6-1 列出了 PLC 规模分类。

表 6-1　可编程序控制器规模分类

类型	I/O 点数	用户存储器/KB	机型举例
微型	64 以下	2	CPU221/222
小型	256 以下	4～8	西门子 S7-200：CPU224/226/226XM
中型	256～2 048	50 以下	西门子 S7-300
大型	2 048 以上	50 以上	西门子 S7-400

以上按规模分类并没有十分严格的界限，随着 PLC 技术的飞速发展，这些界限会发生变化。

PLC 按结构形式可分为整体式、模块式和叠装式三类：

（1）整体式　整体式 PLC 是将电源、CPU 和 I/O 部件都集中在一个机箱内，其结构紧凑、体积小。一般小型 PLC 采用这种结构。整体式 PLC 由不同 I/O 点数的基本单元和扩展单元组成。基本单元内有 CPU、I/O 和电源。扩展单元内只有 I/O 和电源。整体式 PLC 一般配有特殊功能单元，如模拟量单元等，使 PLC 的功能得以扩展。例如日本三菱公司产品的 FX_{2N} PLC。

（2）模块式 PLC　模块式结构是将 PLC 各部分分成若干个单独的模块，如电源模块、CPU 模块、I/O 模块和各种功能模块。模块式 PLC 由机架（底板）和各种模块组成，模块插在机架（底板）内的插座上。模块式 PLC 配置灵活，装配方便，易于扩展和维修。一般大中型 PLC 采用模块式结构，例如西门子公司产品 S7-400 系列 PLC 和 S7-300 系列 PLC 均采用模块式结构。

（3）叠装式 PLC　将整体式和模块式结合起来，称为叠装式 PLC。它除了基本单元外，还有扩展模块和特殊功能模块。叠装式 PLC 集整体式 PLC 与模块式 PLC 优点于一身。结构紧凑，体积小，配置灵活，安装方便。西门子 S7-200 系列 PLC 就是叠装式结构。

3．PLC 的工作原理和主要功能

（1）PLC 的工作原理　PLC 的工作原理与计算机的工作原理基本相同。但是，PLC 的 CPU 在每一时刻只能执行一步操作，不能同时执行多个操作。PLC 的 CPU 采用循环扫描工作方式，即 CPU 按程序规定的顺序依次对各种规定的操作逐个地访问和处理（扫描），直至 END。每扫描一个循环所用的时间就是扫描周期。由于控制系统程序长短不同，故扫描周期也不同，一般在数十毫秒之内。若扫描周期过长，可能是 CPU 内部有故障使程序进入死循环，所以，要给 CPU 设置定时器用来监视每次扫描周期的时间是否在规定值之内，一旦超过规定值，CPU 就停止工作，发出故障信号。PLC 的工作过程如图 6-17 所示。

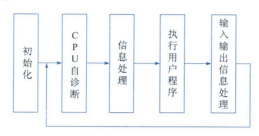

图 6-17　PLC 的工作过程

（2）PLC 的主要功能　　PLC 的功能很强，应用十分广泛。在实际应用中，PLC 的主要功能体现在以下几个方面：

1）开关逻辑控制。可取代传统的继电器-接触器进行逻辑控制，这是 PLC 的基本应用。

2）定时/计数控制。用 PLC 的定时器、计数器指令实现对某种操作的定时或计数控制。

3）步进控制。步进控制就是顺序控制。PLC 为用户提供了移位寄存器用于步进控制，有的 PLC 专门提供步进指令，给用户编程带来了很大的方便。

4）数据处理。数据处理能进行数据传送、比较、移位、转换、算术运算、逻辑运算以及编码和译码操作。

5）过程控制。过程控制可对温度、流量、压力和速度等参数自动调节、控制。

6）运动控制。运动控制可用于数控机床、机器人生产流水线的控制。通过高速计数模块和位置控制模块进行单轴或多轴控制。

7）通信。通信是通过 PLC 之间的联网及与计算机的联网，可实现数据交换或远程控制。

8）监控。

9）数模和模数转换。

4. PLC 的程序设计方法

可编程序控制器程序包括系统程序和用户程序。系统程序由 PLC 生产厂家编制并固化在只读存储器中，用户无法更改；用户程序由用户根据控制要求，利用 PLC 规定的编程语言进行编写、修改。

（1）编程语言　　可编程序控制器的编程语言有梯形图、流程图、语句表、功能块图形语言及 BASIC 语言等。这里介绍常用的梯形图、流程图和语句表。

1）梯形图（LAD）。梯形图是一种从继电器-接触器控制电路图演变而来的一种图形语言，它是借助类似于继电器的触点符号、线圈符号以及串联、并联术语和符号，根据控制要求联成的图形语言，用来表示 PLC 输入与输出的关系，这种编程语言直观易懂。

梯形图中的基本元素如下：

① 触点

编程元件的动合触点：—┤├—，编程元件的动断触点：—┤/├—。

触点代表 PLC 的逻辑"输入"条件，如 PLC 输入端所接的开关、按钮的状态以及 PLC 的内部输入条件。

② 线圈

（ ）或 [ ] 图形表示 PLC 编程元件的线圈，它们代表 PLC 的逻辑"输出"结果，如 PLC 输出端所接的灯、继电器、接触器以及 PLC 的中间寄存器、内部输出条件等。当有"能量"流输入线圈时才会有输出。

③ 盒（方块）

▢ 代表附加指令，如定时器、计数器或数学运算指令等。当"能量"流到此框时，就能执行一定的功能。

【例 6-1】 图 6-18 所示为继电-接触器控制电路与 PLC 梯形图之间的转换。

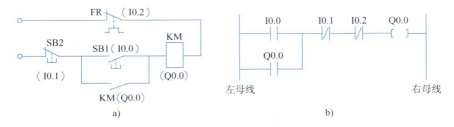

图 6-18　继电-接触器控制电路与 PLC 梯形图的转换

a）继电器接触器控制电路　b）PLC 梯形图

在图 6-18 中，梯形图表示：当 PLC 的逻辑"输入"I0.0、I0.1、I0.2 满足条件时，即 I0.0 为"1"，I0.1 和 I0.2 均为"0"时，Q0.0 才有输出"1"的结果。对应于继电器-接触器控制电路中的 SB1 合上（动作）、SB2 和 FR 保持动合（不动作）时，接触器 KM 线圈得电，其触点动作。

梯形图的规范特点：

① 梯形图按自上而下，从左到右的次序排列。最左边的竖线为左母线，连接内部输入继电器的动合（常开）触点；最右边的竖线为右母线（有时可省略），与内部输出继电器的线圈相连。每个线圈为一行，称为一个梯级。梯形图只是一种编程语言，故梯形图中的触点和线圈不是实物，无实际电流流过。

② 梯形图中的继电器实际上是 PLC 变量存储器中的位触发器。当某位触发器为"1"态，则相应的"线圈"就接通，其"触点"动作。一般情况下，某个编号的内部输出继电器线圈只能在梯形图中出现一次，多个线圈只能并联，不能串联。而触点可出现无数次，可任意串、并联。

③ PLC 的内部输入继电器用于接收 PLC 外部输入的开关信号，PLC 的输入继电器只能由外部输入信号驱动，不能由 PLC 的内部其他继电器的触点来驱动，因此梯形图中只出现输入继电器的触点，不出现其线圈。

④ 当 PLC 梯形图中的输出继电器线圈接通后，就有信号输出，但不能直接驱动

外部执行部件（如接触器、电磁阀等），只能经 PLC 内部功率器件（如晶体管、晶闸管）放大后再去驱动外部执行部件。

总之，梯形图中的继电器的触点、线圈只能供编程使用。

2）流程图或功能块（FBD）。流程图是一种特殊的方框图，类似计算机编程时常用的程序框图。PLC 控制系统比较复杂时，绘制梯形图比较困难，因此流程图常用作比较复杂的 PLC 控制系统的编程语言。绘制流程图时，将控制系统的一个功能块的内容用一个矩形框表示，矩形框按功能块之间的关系（动作顺序、逻辑关系）连成流程图。首先对每个矩形框按其功能进行编程，然后汇总成控制系统的程序。

3）语句表或指令表（STL）。语句表类似于计算机的汇编语言，且比汇编语言直观易懂，编程简单。但比较抽象，适宜熟悉 PLC 的有经验的程序员使用。

（2）PLC 的编程元件和编程原则

1）西门子 S7 的基本编程元件。

① 输入映像寄存器 I。每个输入映像寄存器都对应一个 PLC 的输入端子，用于接收外部的开关信号。在每个扫描周期开始，PLC 对各输入端子状态进行采样，并将采样值送到输入映像寄存器，供程序调用。

应用格式：　　位　　　字节　　　字　　　双字

　　　　　　　I0.3　　　IB1　　　IW0　　　ID0

② 输出映像寄存器 Q。每个输出映像寄存器都有一个 PLC 上的输出端子相对应。PLC 仅在每个扫描周期的末尾才将输出映像寄存器的状态值以批处理方式送达输出端子上。

应用格式：　　位　　　字节　　　字　　　双字

　　　　　　　Q0.3　　　QB1　　　QW0　　　QD0

③ 内部标志位存储器 M。内部标志位存储器 M 和继电器控制系统中的中间继电器一样，主要存放中间操作状态，或存储其他相关数据。

应用格式：　　位　　　字节　　　字　　　双字

　　　　　　　M0.3　　　MB1　　　MW0　　　MD0

④ 特殊标志位存储器 SM。特殊标志位存储器 SM 是用户程序与系统程序之间的界面，为用户提供一些特殊的控制功能和系统信息。例如 SM0.0 为系统 RUN 监控、SM0.5 为占空比为 50%的秒脉冲等；而用户对系统的一些特殊操作也通过特殊标志位 SM 通知系统。例如用户通过设置 SMB30，可将 S7-200 PLC 编程口设置为自由通信口等。

应用格式：　　位　　　字节　　　字　　　双字

　　　　　　　SM0.3　　　SMB1　　　SMW0　　　SMD0

⑤ 顺序控制继电器存储器 S。顺序控制继电器 S 用于顺序控制或步进控制。顺序控制继电器 SCR 指令是基于顺序功能图 SFC 的编程方式。SCR 指令将控制程序的逻辑分段，从而实现顺序控制。

应用格式：　　位　　　字节　　　字　　　双字

　　　　　　　S0.3　　　SB1　　　SW0　　　SD0

⑥ 定时器 T。定时器 T 是累计时间增量的内部重要元件。S7-200PLC 定时器 T 的

时基有三种：1 ms、10 ms 和 100 ms。定时器 T 通常由程序赋予预设值，需要时也可在外部设定。

应用格式：T[定时器号]，如 T36。

⑦ 计数器 C。计数器用来累计输入端脉冲的次数，有增计数、减计数和增减计数三种类型。计数器 C 通常由程序赋予预设值。

应用格式：C[计数器号]，如 C2。

编制比较复杂的控制程序可能还要用到局部变量存储器 L、变量存储器 V、模拟量输入/输出映像寄存器 AI/AO、累加器 AC 和高速计数器 HC，应用间接寻址的方法也会使用户程序更简洁和高效率，需要时可查阅其他相关资料。

2）编程原则。

① PLC 编程元件的触点在编程过程中可无限次使用。

② PLC 编程元件的线圈不可重复使用。

③ 梯形图每一个逻辑行（每个梯级）必须始于左母线，终止于右母线。

④ 梯形图中触点应避免出现在垂直线上，否则无法用指令语句表编程。

5. PLC 的指令系统

不同型式的 PLC 其指令系统有所不同。西门子 S7 系列 PLC 的指令执行时间短，允许使用梯形图、流程图和语句表描述。S7 指令系统包含指令很多，限于篇幅，在此不作介绍，可阅读相关手册，熟练使用指令编程。

6. PLC 的通信

在工业生产过程中，常涉及大规模的检测和控制。在这种控制系统中，被检测量和被控制量规模较大，靠单一的 PLC 无法实现快速、实时的检测和控制，必须依靠计算机和 PLC 联合控制，PLC 的通信功能在这种控制系统中尤为重要。计算机的存储容量大，运算速度快，PLC 可将检测到的现场数据（温度、压力、流量和速度等过程量）输入到计算机，计算机处理后再将结果发给 PLC，由 PLC 驱动现场执行部件，实现复杂控制。计算机与 PLC 的数据传输等就是通信。通信方式常用的是上、下位机通信，上位机用计算机，下位机用 PLC。PLC 与计算机的通信必须遵循一种规则，即通信协议，不同的 PLC 有各自的通信协议，可根据需要查阅相关资料。

7. PLC 控制系统设计

（1）PLC 控制系统设计的内容和步骤　PLC 控制系统的设计原则是，在最大限度地满足被控对象控制要求的前提下，力求使控制系统简单、经济、安全可靠，并考虑到今后生产的发展和工艺改进的需要，在设计 PLC 容量时，应适当留有余地。

PLC 控制系统设计步骤如图 6-19 所示，PLC 控制系统的设计内容通常是：

1）分析受控对象的控制工艺，明确设计任务和要求。

2）对控制系统的硬件进行配置，包括 PLC 选型和扩展模块选型。

3）编制 PLC I/O 地址分配表，并绘制 I/O 端子接线图。

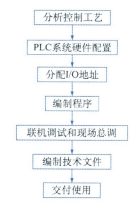

图 6-19　PLC 设计步骤

4）根据系统设计的要求编写程序规格说明书，然后再用合适的编程语言（如梯形图）进行程序设计。

5）设计操作台、电气柜，选择所需的电器元件。

6）编制设计说明书和操作使用说明书。

（2）PLC 控制系统硬件设计　PLC 控制系统硬件设计包括 PLC 机型的选择、输入和输出模块的选择、功能模块的选择以及端子接线图设计等内容。在考虑 PLC 机型时，要针对需要完成的功能和任务，为满足实时控制所需要的 PLC 处理速度、最佳性能价格比等因素，选择合适的 PLC 机型至关重要。PLC 的功能模块显然是按任务需求选取与 PLC 机型配套的产品。但在考虑开关量和模拟量的输入/输出容量时，在成本许可条件下，一般应计入 20%~30%的备用量。

（3）PLC 控制系统软件设计　在完成 PLC 控制系统硬件配置和画好 I/O 接线图后，即可进行应用程序设计了。事实上，PLC 控制系统软件设计与硬件设计有时需交叉进行。就系统的控制功能而言，有些可由硬件电路实现，也可由软件实现。大多数功能是软件和硬件相配合才得以实现，所以设计时应综合考虑。

PLC 控制系统软件设计的主要内容包含程序功能分析和设计、程序的结构分析和设计、编制程序规格说明书和编写程序。

程序功能分析和设计，实际上是整个 PLC 系统功能分析和设计的一部分。它需要从受控设备的动作时序、准确度和控制条件等方面确定程序控制功能的合理性和可行性；也需要考虑实现既便于操作，又有人机对话界面的操作功能；而且在可能的条件下，考虑实现良好的自诊断功能会给系统调试和维护带来方便。

程序结构分析和设计的基本任务就是以模块化程序结构为前提，以系统功能要求为依据，按照相对独立为原则，将全部程序划分为若干个"程序模块"或"子程序"，并对每一模块提供程序要求、规格说明。

编制的程序规格说明书，应包括技术要求、编制依据等内容，如各程序块功能说明、受控设备动作时序、准确度、输入/输出条件和接口条件等。

在完成上述三个内容的工作基础上，编写程序就简单快捷了，编写程序一般采用"自上而下"的方法，使程序清楚、易读。

软件设计步骤一般为：①程序框图设计；②I/O 地址分配；③编写程序；④程序调试；⑤编写程序说明书。

（4）设计举例

【例 1】　三相异步电动机的正反转 PLC 控制系统设计。

PLC 控制系统的设计步骤：

①　系统配置。根据控制要求统计需要的输入、输出点数，定义 I/O 分配表，按最佳性价比选用 S7-200 CPU224 型 PLC。CPU224 型 PLC 的面板示意图如图 6-20 所示，这种 PLC 的输入点为 14，输出点为 10，总的 I/O 点为 24 点。

②　画 PLC 的 I/O 接线图。根据控制要求画出 PLC 的 I/O 接线图，如图 6-21 所示，将控制系统控制开关和保护元件的触点接入 PLC 的输入端，将执行元件直接或通过中间驱动元件接入 PLC 的输出端。

③　程序设计。电动机正反转 PLC 梯形图和控制程序如图 6-22 所示。

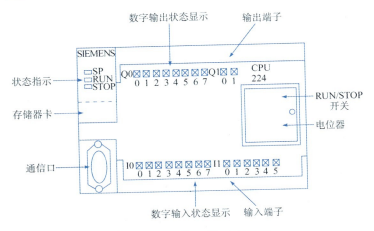

图 6-20　CPU224 型 PLC 面板

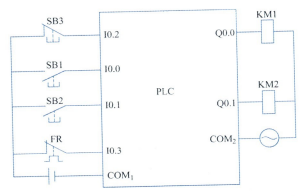

图 6-21　电动机正反转 PLC 控制系统的 I/O 连线图

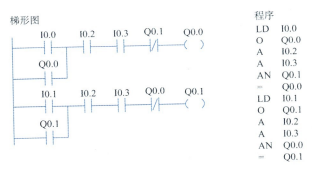

图 6-22　电动机正反转 PLC 梯形图和控制程序

6.2.2.2　可编程序控制器的应用

1. 机床 PLC 控制

（1）卧式镗床的继电-接触器控制　图 6-23 为某卧式镗床的继电-接触器控制电路图，由主电路、控制电路和照明电路等组成。主轴电动机 M_1 为双速电动机，由接触器 KM1 和 KM2 控制其正反转，KM3 用来制动，KM4 和 KM5 用来控制电动机的速度。M_2 为工作平台电动机，由接触器 KM6 和 KM7 控制其正反转。

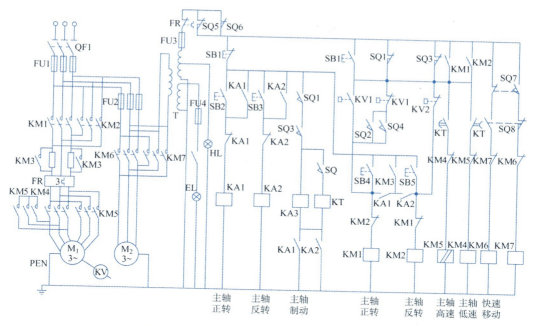

图 6-23 某卧式镗床的继电-接触器控制电路

（2）卧式镗床的 PLC 控制

1）控制电路。由于继电-接触器控制是有触点控制，受控制电器触点寿命短、适应性差等因素限制，因此，现代化的工业控制一般采用 PLC 控制。图 6-24 为卧式镗床采用西门子 S7-200PLC 的控制电路接线图，从图 6-24 和图 6-23 的比较可看出，PLC控制图比继电-接触器控制图简洁，只要将接触器的主触点用到图 6-23 的主电路即可。

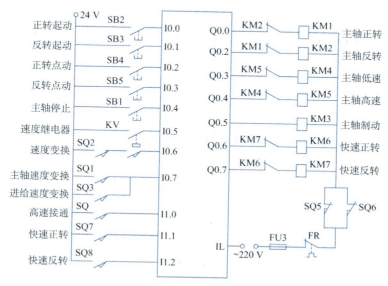

图 6-24 卧式镗床的 PLC 控制电路

2）梯形图和程序。卧式镗床 PLC 控制的梯形图和程序如图 6-25 所示。

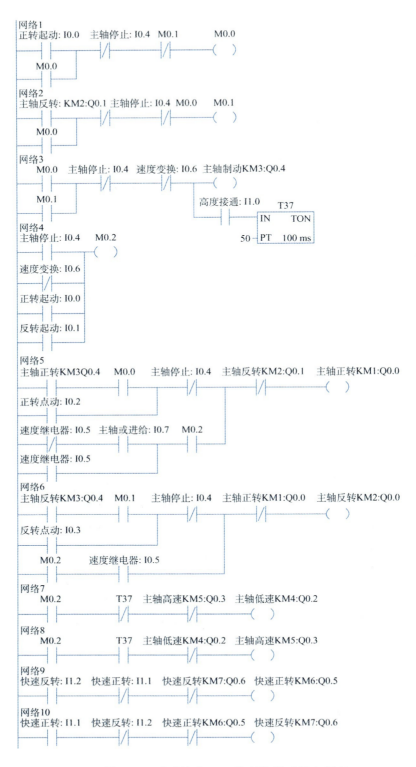

图 6-25 卧式镗床 PLC 控制的梯形图和程序

```
//卧式镗床控制程序
//主轴正转起动
LD          I0.0
O           M0.0
AN          I0.4
AN          M0.1
=           M0.0
//主轴反转起动
LD          Q0.1
O           M0.1
AN          I0.4
AN          M0.0
=           M0.1
//主轴制动
LD          M0.0
O           M0.1
AN          I0.4
AN          I0.6
=           Q0.4
A           I1.0
TON         T37,50
LD          I0.4
ON          I0.6
O           I0.0
O           I0.1
=           M0.2
```

```
//主轴正转
LD          Q0.4
A           M0.0
O           I0.2
AN          I0.4
LDN         I0.5
A           I0.7
O           I0.5
A           M0.2
OLD
AN          Q0.1
=           Q0.0
//主轴反转
LD          Q0.4
A           M0.1
O           I0.3
AN          I0.4
LD          M0.2
A           I0.5
OLD
AN          Q0.0
=           Q0.1
//主轴低速
LD          M0.2
AN          T37
AN          Q0.3
=           Q0.2
//主轴高速
LD          M0.2
A           T37
AN          Q0.3
=           Q0.3
//快速正转
LD          I1.2
AN          I1.1
AN          Q0.6
=           Q0.5
//快速反转
LD          I1.1
AN          I1.2
AN          Q0.5
=           Q0.6
```

图 6-25　卧式镗床 PLC 控制的梯形图和程序（续）

2．交通信号 PLC 控制

（1）控制要求

1）接通起动按钮后，信号灯开始工作，南北向红灯亮，东西向绿灯亮。

2）东西向绿灯亮 25 s 后，闪烁 3 次（1 s/次），接着东西向黄灯亮，2 s 后东西向红灯亮，30 s 后东西向绿灯又亮，如此循环，直至按停止按钮。

3）南北向红灯亮 30 s 后，南北向绿灯亮，25 s 后南北向绿灯闪烁 3 次（1 s/次），接着南北向黄灯亮，2 s 后南北向红灯又亮，如此循环，直至按停止按钮。

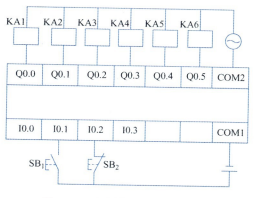

图 6-26　交通信号灯 PLC 控制系统的 I/O 接线图

（2）设计步骤

1）选择 PLC。PLC 的 I/O 点数的统计：输入点需 2 点，用来接起动按钮 SB1 和停止按钮 SB2；输出点需 6 点，用来接控制南北向红灯、南北向绿灯、南北向黄灯、东西向红灯、东西向绿灯和东西向黄灯的继电器 KA1～KA6。根据上述统计，选用

CPU224 型 PLC 能满足要求。

2）画 I/O 接线图。图 6-26 为 PLC 输入、输出端子接线图。

3）程序设计。图 6-27 为 PLC 梯形图程序。

图 6-27 交通信号灯 PLC 控制程序

6.3　电工技术实训

6.3.1　配电箱及荧光灯照明电路的组装

1.　实训用器材

① 10 A 单相电能表 1 只。

② 20 A 双极低压断路器 1 只，10 A 单极低压断路器 7 只（2 只用于控制 2 台空调、3 只用于控制三路动力线路、2 只用于控制照明线路）。

③ 接线端子一套。

④ 单相插座一套（两眼插座 1 只、三眼插座 1 只）。

⑤ 荧光灯一套（包括灯座、灯管、镇流器和辉光启动器）。

⑥ 导线若干（包括 4 mm^2、2.5 mm^2 和 1.5 mm^2 的导线，颜色有红、黑、黄绿双色等）。

⑦ 空配电箱 1 只。

⑧ 电工工具 1 套（包括电钻、钳子、螺钉旋具和万用表等）。

2.　实训参考电路

本项目参考电路如图 6-28 和图 6-29 所示。

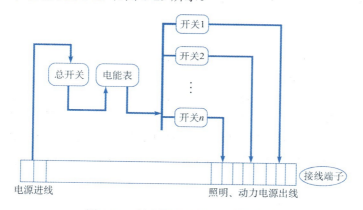

图 6-28　民用配电箱的接线示意图

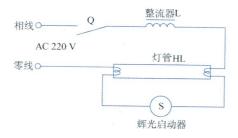

图 6-29　荧光灯照明电路图

3.　实训内容和实训目的

熟悉电能表的接线方法；训练配电箱的布线、接线和荧光灯照明线路的布线与接线。通过本项目的训练了解民用配电箱的结构组成及相关电器的工作原理。掌握民居动力线路与照明线路的合理分配方法，熟悉荧光灯照明电路的组成与连线规则。学会使用相关的电工工具和器材。

6.3.2 用于机床的三相异步电动机控制系统设计与组装

实训一 正反转点动和连续运行继电器-接触器控制系统组装

（1）实训目的：通过训练，掌握电气控制图的绘制、控制电器的安装和连线。

（2）实训内容：控制线路图、接线图和电气柜安装图的绘制；元器件的安装、接线。

（3）实训器材：380 V、3 kW 三相异步电动机 1 台，220 V 交流接触器 2 只，自复位按钮 3 只，三极自动空气断路器 1 只，热继电器 1 只。

（4）参考电路：如图 6-7 和图 6-8 所示。

实训二 三相异步电动机的丫/△转换起动 PLC 控制系统设计与组装

（1）实训目的：通过实训，掌握三相异步电动机 PLC 控制系统的设计方法。

（2）实训内容：根据继电-接触器控制电路图，绘制 PLC 梯形图和编写 PLC 程序；控制系统的组装与调试。

（3）实训器材：西门子 S7-200PLC 1 台，380 V、3 kW 三相异步电动机 1 台，按钮、继电器和接触器等辅助器材一套。

实训三 三相交流电动机变频调速控制系统电柜组装

（1）实训目的：通过实训，掌握电气控制图、电气柜钣金图的绘制方法和电气柜的组装方法；熟练使用变频器。

（2）实训内容：绘制控制电路图、电气柜钣金图（含柜门按钮、指示灯安装图和底板安装图等）、接线图以及进出线接线端子图；电气柜控制电器的安装和连线。

（3）实训器材：三相异步电动机 1 台，西门子变频器 1 台，三极低压断路器 1 只，交流接触器 1 只，热继电器 1 只，按钮 2 只（1 红、1 绿），指示灯 2 只（1 红、1 绿），导线、线槽等其他辅助器材。

（4）参考电路：如图 6-30 所示。

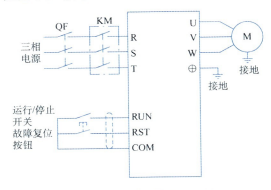

图 6-30 变频器原理接线图

第7章 电子技术技能训练

7.1 电子工艺和基本常识

电子产品的装配工艺包括焊接工具与焊接材料的正确使用、焊接方法的正确选择、元器件的正确安装、导线与绝缘材料的正确选用以及接线端子和固定件的正确选用等方面。

根据不同功能需要,电子产品主要由电子元器件有机组合而成。而在电子产品中,电子元器件一般是安装、焊接在印制电路板上的。下面简单介绍生产印制电路板的基板材料(覆铜板)以及印制电路板的生产工艺。

7.1.1 印制电路板制作工艺

7.1.1.1 覆铜板的种类及其性能

1. 常用覆铜板的基板材料及其性能

(1)酚醛树脂基板和酚醛纸基覆铜板　用酚醛树脂浸渍绝缘纸或棉纤维板,两面加无碱玻璃布,就能制成酚醛树脂层压基板。在基板一面或两面粘合热压铜箔制成的酚醛纸基覆铜板,价格低廉,但容易吸水,吸水以后绝缘电阻降低。受环境温度影响大,当环境温度高于100℃时,板材的力学性能明显变差。这种覆铜板在民用或低档电子产品中广泛使用,高档电子产品或工作在恶劣环境条件和高频条件下的电子设备中极少采用。酚醛纸基铜箔板的标准厚度有 1.0 mm、1.5 mm 和 2.0 mm 等几种,一般优先选用 1.5 mm 和 2.0 mm 厚的板材。

(2)环氧树脂基板和环氧玻璃布覆铜板　纤维纸或无碱玻璃布用环氧树脂浸渍后热压而成的环氧树脂层压基板,电气性能和力学性能良好。环氧树脂用双氰胺作为固化剂的环氧树脂玻璃布板材,性能更好,但价格偏高。将环氧树脂和酚醛树脂混合使用制造的环氧酚醛玻璃布板材,价格降低了,也能达到满意的质量。在这两种基板的一面或两面粘合热压铜箔制成的覆铜板,常用于工作在恶劣环境下的电子产品和高频电路中。两者在机械加工、尺寸稳定、绝缘、防潮和耐高温等方面的性能指标相比,前者更好一些。直接观察两者,前者的透明度较好。这两种板材的厚度规格较多,1.0 mm 和 1.5 mm 厚的最常用来制造印制电路板。

(3)聚四氟乙烯基板和聚四氟乙烯玻璃布覆铜板　用无碱玻璃布浸渍聚四氟乙烯分散乳液后热压制成的层压基板,是一种高度绝缘、耐高温的新型材料。把经过氧化处理的铜箔粘合、热压到这种基板上制成的覆铜板，可以在很宽的温度范围（−230～+260℃）内工作，断续工作的温度上限可达到 300℃。这种高性能的板材介质损耗小，频率特性好，耐潮湿、耐浸焊性和化学稳定性好，抗剥强度高，主要用来制造超高频（微波）电子产品、特殊电子仪器和军工产品的印制电路板，但它的成本较高，刚性比较差。

此外，常见的覆铜板材还有聚苯乙烯覆铜板和柔性聚酰亚胺覆铜板等品种。

2．覆铜板的生产工艺流程

覆铜板的生产工艺流程框图如下：

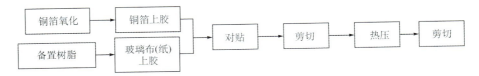

3．覆铜板的技术指标及其性能特点

（1）技术指标　衡量覆铜板质量的主要技术指标有电气性能和非电性能两类。电气性能包括工作频率、介电性能（介质损耗）、表面电阻、绝缘电阻和耐压强度等几项；非电性能包括抗剥强度、翘曲度、抗弯强度和耐浸焊性等。

（2）性能特点　覆铜板的性能特点见表 7-1。

表 7-1　覆铜板的性能特点

品种	标称厚度/mm	铜箔厚度/μm	性能特点	典型应用
酚醛纸基覆铜板	1.0，1.5，2.0，2.5，3.0，3.2，6.4	50～70	价格低，易吸水，不耐高温，阻燃性差	中、低档消费类电子产品，如收音机、录音机等
环氧纸基覆铜板	同上	35～70	价格高于酚醛纸基板，机械强度、耐高温和耐潮湿较好	工作环境好的仪器仪表和中、高档消费类电子产品
环氧玻璃布覆铜板	0.2，0.3，0.5，1.0，1.5，2.0，3.0，5.0，6.4	35～50	价格较高，基板性能优于酚醛纸板且透明	工业装备或计算机等高档电子产品
聚四氟乙烯玻璃布覆铜板	0.25，0.3，0.5，0.8，1.0，1.5，2.0	35～50	价格高，介电性能好，耐高温，耐腐蚀	超高频（微波）、航空航天和军工产品
聚酰亚胺覆铜板	0.2，0.5，0.8，1.2，1.6，2.0	35	重量轻，用于制造绕性印制电路板	工业装备或消费类电子产品，如计算机、仪器仪表等

7.1.1.2　印制电路板的生产工艺

在印制电路板制造过程中，涉及诸多方面的工艺工作，从工艺审查到生产到最终检验，都必须考虑到工艺质量和生产质量的监测和控制。

1．工艺审查和准备

（1）工艺审查　工艺审查是针对设计提供的原始资料，根据有关的设计规范及有关标准，结合生产实际，对设计提供的制造印制电路板有关设计资料进行工艺性审查。工艺审查的要点有以下几个方面：

1）设计资料是否完整（包括软盘、执行的技术标准等）。

2）进行工艺性检查，其中应包括电路图形、阻焊图形、钻孔图形、数字图形和电测图形及有关的设计资料等。

3）对工艺要求是否可行，可制造，可电测，可维护等。

（2）工艺准备　工艺准备是在根据设计的有关技术资料的基础上，进行生产前的工艺准备。应按照工艺程序进行科学的编制工艺，其主要内容应包括以下几个方面：

1）制定工艺程序，要合理，要准确，要易懂可行。

2）在首道工序中，应注明底片的正反面、焊接面及元件面，并进行编号或标识。

3）在钻孔工序中，应注明孔径类型、孔径大小和孔径数量。

4）在进行孔化时，要注明对沉铜层的技术要求。

5）进行电镀时，要注明初始电流大小及回原正常电流大小。

6）在图形转移时，要注明底片的药膜面与光致抗蚀膜的正确接触及曝光条件的测试条件，再进行曝光。

7）曝光后的半成品要放置一定的时间再去进行显影。

8）电镀加厚时，要严格地对表面露铜部位进行清洁和检查。

9）进行电镀抗蚀金属-锡铅合金时，要注明镀层厚度。

10）蚀刻时要进行首件试验，条件确定后再进行蚀刻，蚀刻后必须中和处理。

11）多层板生产过程中，要注意内层图形的检查或 AOI 检查，合格后再转入下道工序。

12）在进行层压时，应注明工艺条件。

13）有插头镀金要求的，应注明镀层厚度和镀覆部位。

14）如进行热风整平时，要注明工艺参数及镀层、退除应注意的事项。

15）成型时，要注明工艺要求和尺寸要求。

16）在关键工序中，要明确检验项目、电测方法和技术要求。

2. 原图审查、修改与光绘

（1）原图审查和修改　原图是指通过电路辅助设计系统（CAD）设计的图，并按照所提供电路设计数据和图形制造成所需要的印制电路板产品。必须按照"印制电路板设计规范"对原图的各种图形尺寸与孔径进行工艺性审查。

1）审查的项目：导线宽度与间距，导线的公差范围，导线的走向是否合理；孔径尺寸、种类和数量；焊盘尺寸与导线连接处的状态；基板的厚度（如是多层板还要审查内层基板的厚度等）；设计所提技术的可行性、可制造性和可测试性等。

2）修改项目：基准设置是否正确；导通孔的公差设置时，根据生产需要，要增加0.10 mm；将接地处铜箔的实心面改成交叉网状；为确保导线准确度，将原有导线宽度根据蚀到比增加（对负相图形而言）或缩小（对正相图形而言）；图形的正反面要明确，注明焊接面、元件面；对多层图形要注明层数；有阻抗特性要求的导线应注明；尽量减少不必要的圆角、倒角；特别要注意机械加工蓝图和照相（或光绘底片）底片应有一致的参考基准；为降低成本、提高生产效率，尽量将相差不大的孔径合并，以减少孔径种类过多；相邻孔壁的距离不能小于基板厚度或最小孔的尺寸；在布线面积允许的情况下，尽量设计较大直径的连接盘，增大钻孔孔径；为确保阻焊层质量，在制作阻焊图时，设计比钻孔孔径大的阻焊图形。

（2）光绘工艺　原图通过 CAD/CAM 系统制作成为图形转移的底片。该工序是制造印制电路板的关键技术之一，必须严格控制片基质量。目前广泛采用的 CAM 系统中有激光光绘机来完成此项作业。

1）审查项目：片基的选择，通常选择热膨胀系数较小的 175 μm 的厚基 PET（聚对苯二甲酸乙二醇酯）片基；对片基的基本要求是平整，无划伤，无折痕；底片存放环境条件及使用周期是否恰当；作业环境条件要求是温度为 20～27℃、相对湿度为 40%～70%RH；对于准确度要求高的底片，作业环境湿度为 55%～60%RH。

2）底片应达到的质量标准：经光绘的底片是否符合原图技术要求，制作的电路图形应准确、无失真现象；黑白强度比大，即黑白反差大；导线齐整，无变形；经过拼版的较大的底片图形无变形或失真现象；导线及其他部位的黑度均匀一致。

3．基材的准备

（1）基材的选择　基材的选择就是根据工艺所提供的相关资料，对库存材料进行检查和验收，并符合质量标准及设计要求，要做好下列工作：

1）基材的牌号、批次要搞清。

2）基材的厚度要准确无误。

3）基材的铜箔表面无划伤、压痕或其他多余物。

4）特别是制作多层板时，内外层的材料厚度（包括半固化片）、铜箔的厚度要搞清。

5）对所采用的基材要编号。

（2）下料注意事项

1）基材下料时首先要看工艺文件。

2）采用拼版时，基材的备料要计算准确，使整板损失最小。

3）下料时要按基材的纤维方向剪切。

4）下料时要垫纸，以免损坏基材表面。

5）下料的基材要编号。

6）在进行多品种生产时，所需基材的下料要有极为明显的标记，决不能混批、混料及混放。

4．数控钻孔

（1）编程　根据 CAD/CAM 系统所提供的设计资料（包括钻孔图、蓝图或钻孔底片等），要准确无误地进行编程，必须做到以下几方面的工作：

1）编程程序通常在实际生产中采用两种工艺方法，原则应根据设备性能要求而定。

2）采用设计部门提供的光盘进行自动编程，但首先要确定原点位置。

3）采用钻孔底片或电路图形底片进行手工编程，但必须将各种类型的孔径进行合并同类项。

4）编程时要注意放大部位孔与实物孔对准位置。

5）特别是采用手工编程工艺方法时，必须将底板固定在机床的平台上，并覆平整。

6）编程完工后，必须制作样板并与底片对准，在透图台上进行检查。

（2）数控钻孔　数控钻孔是根据计算机所提供的数据进行钻孔。在钻孔时，必须严格地按照工艺要求进行。如果采用底片进行编程时，要对底片孔位置进行标注（最好用红蓝笔），以便核查。

1）准备作业：根据基板的厚度进行叠层（通常采用 1.6 mm 厚基板），叠层数为三块；按照工艺文件要求，将冲好定位孔的盖板、基板按顺序进行放置，并固定在机床上，再用胶带四边固定，以免移动；按照工艺要求找原点，以确保钻孔准确度要求，然后进行自动钻孔；在使用钻头时要检查直径数据，避免搞错；对所钻孔径大小、数量应做到心里有数；确定工艺参数，如转速、进刀量和切削速度等；在进行钻孔前，应将机床运转一段时间，再进行正式钻孔作业。

2）检查项目。要确保后续工序的质量，就必须对钻好孔的基板进行检查，具体有以下几项：

① 毛刺、测试孔径、孔偏、多孔、孔变形、堵孔、未贯通和断钻头等。

② 孔径种类、孔径数量和孔径大小进行检查。

③ 最好采用胶片进行验证，易发现有无缺陷。

④ 根据印制电路板的准确度要求，进行 X-RAY 检查以便观察孔位对准度，即外层与内层孔（特别对多层板的钻孔）是否对准。

⑤ 采用检孔镜对孔内状态进行抽查。

⑥ 对基板表面进行检查。

5. 孔金属化工艺

孔金属化工艺过程是印制电路板制造中最关键的一个工序。为此，必须对基板的铜表面与孔内表面状态进行认真的检查。

（1）检查项目

1）表面状态是否良好。无划伤、无压痕、无针孔和无油污等。

2）检查孔内表面状态，应保持均匀呈微粗糙，无毛刺，无螺旋装，无切屑余留物等。

3）沉铜液的化学分析，确定补加量。

4）将化学沉铜液进行循环处理，保持溶液的化学成分。

5）随时监测溶液温度，保持在工艺范围以内变化。

（2）孔金属化质量控制

1）沉铜液的质量和工艺参数的确定及控制范围并做好记录。

2）孔金属化前的前处理溶液的监控及处理质量状态分析。

3）确保沉铜的质量，采用搅拌（振动）加循环过滤工艺方法。

4）严格控制化学沉铜过程工艺参数的监控（包括 PH、温度、时间和溶液主要成分）。

5）采用背光试验工艺方法检查，参考透光程度图像（分为 10 级），来判定沉铜时效和沉铜层质量。

6）经加厚镀铜后，应按工艺要求作金相剖切试验。

（3）孔金属化　金属化工艺是印制电路板制造技术中最为重要的工序之一。最普遍采用的是沉薄铜工艺方法。如何去控制它，有如下几个方面：

1）最有效的沉铜方法是采用挂兰并倾斜 300°，基板之间要有一定的距离。

2）要保持溶液的洁净程度，必须进行过滤。

3）严格控制对沉铜质量有极大影响作用的溶液温度，最好采用水套式冷却装置系统。

4）经清洗的基板必须立即将孔内的水分采用热风吹干。

6. 图形电镀抗蚀金属-锡铅合金

(1) 镀前准备和电镀处理　图形电镀抗蚀金属-锡铅合金镀层的主要目的是作为蚀刻时保护基体铜镀层。但必须严格控制镀层厚度，以保证蚀刻过程能有效地保护基体金属。

1）检查项目。

① 检查孔金属化内壁镀层是否完整、有无空洞以及是否缺铜等。

② 检查露铜的表面加厚镀铜层表面是否均匀、有无结瘤以及有无砂粒状等。

③ 检查镀液的化学成分是否在工艺规定范围以内。

④ 核对镀覆面积计算数值，根据生产经验所获得的数值或百分比，最后确定电流数值。

⑤ 检查上道工序所提供的工艺文件，按照工艺要求来确定电镀工艺参数。

⑥ 检查槽导电部位连接的可靠性及导电部位的表面状态。

⑦ 镀前处理溶液的分析和调整。

2）镀层质量控制。

① 准确计算镀覆面积和参考实际生产过程对电流的影响，确定电流所需数值，掌握电镀过程电流的变化，确保电镀工艺参数稳定性。

② 在电镀前，首先对调试板进行试镀，使槽液处在激活状态。

③ 确定总电流流动方向，再确定挂板的先后顺序，原则上应采用由远到近；确保电流对任何表面的分布均匀性。

④ 确保孔内镀层的均匀性和镀层厚度的一致性，除采用搅拌过滤的工艺措施外，还需采用冲击电流工艺。

⑤ 经常监控电镀过程中电流的变化，确保电流数值的可靠性和稳定性。

⑥ 检测孔镀层厚度是否符合技术要求。

(2) 镀锡铅合金工艺　图形电镀锡铅合金镀层对印制电路板是非常重要的工序之一。为确保锡铅合金镀层的高质量，必须做好以下几个方面的工作：

1）严格控制溶液成分。

2）通过机械搅拌使溶液保持均衡外，下槽后还必须进行人工摆动，使孔内气泡很快溢出，确保孔内镀层均匀。

3）采用冲击电流使孔内很快地镀上一层锡铅合金层，再恢复到正常所需要的电流。

4）镀到 5 min 时，需取出来观察孔内镀层状态。

5）按照总电流流动的方向，如果单槽作业需要按输入总电流的相反方向挂板。

7. 锡铅合金镀层的退除

如采用热风整平工艺，就必须将抗蚀金属层退除，才能获得高质量、高可焊性能的锡铅合金层。

(1) 检查项目

1）检查膜层退除是否彻底，特别是金属化孔内是否有残留的膜。如有，则必须清理干净。

2）检查表面与孔内壁金属应呈现金属光泽、无黑点斑以及无残留的锡铅层等。

3）退除锡铅合金镀层前，必须将表面产生的黑膜除去，呈现金属光泽。

（2）退除质量的控制

1）严格按照工艺规定的工艺参数实行监控。

2）经常观察锡铅合金镀层的退除情况。

3）根据基板的几何尺寸，严格控制浸入和提出时间。

4）基板铜表面与孔内铜表面锡铅合金镀层退除后，再使用温水清洗，以避免发生翘曲变形。

（3）退除工艺　对采用热风整平工艺半成品而言，退除锡铅合金镀层的质量优劣决定了热风整平的质量高低。所以，要严格按照工艺规定进行加工。为确保退除质量，就必须做好以下几个方面的工作：

1）按照工艺规定调配退除液。

2）为了确保安全作业，必须采用水套加温，特别是大批量退除时，要确保温度的一致性和稳定性。

3）退除过程会大量消耗溶液内的化学成分，必须随时按照一定的比例进行补充。

8．丝印阻焊剂工艺

（1）丝印前的准备　丝印阻焊剂主要是为避免电装过程中焊料无序流动而造成两导线之间"搭桥"，确保电装质量。

1）检查项目。

① 检查和阅读工艺文件与实物是否相符，根据工艺文件所拟定的要求进行准备。

② 检查基板外观是否有与工艺要求不相符合的多余物。

③ 确定丝印准确位置，确保两面同时进行，同时主要确保预烘时两面涂覆层温度的一致性，所制造的支承架距离要适当。

④ 根据所使用的油墨牌号和说明书的技术要求进行配比，并采用搅拌机充分混合至气泡消失为止。

⑤ 检查所使用的丝印台或丝印机使用状态，调整好所有需要保证的部位。

⑥ 为确保丝印质量，丝印正式产品前，采用纸张先试印。

2）丝印质量的控制。

① 确保基板表面露铜部位（除焊盘与孔外）要清洁干净。

② 按照工艺文件要求进行两面丝印，并确保涂覆层的厚度均匀一致。

③ 经丝印的基板表面应无杂物。

④ 严格控制烘烤温度、烘烤时间和通风量。

⑤ 在丝印过程中，要严格防止油墨渗流到孔内。

⑥ 完工后的半成品要逐块进行外观检查，应无漏印部位和流痕。

（2）丝印工艺　在丝印施工中，必须做到以下几个方面：

1）采用气动绷网时，必须逐步加压，确保绷网质量。

2）采用液体感光抗蚀剂时，应严格按照使用说明进行配制，并充分进行搅拌至气泡完全消失为止。

3）在进行丝印前，必须先用纸进行试印，以观察透墨量是否均匀。

4）预烘时，必须严格控制温度。

9. 热风整平工艺

（1）工艺准备和处理　热风整平是使印制电路板表面焊盘与孔内浸入所需焊料，为电装提供可靠的焊接性能。

1）检查项目。

① 检查阻焊膜质量，确保孔内与表面焊盘无多余的残留阻焊膜。

② 检查有插头镀金部位与阻焊膜是否露有金属铜，因保证无接缝，阻焊膜掩盖镀金极很小部分。

③ 确定热风整平工艺参数并进行调整。

④ 检查处理溶液是否符合工艺标准，成分不足时应立即进行调整。

⑤ 检查焊锅焊料成分是否符合 60/40（锡/铅比例），并分析含铜杂质量。

⑥ 检查助焊剂的酸度是否在工艺规定的范围以内。

2）热风整平焊料层质量控制。

① 严格控制热风整平工艺参数，确保工艺参数在整个处理过程中的稳定性。

② 及时清理表面氧化残渣，保持焊料表面清亮。

③ 根据印制电路板的几何尺寸，设定浸入和取出时间。

④ 在涂覆助焊剂时，整个基板表面要涂均匀一致，不能有漏涂现象。

⑤ 在施工过程中要时刻观察热风整平表面与孔内壁焊料层质量。

⑥ 完工的基板要进行自然冷却，决不能采取急骤冷却的办法，以防基板翘曲。

（2）热风整平工艺　热风整平在印制电路板制造中尤为重要，它是确保电装质量的基础。为此，在实际操作中，需做好以下几个方面的工作：

① 在热风整平前，要确保表面与孔内干净，并保证孔内无水分。

② 涂覆助焊剂时，要确保助焊剂涂覆要均匀。

③ 装置夹具的部位，如是气动夹必须保持垂直状态，如采用挂吊就必须选择位置在基板的中心位置。

④ 要绝对保持基板在装挂的位置，决不能摆动或漂移。

⑤ 经过热风整平的基板必须保持自然冷却，避免急骤冷却。

10. 成型工艺

（1）机械加工前的准备

1）检查项目。

① 随时注意沉铜过程的变化，即时控制和调整，确保溶液沉铜的稳定性。

② 为确保沉铜质量，必须首先进行沉铜速率的测定。

③ 在沉铜过程，随时取出观察孔沉铜质量。

④ 沉铜时，要特别加强溶液的控制，最好采用自动调整装置和人工分析相结合的工艺方法实现对沉铜液的控制。

11. 加厚镀铜

（1）镀前准备和电镀处理　加厚镀铜的目的是保证孔内有足够厚的铜镀层，确保电阻值在工艺要求的范围以内。

1）检查项目。

① 主要检查孔金属化质量，应保证孔内无多余物、毛刺、黑孔和孔洞等。

② 检查基板表面是否有污物及其他多余物。

③ 检查基板的编号、图号、工艺文件及工艺说明。

④ 搞清装挂部位、装挂要求及镀槽所能承受的镀覆面积。

⑤ 镀覆面积、工艺参数要明确，保证电镀工艺参数的稳定性和可行性。

⑥ 导电部位的清理和准备，通电处理使溶液呈现激活状态。

⑦ 认定槽液成分是否合格和极板表面积状态。

⑧ 检查接触部位的牢固情况及电压、电流波动范围。

2）加厚镀铜质量的控制。

① 准确计算镀覆面积，参考实际生产过程对电流的影响，正确确定所需电流数值，掌握电镀过程电流的变化，确保电镀工艺参数稳定性。

② 在未进行电镀前，用调试板进行试镀，致使槽液处在激活状态。

③ 确定总电流方向、挂板的先后顺序，确保电流对所有表面分布的均匀性。

④ 确保孔内镀层的均匀性和镀层厚度的一致性。

⑤ 监控电镀过程中电流的变化，确保电流值的可靠性和稳定性。

⑥ 检测孔镀铜层厚度是否符合技术要求。

（2）镀铜工艺　在加厚镀铜过程中，必须对工艺参数进行监控，要做好加厚镀铜工序，就必须做到如下几个方面：

1）根据计算的面积数值，结合生产实际积累的经验常数，增加一定的数值。

2）根据计算的电流数值，为确保孔内镀层的完整性，就必须在原有电流数值上增加一定数值，即冲击电流，然后在短时间内回至原有数值。

3）基板电镀达到 5 min 时，取出基板观察表面与孔内壁的铜层是否完整，孔内呈金属光泽为佳。

4）基板与基板之间必须保持一定的距离。

5）当加厚镀铜达到所需要的电镀时间时，在取出基板期间，要保持一定的电流数量，确保后续基板表面与孔内不会产生发黑或发暗。

12. 机械加工工艺

机械加工是印制电路板制造中最后一道工序，必须高度重视。在加工过程中，必须做好以下几个方面的工作：

（1）阅读工艺文件，明确基板几何尺寸与公差的技术要求。

（2）严格按照工艺规定，进行批量生产前，首先进行试加工即首件检验制，这样做的目的是以防造成产品超标或报废。

（3）根据基板准确度要求，可采用单块或多块垒层加工。

（4）在基板固定机床后，机械加工前，必须准确地找好基准面，经核对无误后再进行铣加工。

（5）每加工完一批后，都要认真地检查基板的所有尺寸与公差。

（6）加工时要注意保证基板表面质量。

7.1.2　电子元器件的焊接

7.1.2.1　焊接材料和焊接工具

1. 常用的焊接材料

（1）焊料　焊料是一种易熔金属，它能使元器件引线与印制电路板的连接点可靠地连接在一起。锡（Sn）是一种质地柔软、延展性大的银白色金属，熔点为 232℃，在常温下化学性能稳定，不易氧化，不失金属光泽，抗大气腐蚀能力强。铅（Pb）是一种较软的浅青白色金属，熔点为 327℃，高纯度的铅耐大气腐蚀能力强，化学稳定性好，但对人体有害。锡中加入一定比例的铅和少量其他金属，可制成熔点低、流动性好、对元件和导线的附着力强、机械强度高、导电性好、不易氧化、抗腐蚀性好以及焊点光亮美观的焊料，一般称为焊锡。

焊锡按含锡量的多少可分为 15 种，按含锡量和杂质的化学成分分为 S、A、B 三个等级。手工焊接常用丝状焊锡。

（2）焊剂

1）助焊剂。助焊剂一般可分为无机助焊剂、有机助焊剂和树脂助焊剂，能溶解去除金属表面的氧化物，并在焊接加热时包围金属的表面，使之和空气隔绝，防止金属在加热时氧化，可降低熔融焊锡的表面张力，有利于焊锡的湿润。

2）阻焊剂。限制焊料只在需要的焊点上进行焊接，把不需要焊接的印制电路板的板面部分覆盖起来，保护面板使其在焊接时受到的热冲击小，不易起泡，同时还起到防止桥接、拉尖、短路和虚焊等作用。

使用焊剂时，必须根据被焊件的面积大小和表面状态适量施用，用量过小则影响焊接质量；用量过多，焊剂残渣将会腐蚀元件或使电路板绝缘性能变差。

2. 常用的焊接工具

手工焊接的焊接工具是电烙铁。自动焊接的焊接工具有浸焊机、再流焊接机和波峰焊接设备等，这里介绍电烙铁。电烙铁分普通型（不可调温）、恒温型（调温型）和特殊型等。

（1）电烙铁的种类及其结构

1）不可调温的电烙铁。普通型电烙铁分外热型和内热型两种，其外形和内部结构如图 7-1 和图 7-2 所示。

a)　　　　　　　　　　　　　　b)

图 7-1　电烙铁的外形

a）内热式电烙　b）外热式电烙铁

外热型电烙铁一般由烙铁头、烙铁心、外壳、手柄和插头等部分所组成。烙铁头安装在烙铁心内，用以热传导性好的铜为基体的铜合金材料制成。烙铁头的长短可以调整（烙铁头越短，烙铁头的温度就越高），有凿式、尖锥形、圆面形、圆、尖锥形和半圆沟形等不同的形状，以适应不同焊接面的需要。

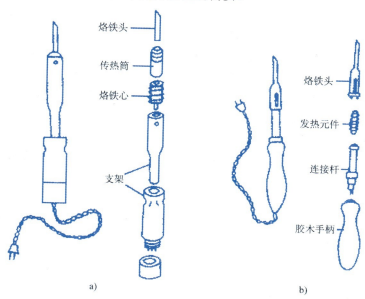

图 7-2　电烙铁的内部结构

a）外热式电烙　b）内热式电烙铁

内热型电烙铁由连接杆、手柄、弹簧夹、烙铁心和烙铁头（也称铜头）五个部分组成。烙铁心安装在烙铁头的里面，发热快，热效率高达 85%。烙铁心采用镍铬电阻丝绕在瓷管上制成，一般 20 W 电烙铁其电阻为 2.4 kΩ 左右，35 W 电烙铁其电阻为 1.6 kΩ 左右。

2）恒温电烙铁。如图 7-3 所示，恒温电烙铁的烙铁头内装有磁铁式的温度控制器，用来控制通电时间，实现恒温的目的。在焊接温度不宜过高、焊接时间不宜过长的元器件时，应选用恒温电烙铁，但它价格高。

3）特殊电烙铁。

① 吸锡电烙铁。吸锡电烙铁是将活塞式吸锡器与电烙铁融为一体的拆焊工具，它具有使用方便、灵活和适用范围宽等特点。不足之处是每次只能对一个焊点进行拆焊。

② 气焊烙铁。它是一种用液化气、甲烷等可燃气体燃烧加热烙铁头的烙铁。适用于供电不便或无法供给交流电的场合。

（2）电烙铁的选择与正确使用

1）选用电烙铁一般遵循以下原则：

图 7-3　恒温电烙铁的外形

① 烙铁头的形状要适应被焊件物面要求和产品装配密度。

② 烙铁头的顶端温度要与焊料的熔点相适应，一般要比焊料熔点高 30～80℃（不包括在电烙铁头接触焊接点时下降的温度）。

③ 电烙铁热容量要恰当。烙铁头的温度恢复时间要与被焊件物面的要求相适应。温度恢复时间是指在焊接周期内，烙铁头顶端温度因热量散失而降低后，再恢复到最高温度所需时间。它与电烙铁功率、热容量以及烙铁头的形状、长短有关。

2）选择电烙铁的功率原则。电烙铁的功率越大，通电后产生的热量越大，烙铁头的温度越高。焊接集成电路、印制线路板和 CMOS 电路一般选用 20 W 内热式电烙铁。使用的烙铁功率过大，容易烫坏元器件，使印制导线从基板上脱落；使用的烙铁功率太小，焊锡不能充分熔化，焊剂不能挥发出来，焊点不光滑、不牢固，易产生虚焊。焊接时间过长，也会烧坏元器件，一般每个焊点在 1.5～4 s 内完成。

如果有条件，选用恒温式电烙铁是比较理想的。对于一般科研、生产单位，可以根据不同焊接对象选择不同功率的普通电烙铁以满足需要。表 7-2 为选择烙铁的依据，可供参考。

表 7-2   选择电烙铁的功率原则

焊接对象及工作性质	烙铁头温度/℃ （室温、220 V 电压）	选用烙铁
一般印制电路板、安装导线	300～400	20 W 内热式，30 W 外热式，恒温式
集成电路	300～400	20 W 内热式，恒温式
焊片、电位器、2～8 W 电阻、大电解电容器和大功率管	350～450	35～50 W 内热式，恒温式 50～75 W 外热式
8 W 以上大电阻、ϕ2 mm 以上导线	400～550	100 W 内热式，150～200 W 外热式
汇流排、金属版等	500～630	300 W 外热式
维修、调试一般电子产品		20 W 内热式，恒温式，感应式，储能式，两用式

3）电烙铁的正确使用。

① 电烙铁的握法。电烙铁的握法分为三种：

反握法：是用五指把电烙铁的柄握在掌内，此法适用于大功率电烙铁，焊接散热量大的被焊件。

正握法：此法适用于较大的电烙铁，弯形烙铁头的一般也用此法。

握笔法：用握笔的方法握电烙铁，此法适用于小功率电烙铁，焊接散热量小的被焊件，如焊接收音机、电视机的印制电路板及其维修等。

② 电烙铁使用前的处理。在使用前先通电给烙铁头"上锡"。首先用锉刀把烙铁头按需要锉成一定的形状，当烙铁头温度升到能熔锡时，将烙铁头在松香上沾涂一下，等松香冒烟后再沾涂一层焊锡，如此反复进行 2～3 次，使烙铁头的刃面全部挂上一层锡便可使用了。电烙铁不宜长时间通电而不使用，这样容易使烙铁心加速氧化而烧断，缩短其寿命，同时也会使烙铁头因长时间加热而氧化，甚至被"烧死"不再"吃锡"。

③ 电烙铁使用注意事项。根据焊接对象合理选用不同类型的电烙铁。使用过程中不要任意敲击电烙铁头，以免损坏。内热式电烙铁连接杆钢管壁厚度只有 0.2 mm，不能用钳子夹以免损坏。在使用过程中应经常维护，保证烙铁头挂上一层薄锡。

7.1.2.2   焊接方法

印制电路板上绝大部分电子元器件在安装好以后要加以焊接固定，常用的焊接方法有手工焊接和自动焊接两种方法。

手工焊接是用电烙铁进行的。自动焊接方法有浸焊、再流焊和波峰焊等，常用的自动焊接是波峰焊，其工艺流程如图 7-4 所示。

图 7-4　自动焊接的工艺流程

7.2　电子技术实训

7.2.1　晶体管收音机

1. 收音机的分类

根据所用元器件不同，可分为电子管、晶体管、集成电路、晶体管与集成电路混合式收音机；根据信号接收原理和信号放大方式不同，可分为超外差式和直接放大式收音机；根据接收信号制式不同，可分为调频收音机（FM）、调幅收音机（AM）和调频/调幅收音机；根据接收信号的波长不同，可分为短波收音机、中波收音机和全波段收音机等。

2. 收音机的组成和工作原理

超外差式收音机其电台的选择性好、灵敏度高，被广泛使用。超外差式收音机可将接收到的各种频率高频电台信号都转换成同一频率（465 kHz）的中频信号后进行放大，这样可使得收音机电压放大电路的频率特性大大改善。

（1）超外差式调幅收音机的结构组成　如图 7-5 所示，超外差式收音机由输入电路（调谐电路）、本机振荡和混频电路、中频放大电路、检波电路、前置低频放大电路和功率放大电路等组成。

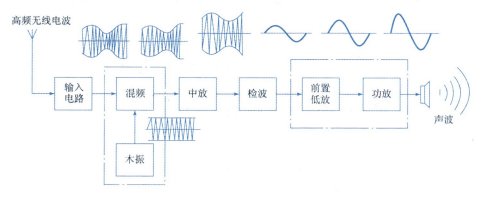

图 7-5　超外差式收音机的结构框图

（2）超外差式调幅收音机工作原理　由于篇幅限制，这里只对收音机的工作原理作简单介绍。

如图 7-5 所示，收音机的输入电路（即调谐电路）将从天线接收到的各种高频无线电信号中选择所需的某频率的电台信号送给混频电路。本机振荡和混频电路将收音机接收到的高频电台信号转换成 465 kHz 中频信号，便于优化后面的中频电压放大电路的频率特性。本机振荡信号的频率永远高于电台信号频率，两者频率之差为 465 kHz，这是"超外差"的由来。中频信号放大电路采用多级电压放大电路，目的是为了提高信号的增益。465 kHz 中频信号经多级电压放大电路放大后，由检波电路从中频调幅信号中取出音频（低频）信号。音频信号经前置放大电路（低频电压放大电路）和功率放大电路放大后，扬声器就放出用户所需的电台声音。

3．收音机的组装、调试

（1）实训目的　通过实习训练，应达到以下目的：

1）了解收音机的分类，熟悉收音机的基本组成和工作原理。

2）识读电子原理图。

3）熟悉收音机的组装和调试工艺知识。

4）熟练使用电子仪器仪表，能正确检测电子元器件。

（2）实训用某收音机电路　图 7-6 为某一晶体管收音机电路，由八只晶体三极管组成，称为八管收音机。其中，VT_1 是混频、本机振荡和选频三部分的主要器件，经中频变压器 T_2 后，输出 465 kHz 中频信号给后面的多级电压放大电路；VT_2～VT_3 管构成中频信号多级电压放大电路，级间采用变压器耦合方式；VT_4 构成检波电路，配合滤波电容 C_8、C_9，得到音频信号，作为功率放大电路的输入信号；VT_5 和 VT_6 为前置放大电路；VT_7 和 VT_8 管构成互补对称功率放大电路，其输出采用变压器耦合，起到阻抗匹配作用。

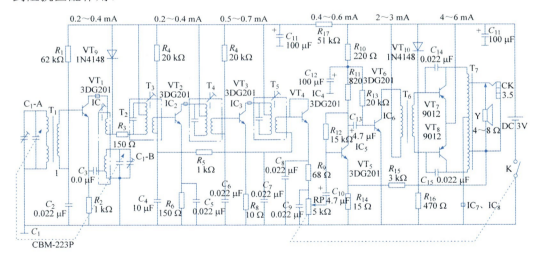

图 7-6　超外差式调幅晶体管收音机电路

（3）实训内容与要求

1）元器件焊接与安装。按照电阻、电容、二极管、三极管、变压器、磁心天线和扬声器的顺序进行焊接与安装。

2）调试。将所有元器件安装或焊接在印制电路板上后，接通电源，先进行单元调试，最后进行整机调试即统调。图 7-6 中标注的 IC_1～IC_8 为测试点，在收音机统调时，用示波器或万用表来测试各级电路是否正常。

7.2.2　555 振荡报警器

1. 电路简介

图 7-7 为一种由两片 555 芯片组成的报警器。两片 555 芯片组成多谐振动器，产生矩形脉冲；开关 S_1 可以用有触点或无触点开关，可以是声控开关和光控开关等。当开关闭合时，接通电源，555 电路工作，输出信号，扬声器发出报警声音。

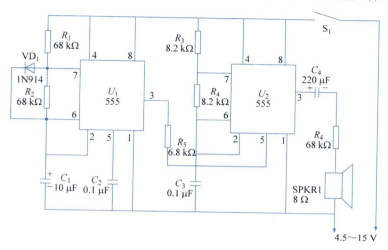

图 7-7　555 振荡报警电路

2. 实训内容与要求

（1）印制电路板图的绘制。根据前面介绍的印制电路板图的绘制方法，按规定的尺寸、工艺绘制印制电路板图（PCB），制作印制电路板。

（2）元器件的焊接、组装。

（3）调试电路。

7.2.3　声控门铃

1. 电路简介

图 7-8 为一种声控门铃的电路图。电路中，LM555 按单稳态方式工作，触发端第 2 脚直流电平设定在比 V_{CC} 1/3 略高点上。当有敲门声或其他声响时，TX 产生电压触发信号，LM555 输出第 3 脚翻转成高电平，去触发音乐集成电路 IC。音乐信号经三极

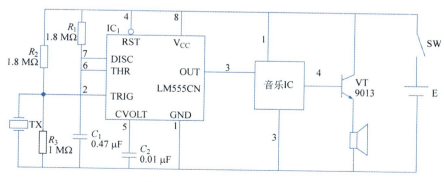

图 7-8　声控门铃电路原理图

管 9013 缓冲，驱动扬声器发音。如果要提高声控灵敏度，可适当调整 LM555 第 2 脚分压电压值来实现。第 2 脚电位越接近 V_{CC} 的 1/3，声控灵敏度就越高。但是，声控灵敏度太高，不仅是稍微有声响就会引起电路发音动作，而且 LM555 第 2 脚电位随时间和温度变化会有稍许变化，也会使电路误动作或失效。

2. 实训内容与要求

在了解其工作原理的基础上，先在电路试验板上进行试验，然后绘制印制电路板图，最后进行元器件的焊接、组装，并对该电路进行调试。

（1）印制电路板的绘制　根据前面介绍的印制电路板图的绘制方法，按规定的尺寸、工艺绘制印制电路板图，并制作印制电路板。

（2）元器件的焊接、组装　在印制电路板加工好之后，先用电烙铁将元器件（除 TX、扬声器、开关 SW 和电池 E 外）焊接在电路板上，然后安装 TX、扬声器和开关 SW。

（3）调试电路。

7.2.4　电子抢答器

1. 电路组成与工作原理

图 7-9 为一种由双稳态触发器构成的四路抢答器。74LS174 是由四个上跳沿触发的 D 触发器构成的集成电路。$G_1 \sim G_3$ 门可防止电路误工作，比如 S_1 抢先按下，则按 $S_2 \sim S_4$ 就没有用了，因为此时 G_2 门输出保持高电平，2D～4D 触发器不能触发。

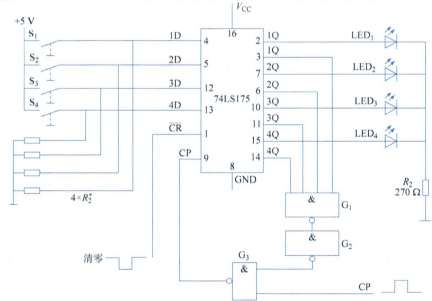

图 7-9　四路抢答器电路

2. 实训内容与要求

（1）印制电路板的绘制　根据前面介绍的印制电路板的绘制方法，按规定的尺寸、工艺绘制印制电路板图，并制作印制电路板。

（2）元器件的焊接、组装。

（3）调试电路。

7.2.5　电动自行车控制器

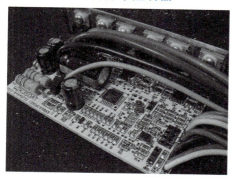

图 7-10　无刷直流电动机及其控制器

1. 无刷直流电动机的控制原理简介

目前，电动自行车一般用无刷直流电动机来驱动。无刷直流电动机是一种自控变频的永磁同步电动机，就其控制系统的基本结构而言，可以认为是由电力电子开关逆变器、直流无刷电动机和磁极位置检测电路三者组成。无刷直流电动机通过磁极位置检测电路和电力电子开关逆变器代替有刷直流电动机中电刷和换向器的作用，即用电子换向取代机械换向。由位置检测器（包括有位置传感器和无位置传感器）提供电动机转子磁极位置信号，控制器经过逻辑处理产生相应的开关状态，以一定的顺序触发逆变器中的功率开关，将电源功率以一定的逻辑关系分配给电动机定子各相绕组，使电动机产生持续不断的电磁转矩。无刷直流电动机的控制框图如图 7-11 所示。

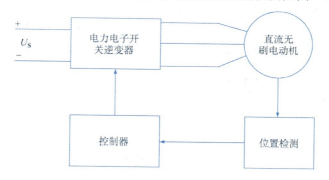

图 7-11　无刷直流电动机系统的控制框图

在电动机反电动势为梯形波的无刷直流电动机中，电力电子开关逆变器输出方波电压或电流，并与电动机反电动势保持适当的相位关系，从而产生有效的电磁转矩。逆变器采用三相全控桥式。无刷直流电动机的等效电路及三相全控桥式主电路原理如图 7-12 所示。

图 7-12 中，U_s 为直流母线电压；$V_1 \sim V_6$ 为功率开关器件，目前多使用 IGBT 或 MOSFET；$VD_1 \sim VD_6$ 为续流二极管；U_N 为电动机中性点电压，即图中电动机中性点 N 对应直流母线负端电压；电动机三相电流方向与三相反电动势极性如图 7-12 所示。

2. 控制器的硬件电路

（1）电源电路　图 7-13 为控制器的电源电路。其中功率驱动模块电源直接采用蓄电池电源，但要注意电源波动引起的干扰。单片机及外围功能模块线性电源调节部分采用 7805 实现，结构较为简单，不再赘述。本部分仅就驱动电路所需的开关电源进行介绍。

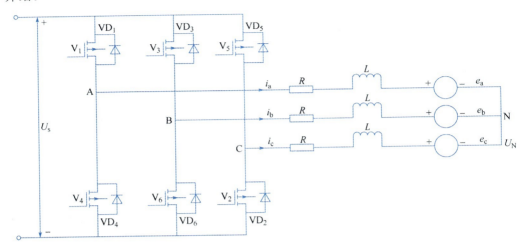

图 7-12　无刷直流电动机的等效模型及三相全控桥式主电路

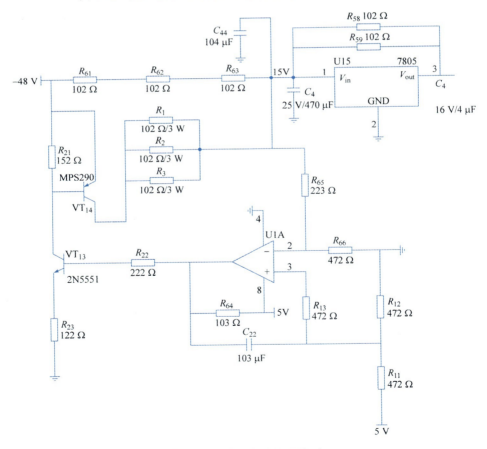

图 7-13　控制器的电源电路

　　开关电源采用电压负反馈控制开关管进行稳压。比较器反相输入端与开关电源的输出信号相连，同相输入端与一恒定的比较电压相连。比较器同反相输入端的电压差控制三极管 VT_{13}，进而控制三极管 VT_{14} 的导通状态。当同相输入端电压大于反相输入端电压时，比较器输出高电平，VT_{13}、VT_{14} 导通，反之 VT_{13}、VT_{14} 截止。VT_{13} 和 VT_{14} 共同构成推挽式电路，以确保三极管能够迅速导通截止，减小三极管功率损耗。其中电容 C_{22} 起积分作用，以减小开关电源的输出电压稳态误差。

　　（2）驱动电路　　在无刷直流电动机的驱动电路中，功率开关管采用功率场效应管（Power MOSFET）。三相逆变桥功率管中的上桥臂 MOSFET 栅极电压一定要比漏极电压高 10～15 V，方能维持上桥臂 MOSFET 可靠饱和导通，否则 MOSFET 工作于放大区，功率损耗大大增加。目前常用的驱动方法有浮动电源法、脉冲变压器法、充电泵法、自举电容法和载波驱动法，它们各有优劣。其中自举电容法简单可靠，非常适合电动车控制电路中应用。采用阻容等分立元件搭成的专用 MOSFET 驱动电路，如图 7-14 所示。

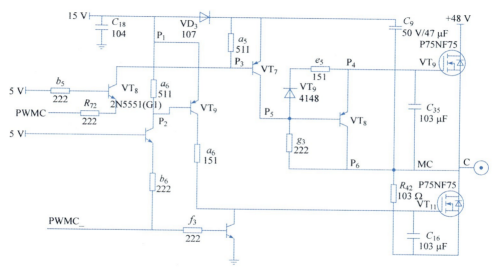

图 7-14　控制器驱动电路

　　以上桥臂功率管为例分析驱动电路的工作原理。

　　当 PWMC 端即三极管 VT_{18} 发射极输出为低电平时，三极管 VT_{18} 基极和发射极承受正向电压而导通，三极管 VT_7 也随之导通，MOSFET 栅源极承受 15 V 的电压而迅速导通。当 MOSFET 完全导通后，其源极对地电压变为 48 V，若此时栅极对地电压维持 15 V 不变，MOSFET 则会迅速进入截止状态。为防止此情况发生，电路引入了一个自举电容 C_9，此电容在系统上电时，被迅速充电，两端压降为 15 V。当 MOSFET 源极对地电压变为 48 V 时，由于自举电容的作用，MOSFET 栅极对地电压被强制升高为 63 V，栅源极两端电压仍维持 15 V 不变，进而维持 MOSFET 可靠饱和导通。

　　当 PWMC 端即三极管 VT_{18} 发射极输出为高电平时，三极管 VT_{18} 截止，三极管 VT_7 也随之截止，同时 MOSFET 栅源极之间的电容 C_{35} 通过三极管 VT_8 放电。当 C_{35} 放电完毕后，MOSFET 栅源极之间的电压 $U_{GS}=0$，MOSFET 迅速截止。

下桥臂功率管的驱动原理与上桥臂类似，此处便不再赘述。

（3）霍尔电路　霍尔器件有三个端口：电源、地和输出信号端口。输出信号端口根据电磁极性输出高低电平。本文采用的位置传感器检测电路如图 7-15 所示。

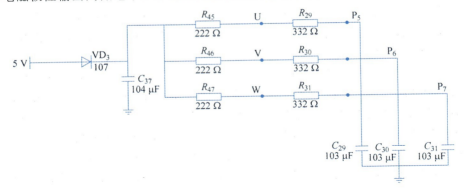

图 7-15　控制器霍尔检测电路

图 7-15 中，U、V、W 分别与三个霍尔的输出信号端口相连。5 V 电源经一个二极管给霍尔供电。设置二极管的目的是防止霍尔信号对 5 V 电源产生干扰。由于霍尔是开关器件，其开关过程中，输出信号有抖动，故霍尔信号要经过阻容滤波器滤波后输入单片机（图中 P_5、P_6、P_7 为单片机接口）。其中滤波电容的选择须谨慎，滤波电容一方面可以平滑霍尔信号，抑制霍尔开关过程的抖动干扰；另一方面使霍尔信号产生相位延迟。当相位延迟增大到一定程度时，电动机轻则出现噪声和发热，重则将无法运行。

（4）电流采样电路　负载电流检测电路原理如图 7-16 所示。

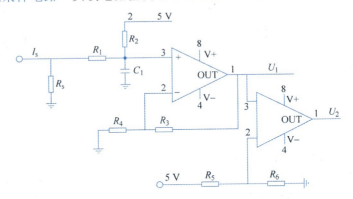

图 7-16　控制器电流采样电路

图 7-16 中，采样电阻为 R_s，其串联在功率主回路中。经过测量采样电阻两端电压 U_{sa} 的方法检测电流值。由于电阻 R_s 串接在回路中，将产生额外的功耗，因此 R_s 必须很小。经过采样电阻将电流信号转化为电压信号后，还要经过滤波、放大和比较等后续处理。

3. 控制器的软件

电动自行车控制器采用专用单片机作为中控单元，其控制程序比较复杂，这里不作介绍。

4.　实训要求

（1）了解电动自行车用无刷直流电动机控制原理。

（2）掌握电路原理的分析方法。

7.2.6　充电器

1.　充电器实训内容与要求

（1）印制电路板的绘制　根据前面介绍的印制电路板的绘制方法，对应如图 7-17 所示的电路原理图，按规定的尺寸、工艺绘制印制电路板图，并制作印制电路板。

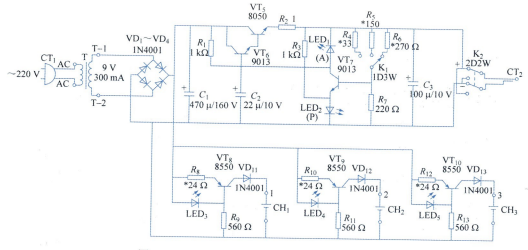

图 7-17　3 V、4.5 V、6 V 三路充电器原理图

（2）元器件的焊接、组装　对照图 7-18a、b 进行元器件安装与焊接。

（3）调试电路　对照图 7-17 进行调试，图中 CH₁、CH₂、CH₃ 为测试点。

（4）故障现象和原因分析

序号	故障现象	可能原因/故障分析
1	CH₁、CH₂、CH₃ 三通道测试电流 远远超出标准电流（60 mA）	LED₃～LED₅ 损坏 LED₃～LED₅ 装错 R₈、R₁₀、R₁₂ 阻值错误（偏小） 有短路情况。
2	检测 CH₁ 电流，LED₃ 不亮，LED₄ 或 LED₅ 亮	15 根排线有错位
3	拨动极性开关，电压极性不变	J₉ 短接线未接
4	电源指示灯（绿色发光二极管） 与过载指示灯同时亮	R₂（1 欧姆）阻值错 输出线或印制板短路
5	CH₁ 或 CH₂ 或 CH₃ 测试电流偏小（<45mA）	LED₃ 或 LED₄ 或 LED₅ 正向压降小 （正常值大于 1.8 V） 电阻 R₈、R₁₀、R₁₂ 阻值错误
6	LED₃～LED₅ 通电后全亮，但三通道 CH₁、CH₂、CH₃ 电流很小 或为零	R₈、R₁₀、R₁₂ 阻值错误
7	3 V、4.5 V、6 V 点均为 9 V 以上	V₅ 或 V₆ 管损坏；LED₂ 坏
8	充电器使用一段时间后，LED₁、LED₂ 突然同时亮	V₅ 管可能损坏

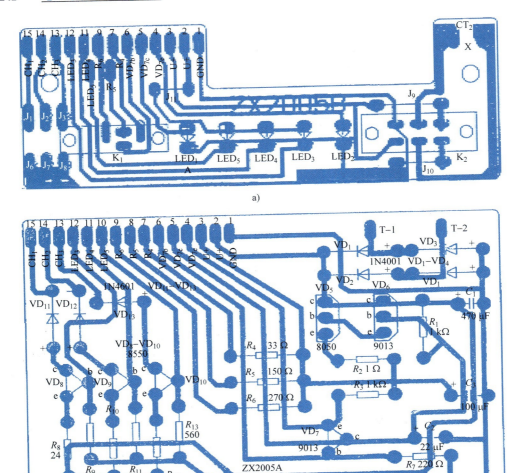

图 7-18　充电器印制电路板图

a）反面　b）正面

2．其他充电器

（1）电动自行车简易充电器　图 7-19 为用于电动自行车的一种简易充电器的电路图。

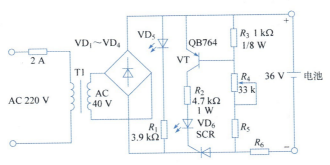

图 7-19　36V 简易充电器电路图